附赠 DVD Gallery

玫瑰家族

卡片和图片设计

C_01.PSD

C_02.PSD

C_03.PSD

C_04.PSD

C_05.PSD

C_06.PSD

C_07.PSD

C_08.PSD

C_09.PSD

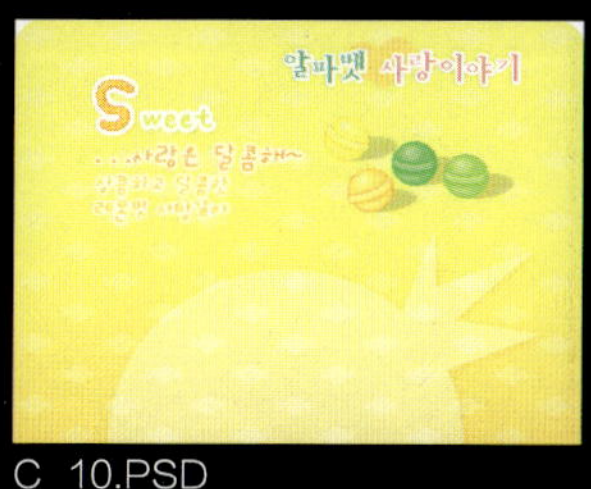

C_10.PSD

F_01.PSD

F_02.PSD

F_03.PSD

F_04.PSD

F_05.PSD

课程表.PSD

组.PSD

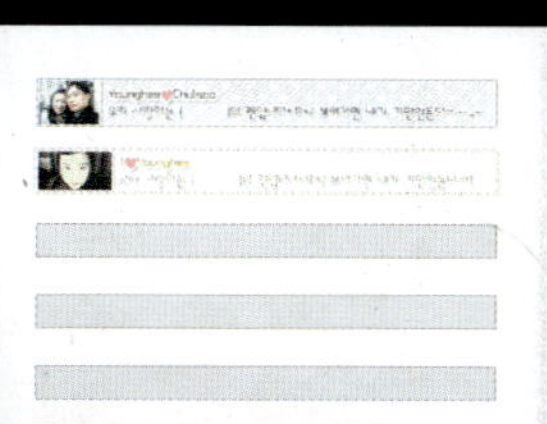
画笔设计.PSD

时间表.PSD

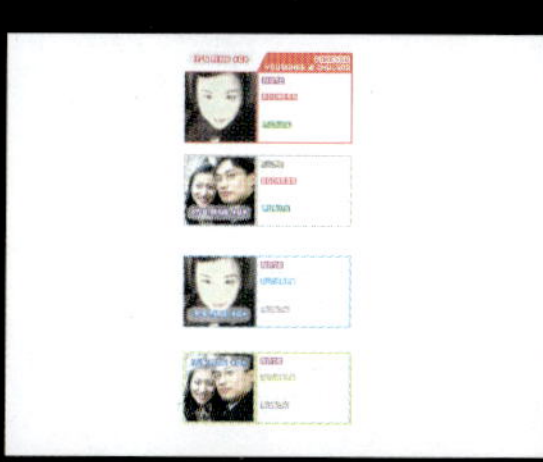
名单.PSD

VITAMIND(GETFILE)

照片图像02

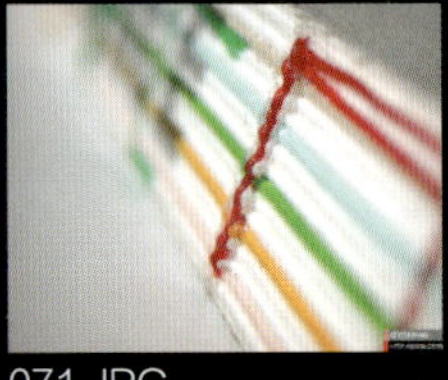
071.JPG

072.JPG

073.JPG

074.JPG

075.JPG

076.JPG

077.JPG

078.JPG

079.JPG

080.JPG

081.JPG

082.JPG

083.JPG

084.JPG

085.JPG

086.JPG

087.JPG

088.JPG

089.JPG

090.JPG

091.JPG

092.JPG

093.JPG

094.JPG

095.JPG

096.JPG

097.JPG

098.JPG

099.JPG

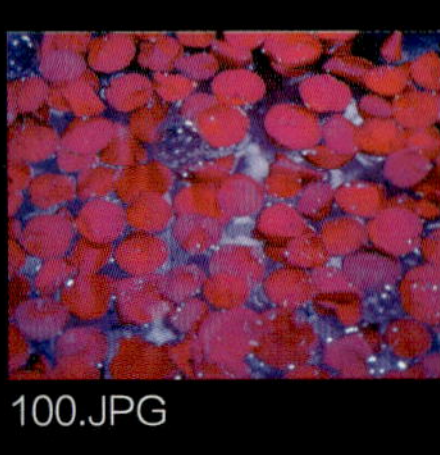
100.JPG

附赠 DVD Gallery

VITAMIND(GETFILE)

精美PSD格式设计模板01

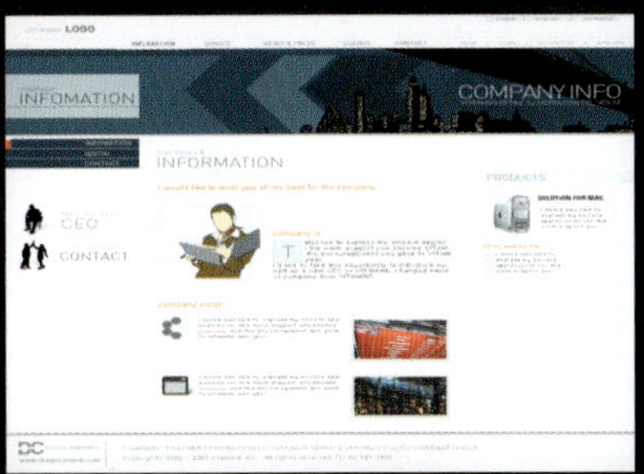
a_company.PSD

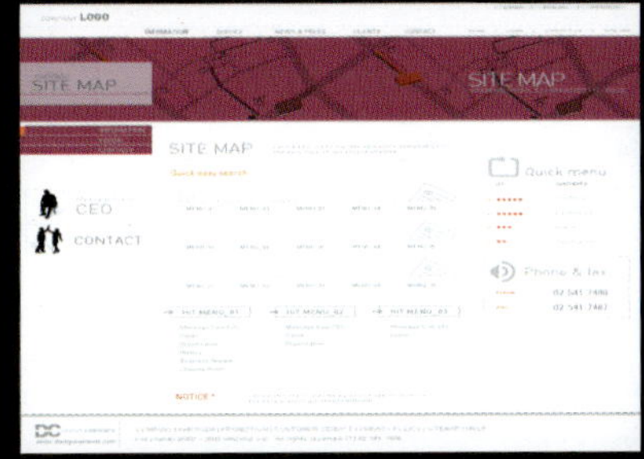
a_sitemap.PSD

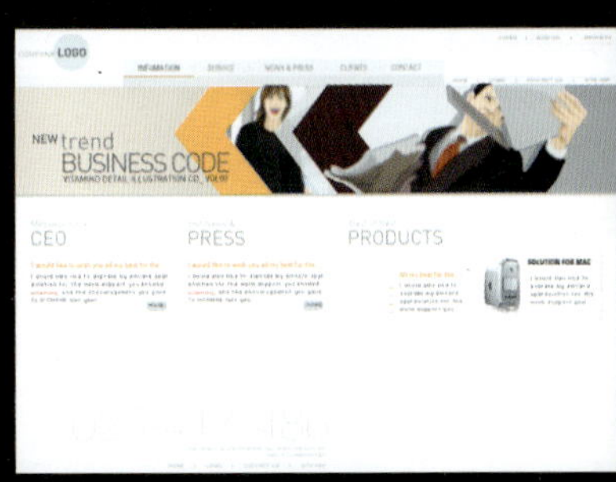
a_temp_01.PSD

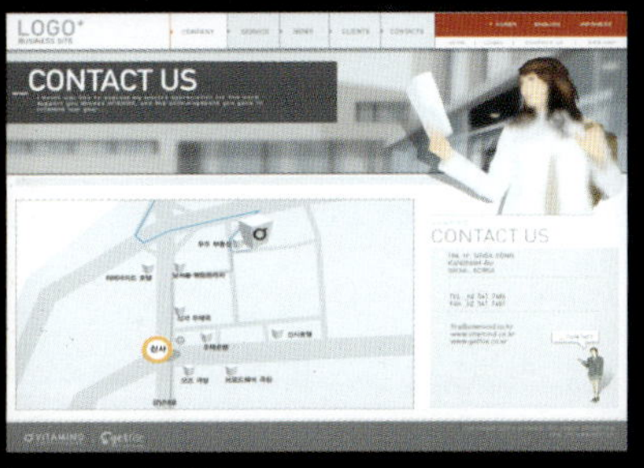
b_contact.PSD

b_temp_03.PSD

c_company.PSD

c_contact.PSD

c_temp_01.PSD

c_temp_03.PSD

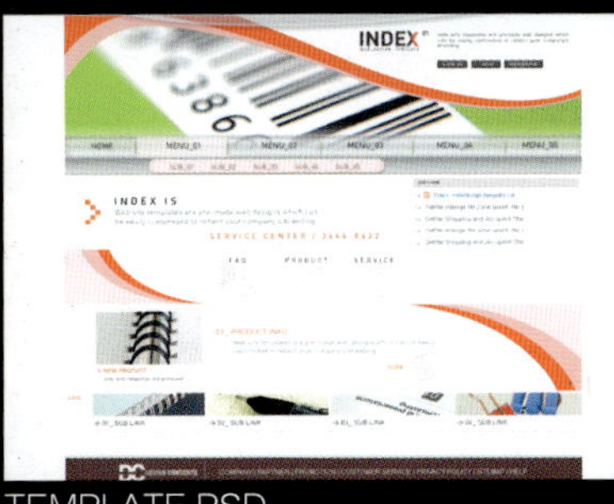
TEMPLATE.PSD

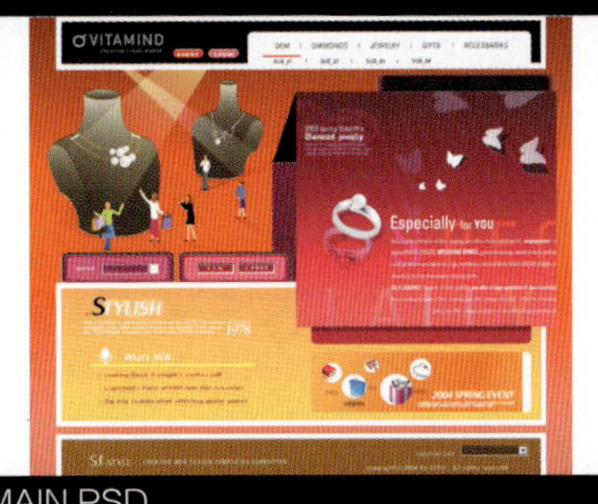
MAIN.PSD

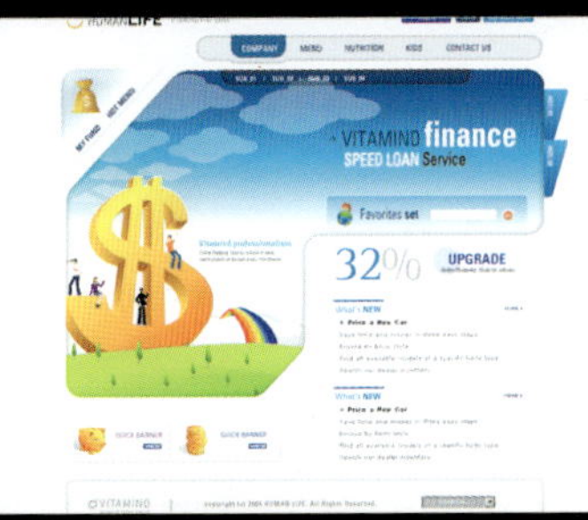
MAIN.PSD

VITAMIND(GETFILE)

精美PSD格式设计模板02

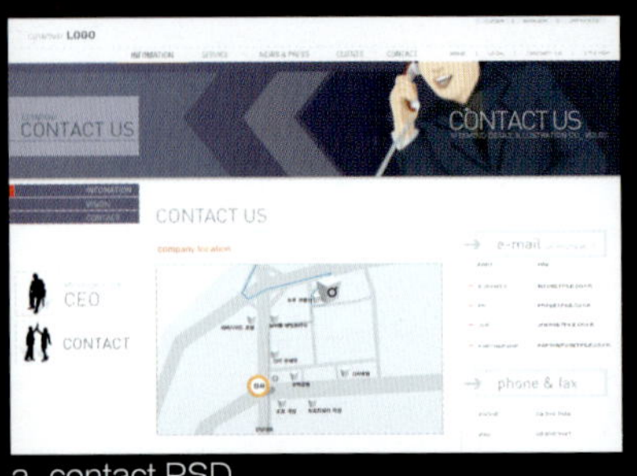

a_contact.PSD

a_temp_02.PSD

a_temp_03.PSD

b_company.PSD

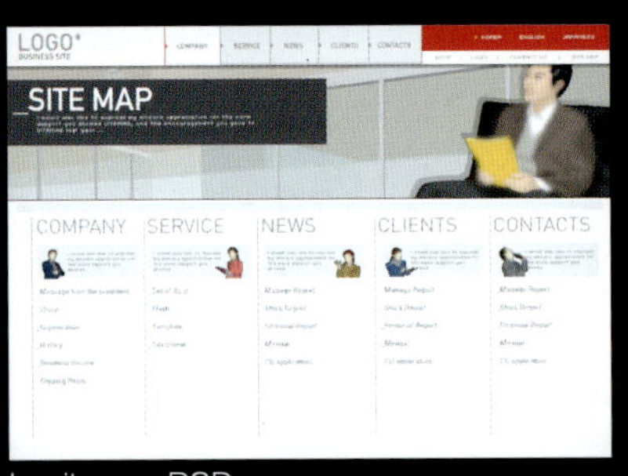

b_sitemap.PSD

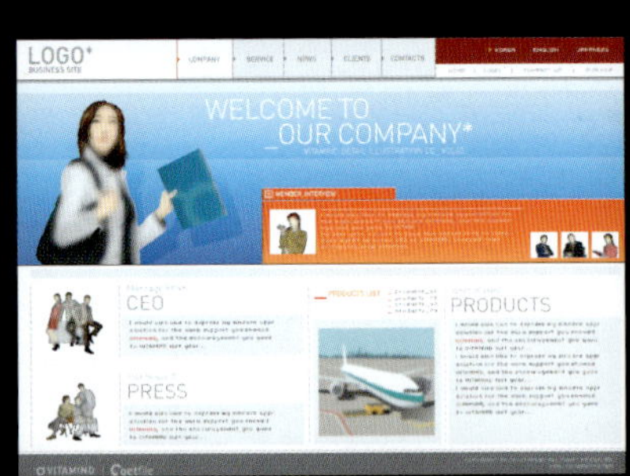

b_temp_01.PSD

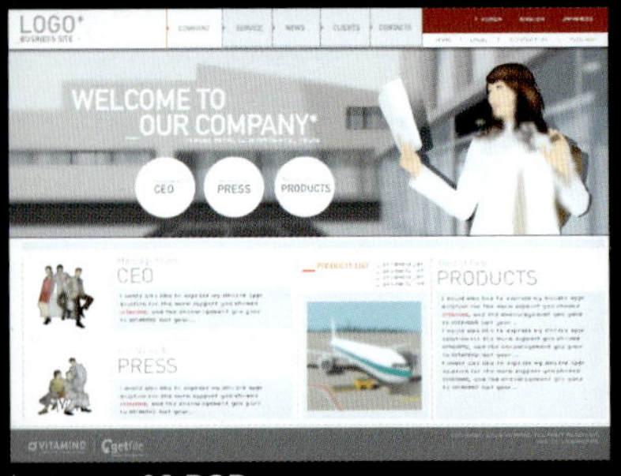

b_temp_02.PSD

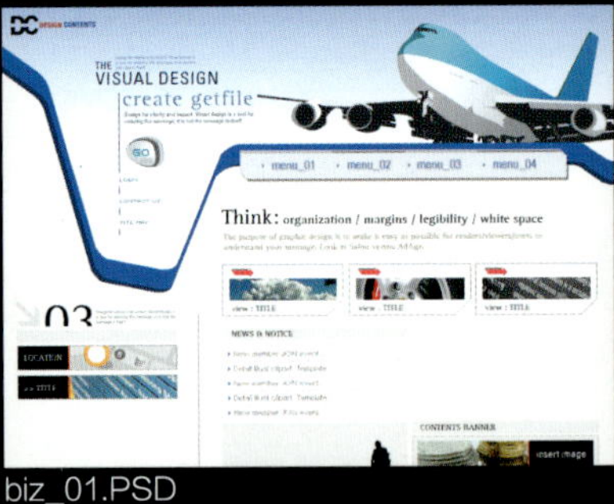

biz_01.PSD

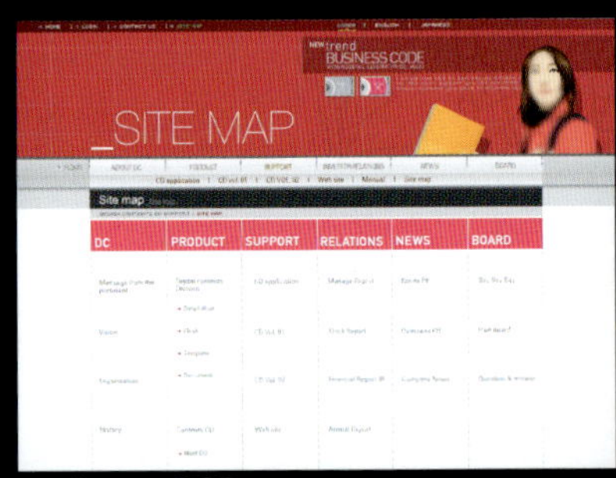

c_sitamap.PSD

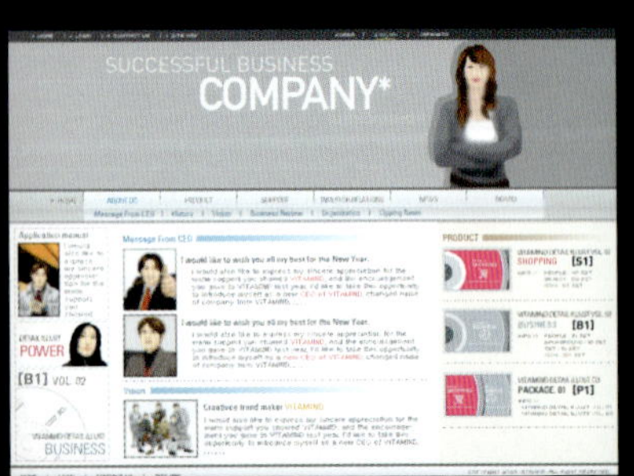

c_temp_02.PSD

MAIN.PSD

popup_01.PSD

附赠 DVD Gallery

VITAMIND(GETFILE)

照片图像01

041.JPG

042.JPG

043.JPG

044.JPG

045.JPG

046.JPG

047.JPG

048.JPG

049.JPG

050.JPG

051.JPG

052.JPG

053.JPG

054.JPG

055.JPG

056.JPG

057.JPG

058.JPG

059.JPG

060.JPG

061.JPG

062.JPG

063.JPG

064.JPG

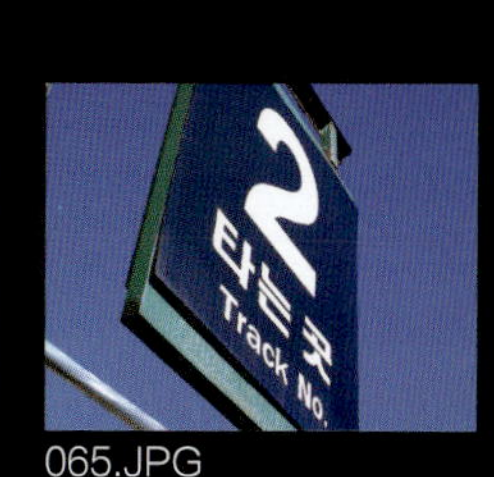

065.JPG

066.JPG

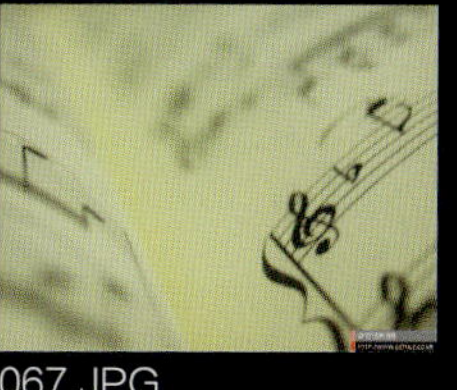
067.JPG

068JPG

069.JPG

070.JPG

剪切线

附赠 DVD Gallery

玫瑰家族

图案设计

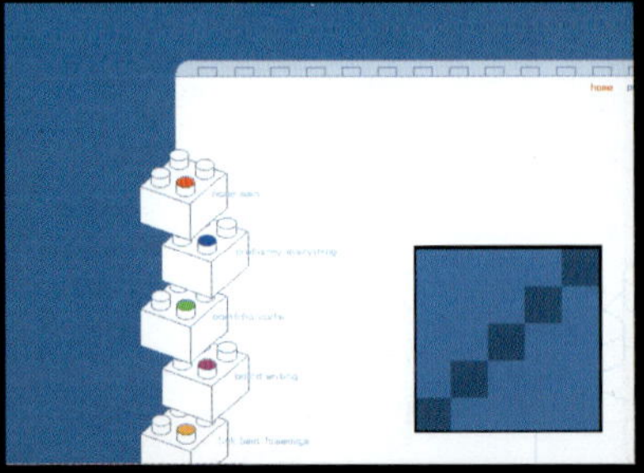
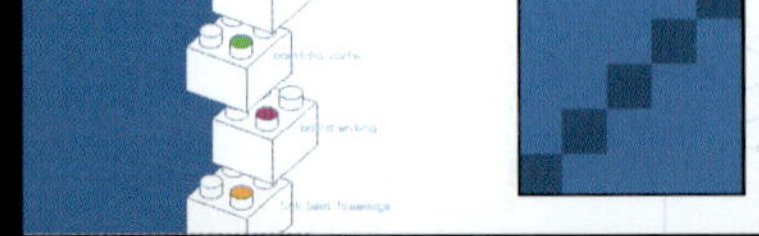
01.GIF

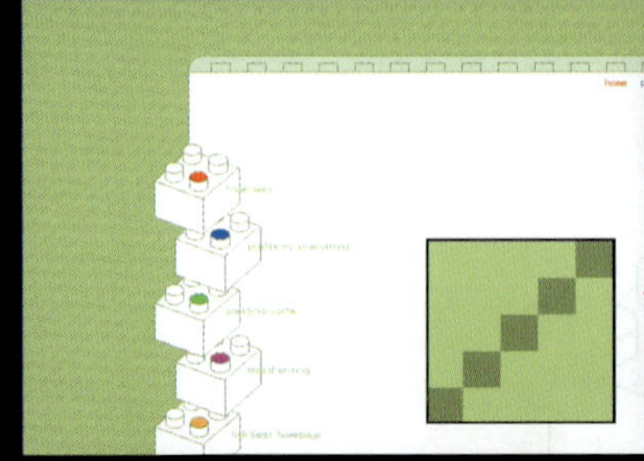

02.GIF

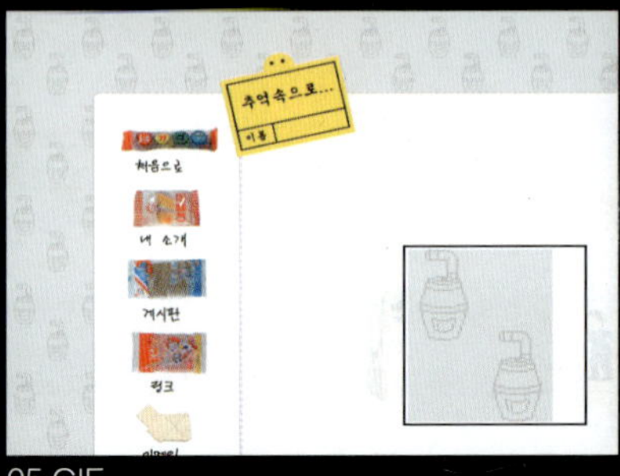
05.GIF

06.GIF

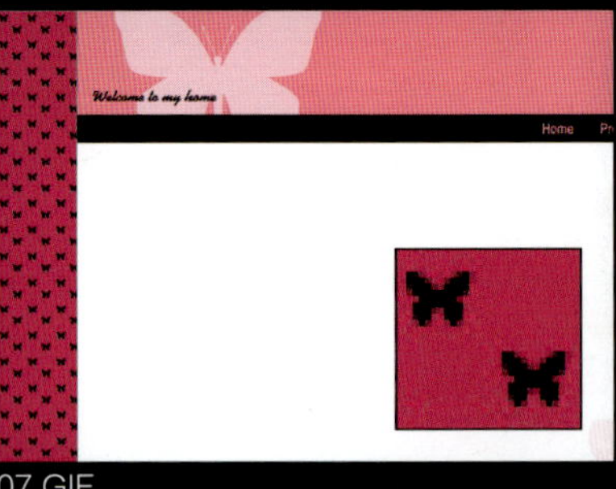
07.GIF

08.GIF

12.GIF

13.GIF

15.GIF

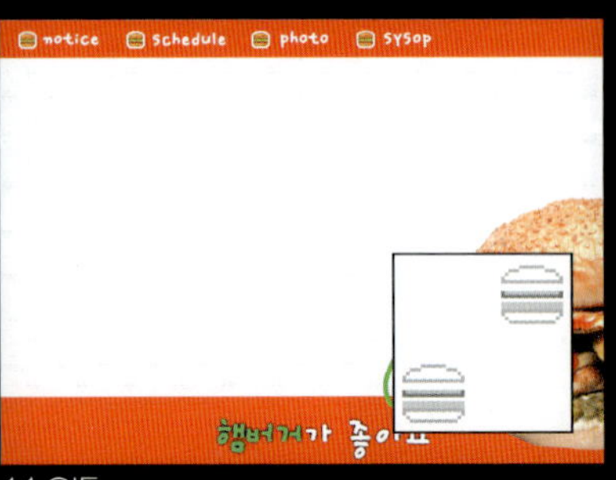

14.GIF

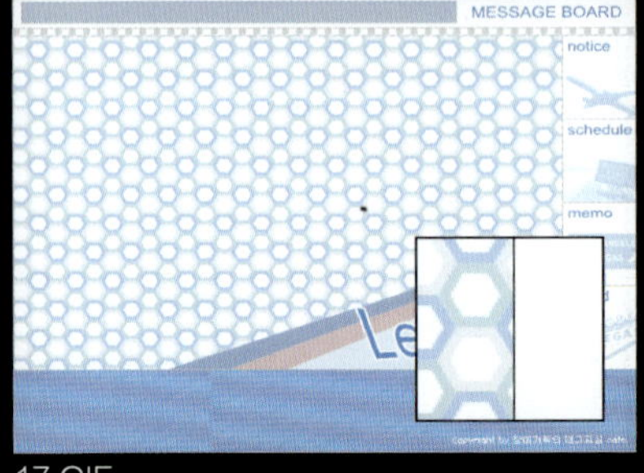

17.GIF

18.GIF

剪切线

★ 将面部较暗的照片调亮 ★

★ 将倾斜的照片调正 ★

★ 去除杂点，表现婴儿般的肌肤 ★

★ 表现洁白柔软的肌肤 ★

★ 轻松创建黑白照片+双色调照片 ★

★ 随心所欲更改图像颜色 ★

❶ 不用整形手术即可表现V线条、大眼睛
❷ 表现水晶边框效果
❸ 通过一次单击创建多样的边框
❹ 表现涂唇膏效果
❺ 表现毛笔笔触效果
❻ 创建感性的画笔边框
❼ 创建基本边框和点线边框
❽ 创建自然的波浪发型

❶ 在照片中加入所需文字
❷ 调节上传到网页的图像大小
❸ 排列多个图像
❹ 将图像的轮廓变为圆角
❺ 调节要打印的图像大小
❻ 将较暗的照片调亮

排列图像

将图像的轮廓变为圆角

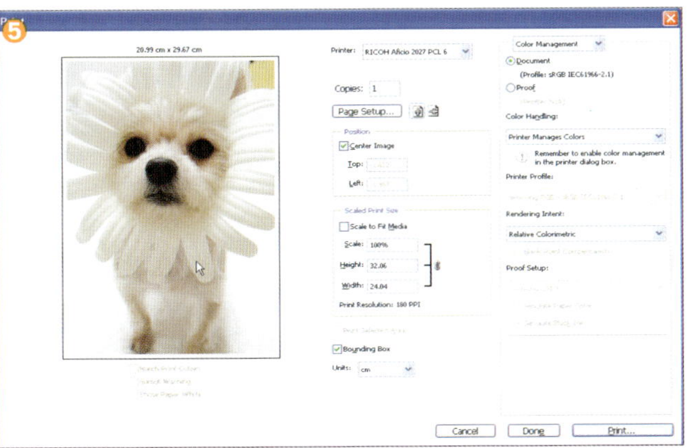

太暗了，连人都看不到

❶ 创建有意境的LOMO照片
❷ 创建使人物突出的效果
❸ 创建与感性信件相符的图像1——水彩画
❹ 创建与感性信件相符的图像2——铅笔画
❺ 创建照片相框感觉的边框
❻ 创建常用的简单阴影文字
❼ 表现网点边框效果

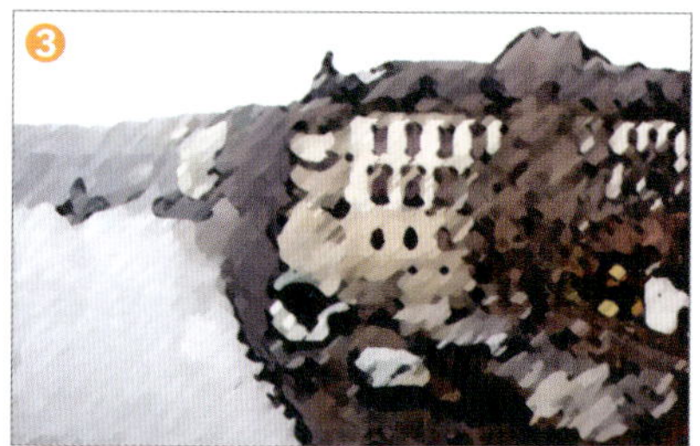

❶ 应用路径输入文字
❷ 创建一对双胞胎照片效果
❸ 自然拉长背景，表现爽快的效果
❹ 将连续照片创建为全景照片
❺ 在照片中加入著作权标识
❻ 集中视线的变焦效果
❼ 表现运动感的摇摄效果
❽ 将满意的照片创建为证件照

应用路径输入文字

加入著作权标识

❶ 利用对话气球创建有趣的漫画
❷ 利用蒙版功能自然合成图像
❸ 利用图层样式创建霓虹文字
❹ 像专业工作室一样编辑处理图像
❺ 将自己的作品设置为电脑桌面
❻ 创建可以在多种情况下使用的电影海报
❼ 利用渐变自然合成图像
❽ 轻松复制照片
❾ 创建边更改颜色边移动的字句

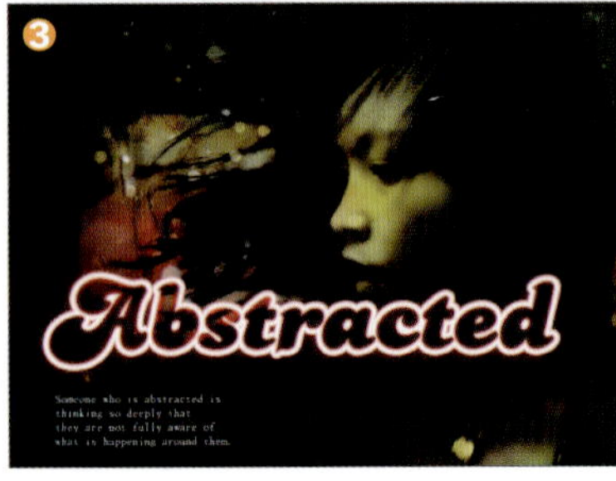

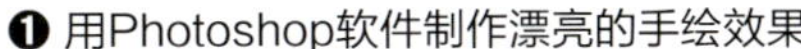

❶ 用Photoshop软件制作漂亮的手绘效果
❷ 创建文字逐渐消失并显现的动画
❸ 重叠照片制作简练的图像
❹ 制作文字向上滚动的效果
❺ 制作翻页电子相册
❻ 创建商品通知中需要运动的图像Banner

❶ 制作利用对话框修饰的购物网站内页
❷ 制作兴趣论坛或者自己的主页
❸ 制作购物网站页面1
❹ 制作购物网站页面2
❺ 制作心形相框效果
❻ 利用滤镜制作水波图像

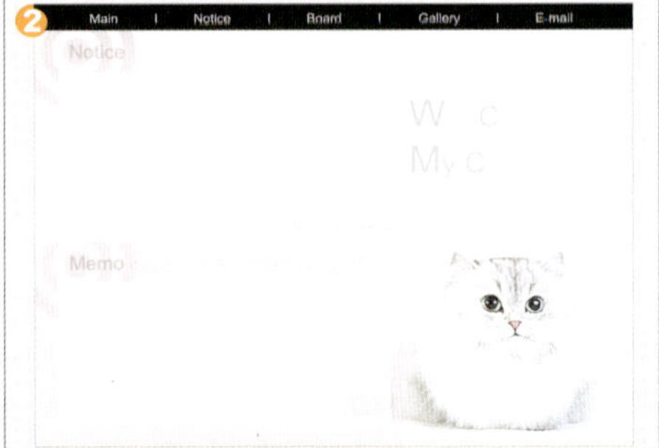

玫瑰家族的
Photoshop CS5
（韩）李娅玟 李玲周 / 编著
刘 东 / 译
中国青年出版社
中国青年电子出版社
http://www.21books.com http://www.cgchina.com
中青雄狮
길벗

律师声明

图书在版编目（CIP）数据

玫瑰家族的 Photoshop CS5 /（韩）李妵玟，（韩）李玲周编著；刘东译 . — 北京：中国青年出版社，2010.7
ISBN 978-7-5006-9435-9
I. ①玫… II. ①李… ②李… ③刘… III. ①图形软件，Photoshop CS5 IV. ① TP391.41
中国版本图书馆 CIP 数据核字（2010）第 135140 号

玫瑰家族的Photoshop CS5

（韩）李妵玟 （韩）李玲周 编著

出版发行：中国青年出版社
地　　址：北京市东四十二条 21 号
邮政编码：100708
电　　话：（010）59521188 / 59521189
传　　真：（010）59521111
企　　划：中青雄狮数码传媒科技有限公司

责任编辑：肖　辉　张　鹏　张海玲
封面制作：王玉平

印　　刷：北京顺诚彩色印刷有限公司
开　　本：787 × 1092　1/16
印　　张：20.25
版　　次：2010 年 8 月北京第 1 版
印　　次：2010 年 8 月第 1 次印刷
书　　号：ISBN 978-7-5006-9435-9
定　　价：68.00 元（附赠 1DVD，含语音视频 + 精美素材及模板）

本书如有印装质量等问题，请与本社联系　电话：（010）59521188 / 59521189
读者来信：reader@cypmedia.com
如有其他问题请访问我们的网站：www.21books.com

感谢帮助本书出版的300万网友

谁都希望可以轻松地学习Photoshop

观察最近的一些blog或迷你个人主页，可以看到很多图像都是利用Photoshop中人气最高的几项功能制作的。在利用blog以及迷你个人主页自我推广的时代，用Photoshop修饰图像就像人们都想穿上比别人漂亮的衣服、抢眼的鞋子一样，是一种介绍自己的特殊方式。编写本书的目的是帮助所有的人，无论年龄、性别和学历，都可以轻松、快速、有趣地学习Photoshop。

要真心感谢购买玫瑰家族图书的各位读者朋友，也要感谢一同编写本书的姐姐，还有让本书得以顺利出版的各位工作人员，最后也要感谢我的母亲。

李静敏

本书收录了玫瑰家族论坛上300万会员所提的各类问题

每当看到初学者阅读本书后对Photoshop有所了解，然后进行应用，甚至达到高手水平，我们都会感到非常幸福。我们要更加努力地办一些有益的讲座，解答大家的问题，但是到目前为止还有很多不足，希望大家多多给予支持。学习中最重要的就是反复学习，不要看完一次就过去了，要养成有时间就拿出来复习的习惯。感谢给我力量的朋友和家人，感谢协助本书出版的朴善英、柳贤雅，还要感谢出版社的所有工作人员。

李英珠

感谢10万读者和300万会员

2009年8月李静敏、李英珠

本书的学习方法——按照爱好和水平设置目标，进行选择

希望大家可以找到最适合自己的学习方法，定好学习时间，进行系统地学习。根据自己的水平以及学习Photoshop的目标，您可以从下面的建议中进行选择，以提高效率。

1. 如果您是初次接触Photoshop的用户

如果您想学习Photoshop，但是初次学习，请在“Photoshop一目了然”部分了解软件概念的相关说明，从第一章开始学习。

如果您的电脑中还没有安装Photoshop，又不了解安装方法，可以学习第10页的“Photoshop安装方法”，安装软件。

2. 如果您是使用过Photoshop的用户

如果您了解Photoshop的概念以及一般的命令，可以先在第一部分中查看基本范例，然后跟随第二部分的实用范例进行学习。

在学习的过程中如果有困难，您可以在“问一问玫瑰”中查看是否有答案。

3. 学习计划表

如果您定下目标后再学习，可以更快地熟悉Photoshop。即使不能一次熟悉很多功能也没有关系，参考下面的计划表，可以有效地进行学习，快速成为Photoshop高手。

周	学习内容	所在章节
1周	了解Photoshop软件的概念	一目了然
2周	将图像上传到网页	第一部分01章
3周	补正图像颜色	第一部分02章
4周	将面部修饰得更漂亮	第一部分03章
5周	将边框修饰得更特别	第一部分04章
6周	在背景单调的照片中表现效果	第一部分05章
7周	设计可以在很多情况下使用的文字	第一部分06章

周	学习内容	所在章节
8周	自然地合成图像	第一部分07章
9周	期中考试	第二部分08章
10周	网上论坛&店铺装饰	第二部分09章
11周	利用Photoshop DIY简单有趣的作品	第二部分10章
12周	利用Photoshop创建动画	
13周	期末考试	
14周	放假	解答练习问题

类型1 急性子或者是想要快速学习PHOTOSHOP的用户

第一部分每天学习一章，一周内结束。

第二部分只要有时间就学习。

有疑惑的问题可以通过“问一问玫瑰”寻找答案。

类型2 可以逐步学习PHOTOSHOP的用户

仔细阅读“Photoshop一目了然”。

第一部分用一个月，第二部分也用一个月进行学习。

利用“问一问玫瑰”测试自己的水平。

类型3 在学校或学习班学习的时候，想要将本书作为自习用书的用户

在学校或者学习班认真听老师讲课。

在家中解答书中的练习问题。

利用“问一问玫瑰”测试自己的水平。

PHOTOSHOP的安装方法——请没有安装PHOTOSHOP CS5的用户阅读

1. 安装环境

在安装Photoshop之前，首先按照右侧说明查看电脑中是否可以安装Photoshop。Photoshop软件所占容量很大，操作的时候会占用很大内存，因此要先进行检查。

※本书的附书DVD中没有提供Photoshop安装文件

- 系统：MS Window XP以上，正版
- CPU：奔腾4以上
- 内存：550MB以上
- 硬盘：1GB以上可用空间
- 网络：要能上网，以便进行正版认证

2. 下载试用版

Photoshop软件分为正式版和试用版。正式版是直接付费购买使用的产品，试用版是在付费前可以尝试使用30天的产品。一般来说，Photoshop这样的图形图像软件价格比较高，在购买前可以先从销售商那里领取免费的试用版进行试用。Photoshop试用版也可以在Adobe公司的主页http://www.adobe.com上下载。

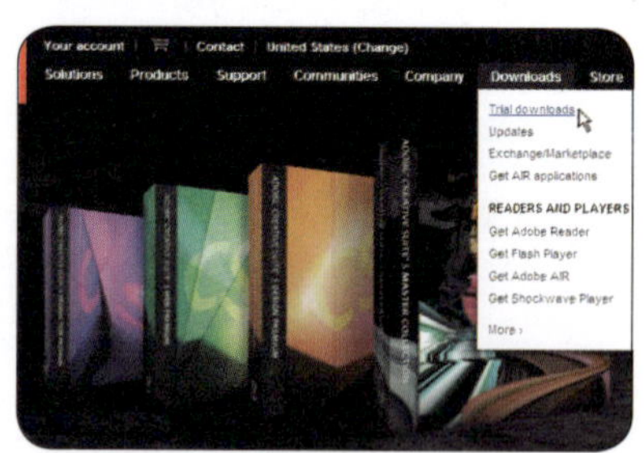

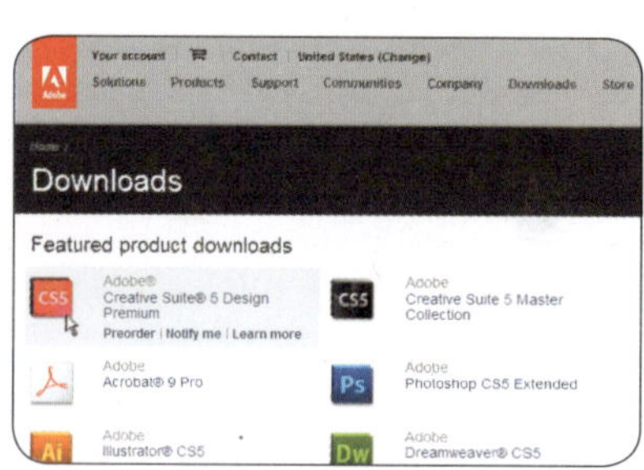

① 连接到网页，单击Downloads/CS5下载。
② 如果是Adobe会员，登录会员；如果不是，注册Adobe会员。
③ 在Photoshop软件下载页面中设置语言。
④ 选择保存地址，保存到自己的电脑中。

3. 安装

Photoshop的具体安装方法请参考正版软件的安装说明。我们建议您购买正版软件，便于您顺利地学习和工作。如果您尝试试用版软件，将会有一定的试用期限，过了试用期限之后，试用版软件将无法使用。

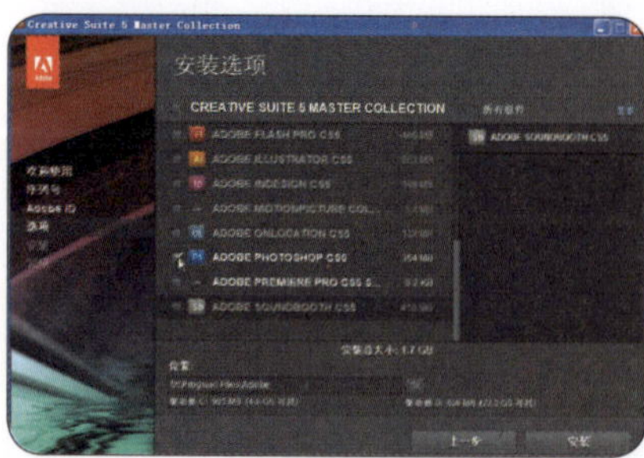

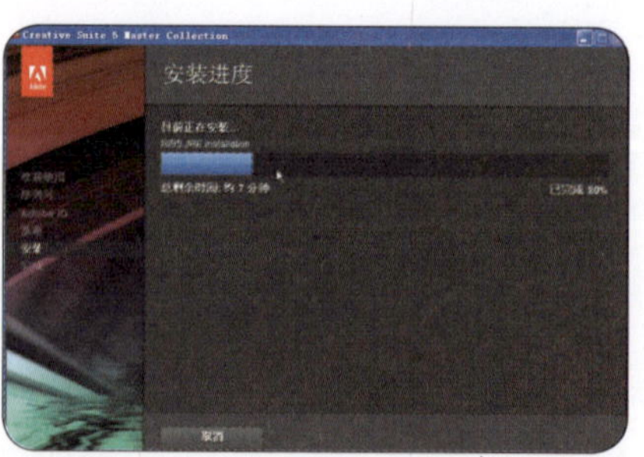

关于玫瑰论坛——介绍韩国极具代表性的PHOTOSHOP论坛

玫瑰论坛（http://cafe.daum.net/redandyellow2）于2000年12月7日在Daum上建立，大概有270万名会员，是韩国最大的Photoshop交流论坛。提倡共享Photoshop相关资料后，会员们自发地上传资料，现在有23个讲义告示板以及10个资料室，具有非常重要的指导作用。在这里可以学到一般的学习班中无法学到的最新流行设计技巧，互相评价作品也是特色之一，还可以共享创建作品的方法。对一般人来说，感觉掌握起来有些困难的Photoshop，在这里大家可以轻松愉快地进行学习。

玫瑰家族主画面

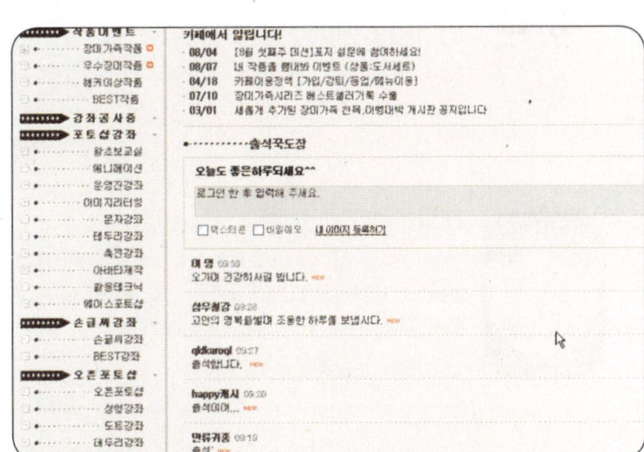

有很多Photoshop讲义的告示板

按照本书学习的300名测试员，在玫瑰论坛的测试员告示板中以日记的形式按照各部分上传了整本书，出版社以此为基础进行修整及添加，编辑出版了本书。300万玫瑰家族的会员对本书的出版给予了极大的帮助。

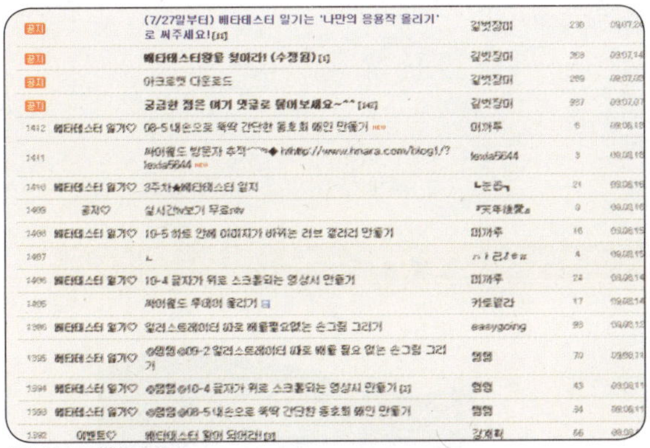

测试员日记告示板

跟着原稿学习后上传自己作品的告示板

测试员的话——我们已经学过了

本书在出版前先请300名测试员阅读学习，然后根据他们的意见将本书调整为最便于阅读的形式。不仅内容，就连书名及封面也听取测试员的意见，进行探索，完成最符合读者需要的图书。下面是测试员的书评选摘。

Photoshop成了有趣的课余生活

之前也想过要学Photoshop，但是不知道怎样开始，成为测试员后真的轻松地学到了很多东西。只要有这么一本书，相信大家都可以像玩游戏一样轻松地学习Photoshop了。

_黄泰琳

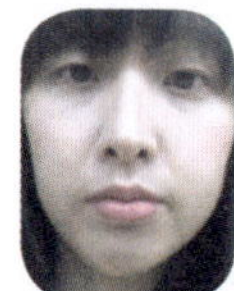

在繁忙的工作中学习

成为测试员的时间虽然不长，但是利用空闲时间学完本书真的很开心。虽然也有比较难的例子，但是逐一完成以后，非常有成就感，也提高了自信心。

_金浩琳

好像是有老师在旁边教你学

当被选为测试员并接到原稿后，开始学习没有学过的知识时非常开心。和其他图书不同，本书的说明非常细致，而且讲解方式很亲切，就好像有老师在旁边教你学一样。

_崔善美

还可以进行自我测验，非常特别

本书还可以进行课后自我测验，非常特别。可以了解自己原本并不了解的自身水平，与其他书相比，是一个很好的亮点。

_方成积

想告诉大家，就算你40岁了，也可以学会

因为准备创业，因此要学会Photoshop，作为测试员开始学习，发现即使是像我一样之前完全没接触过Photoshop的人也可以轻松地学习。希望其他人也不要因为起步晚而放弃，像我一样挑战一下吧。

_成焕姬

除以上的测试员外，我们在此也对参与测试的其他测试员表示衷心的感谢。

Photoshop CS5的特长之处

序号	特长之处	序号	特长之处
1	复杂操作简单化	6	自动镜头校正
2	内容感知型填充	7	高效的工作流程
3	出众的HDR成像	8	新增的GPU加速功能
4	出众的绘图效果	9	更简单的用户管理界面
5	操控变形	10	出众的黑白转换

与“视觉中国”一起学习的方法——找到一起学习的人

1. 自己学习感到吃力的时候，请来“视觉中国”网站一起学习

视觉中国网站是平面设计者汲取知识养分的天堂，其中的平面设计广告创意论坛是大家一起学习的空间。开设以来，深受广大网友喜爱，收到了热烈的回应，平面设计爱好者可以在此交流、学习，相互促进。参与学习后，您可以得到启发和点拨，也可以开启创意的思路，并提升设计的理念。

♥视觉中国网址：http://www.chinavisual.com

01 在“视觉中国”网站注册 → **02** 进入“平面设计广告创意”论坛 → **03** 与广大同仁一起交流、学习

2. 学习的过程中如果有疑问，可向读者支持中心寻求帮助

在学习的过程中是否经常会有疑问，或者有怎么都找不到解决方法的时候？如果这样的话，请登录我们的网站或加入中青读者服务QQ群，在这里您可以提出自己的疑问，不论是什么问题，读者支持中心都会热心地给予您解答。

♥我们的网址：http://www.21books.com

中青读者服务QQ群：71690646

01 登录网站或加入QQ群 → **02** 提出自己的疑问 → **03** 与编辑和广大读者朋友一起交流、学习

目录

序言 17
本书的学习方法 18
Photoshop的安装方法 20
关于玫瑰论坛 21
测试员的话 22
与“视觉中国”一起学习的方法 23
目录+附书DVD 24

认识Photoshop

告别复杂的说明，用图像表达，轻松学习软件应用。即使是仅用过一次Photoshop的用户，也可以直接进入第一部分学习。

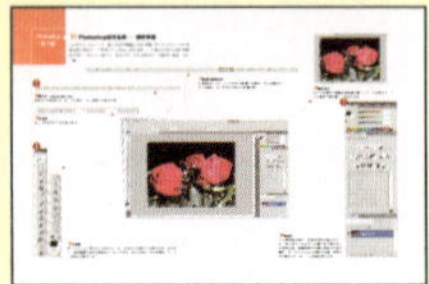

Photoshop一目了然

01 Photoshop长什么样——操作界面 32
02 Photoshop长什么样——工具箱 34
03 Photoshop长什么样——图层和混合模式 36
04 Photoshop长什么样——滤镜 38

第一部分

网络生活中必不可少的Photoshop

01 章 Photoshop中必须了解的6个事项

01-1 调节上传到网页的图像大小 43
- 什么是像素 44
- 约束比例 44

01-2 调节要打印的图像大小 46
- 重定图像像素 47
- 分辨率和图像大小的关系 47

01-3 将图像的轮廓变为圆角 48
- 修改背景图层 48
- 移动图层 49
- 创建剪贴图层 50
- 保存Photoshop文件的格式 51
- 保存Photoshop文件的方法 51

01-4 排列多个图像 52
- 选择相应图层后修改 55

01-5 在照片中加入所需文字 56
- 将字体名称设置为中文 56
- 更改文本颜色 56
- 消除锯齿的方法选项 57

字符面板 58
"提交所有当前编辑"按钮 59
图层样式——描边 60
01-6 将倾斜的照片调正 61
选择隐藏的工具 61
"图像旋转"命令 62
旋转画布选项 62
练习问题 64

02 章 随心所欲补正图像颜色

02-1 将较暗的照片调亮1 67
阴影\高光 68
02-2 将较暗的照片调亮2 69
色阶图 69
曲线 70
混合模式——柔光 71
补正红眼 71
02-3 随心所欲更改图像颜色 72
替换颜色选项 73
色相\饱和度 75
02-4 简单创建黑白照片+双色调照片 76
灰度 76
双色调 77
添加新图层的快捷键 79
拾色器 79
利用前景色、背景色为图层填充颜色 79
练习问题 80

03 章 免费将自己的脸修饰得更漂亮

03-1 去除杂点，表现婴儿般的皮肤 83
利用缩放镜工具拖动放大 83
03-2 表现洁白光滑的皮肤 85
应用快捷键Ctrl+J 85
混合模式——滤色 88

03-3 表现涂唇膏效果的嘴唇 89
利用套索工具进行自然选择 89
便捷使用套索工具 90
色彩平衡 90
色板面板 91
滤镜——高斯模糊 92
03-4 表现毛笔笔触效果 93
色彩编码表 93
03-5 不用整形手术即可表现V线条、大眼睛 95
滤镜——液化 95
液化滤镜选项 96
03-6 创建自然的波浪发型 99
练习问题 101

04章 创建使照片更加特别的边框

04-1 表现水晶边框效果 103
选定错误的选区后如何处理 103
调整边缘选项 104
滤镜——Crystallize 105
快捷键——Ctrl+F 105
04-2 创建基本边框和点线边框 107
将索引模式更改为RGB模式的原因 107
按住Ctrl键单击图层缩览图 108
描边 108
描边选项 109
画笔标签 109
04-3 表现网点边框效果 111
路径——彩色半调 112
投影 113
合并图层 114
04-4 创建感性的画笔边框 115
画笔扩展选项 116
只对选择的图层应用效果 117
移动图层 118
使用快捷键选择工具箱中的工具 118

04-5 通过一次单击创建多样的边框 119
04-6 创建照片相框感觉的边框 121
滤镜——添加杂色 122
滤镜——动感模糊 122
滤镜——波浪 123
拷贝图层样式\粘贴图层样式 127

05 章 为背景平淡的照片添加特殊效果

05-1 创建为有味道的LOMO照片 129
滤镜——镜头校正 129
05-2 集中视线的变焦效果和表现运动感的摇摄效果 133
滤镜——径向模糊 134
滤镜——动感模糊 136
05-3 创建与感性信件相符的图像1——水彩画 137
滤镜——水彩 137
滤镜——海绵 138
滤镜——Dark Strokes 138
05-4 创建与感性信件相符的图像2——铅笔画 139
滤镜——USM滤镜 139
快捷键Ctrl+I 140
混合模式——颜色减淡 140
05-5 创建使人物突出的效果 142
快速蒙版模式 143
滤镜——镜头模糊 144
05-6 将满意的照片创建为证件照 147
按Ctrl键单击“创建新图层”按钮 150
滤镜——云彩 150
亮度\对比度 151
将证件照调整为印刷尺寸 151

06 章 利用文字工具进行设计

06-1 在照片中加入著作权标识 153
平滑 154
输入文字后移动 155

06-2 利用图层样式创建霓虹文字 157

与霓虹效果相符的字体 157

混合选项默认值 158

添加滑块 158

内发光 159

06-3 创建应用度很高的简单阴影文字 160

变形菜单 163

06-4 利用路径输入文字 165

钢笔工具选项 165

练习问题 169

利用练习问题复习

在“练习问题”中给出了一些实操题目，通过这些实例，读者可以锻炼独自完成设计的能力。对有难度的问题，读者可以参照章节中的知识点内容进行学习。

07 章 合成神奇而有趣的图像

07-1 轻松复制照片 171

多边形套索工具 171

复制图层 173

07-2 创建双胞胎照片 174

眼睛按钮 177

07-3 利用渐变自然合成图像 179

同时出现图像窗口 179

选择区域选项按钮 181

快捷键Shift+Ctrl+V 182

07-4 利用蒙版功能自然合成图像 183

自由变形工具（Ctrl+T） 184

渐晕效果 186

07-5 将连续照片创建为全景照片 188

图像合并 188

07-6 自然拉长背景，表现爽快的效果 191

快捷键Ctrl+T的缺点 191

快速选择工具 192

存储选区 192

内容识别比例功能 193

第二部分

Photoshop 修饰的乐趣

08 章 创建有趣而实用的作品

08-1 无需额外学习Illustrator手绘 196

画笔工具选项 197

向下移动将要着色图层的理由 199

洁净的着色方法 199

利用加深工具和减淡工具调整颜色 202

08-2 利用对话气球创建有趣的漫画 204

利用剪贴蒙版调节图像大小 206

在自定形状工具中选择多样的形状 208

08-3 像专业工作室一样编辑处理图像 212

滤镜——中间值 216

按住Alt键单击图层蒙版按钮 217

滤镜——USM滤镜 222

08-4 将自己的作品设置为电脑桌面 224

在Window XP中确认分辨率 225

08-5 创建可以在多种情况下使用的电影海报 236

08-6 重叠照片制作简练的图像 242

锁定透明像素 244

09 章 创建动画作品

09-1 创建商品通知中需要运动的图像Banner 250

帧和图层眼睛图标的相互关系 251

如果想要调节帧时间为菜单以外的时间 252

重复播放选项 252

将运动的图像保存为GIF文件 253

GIF保存提示框 253

09-2 创建边更改颜色边移动的字句 254

09-3 创建文字逐渐消失并显现的动画 260

09-4 制作文字向上滚动的效果 266

09-5 制作心形相框的效果 272

09-6 制作翻页电子相册 278

调节倾斜度的其他方法 281

扭曲选项栏 282

09-7 利用滤镜制作水波图像 286

帧频 291

10章 设计购物网站及兴趣论坛

10-1 制作购物网站页面1 292
- 半径 293
- 使用剪贴蒙版区域的颜色 296
- 应用剪贴蒙版效果的图层 298

10-2 制作购物网站页面2 300
- 在空图层中赋予剪贴蒙版效果的原因 303
- 图层样式——渐变叠加 307
- 合并所需的图层 308

10-3 制作利用对话框修饰的购物网站内页 310
- 复制设置为整体窗口的图像 314

10-4 制作兴趣论坛或者自己的主页 316
- 不单击而放大的方法 317
- 打开新文件的背景选项 319

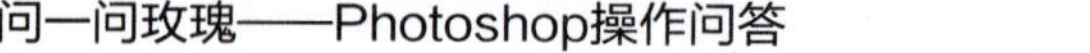
问一问玫瑰——Photoshop操作问答 328

附书DVD

附书DVD中包含实例文件及素材文件。在桌面上双击“我的电脑”图标，单击DVD驱动器。

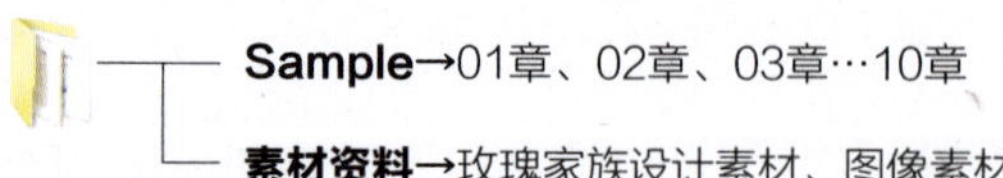

Sample→01章、02章、03章…10章

素材资料→玫瑰家族设计素材、图像素材

❶**Sample**：提供了跟着范例进行操作所必需的图像文件和完成文件。进入按章分类的文件夹，按照文中提示的路径进行使用。

❷**素材资料**：包含玫瑰家族中提供的Photoshop素材资料，200张照片素材，以及可用于网页设计的模板文件。

Special Thanks to

谨此，对《玫瑰家族的Photoshop CS5》
出版前，参与测试阅读的365名玫瑰家族论坛的会员，
致以衷心的感谢。

Photoshop
一目了然

01 Photoshop长什么样——操作界面

运行Photoshop CS5，最先出现的界面即为操作界面。Photoshop CS5的界面虽然比较陌生，但熟悉之后会发现它更加便利。CS5最大的变化是操作界面更加简洁，操作空间最大化，除此之外，还有很多变化，下面我们来逐一进行了解。

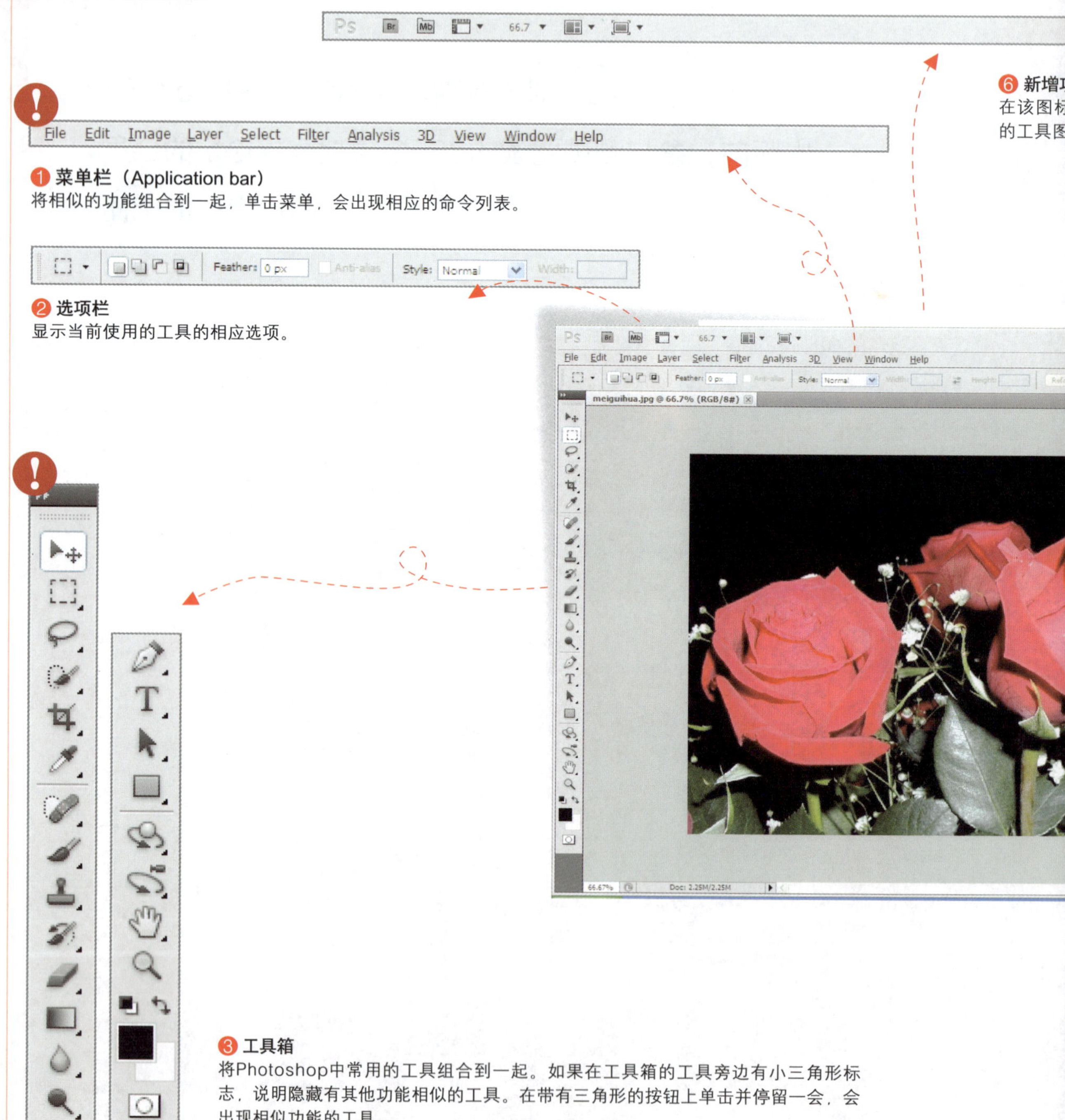

❶ **菜单栏（Application bar）**
将相似的功能组合到一起，单击菜单，会出现相应的命令列表。

❷ **选项栏**
显示当前使用的工具的相应选项。

❻ **新增功**
在该图标
的工具图

❸ **工具箱**
将Photoshop中常用的工具组合到一起。如果在工具箱的工具旁边有小三角形标志，说明隐藏有其他功能相似的工具。在带有三角形的按钮上单击并停留一会，会出现相似功能的工具。

了几乎所有的新增工具图标，单击该图标栏上
轻松应用相应的新增功能。

④ 操作空间

显示当前操作的图像或者新建的窗口空间，为面板形态，可以分离多个操作窗口，或组合为组。

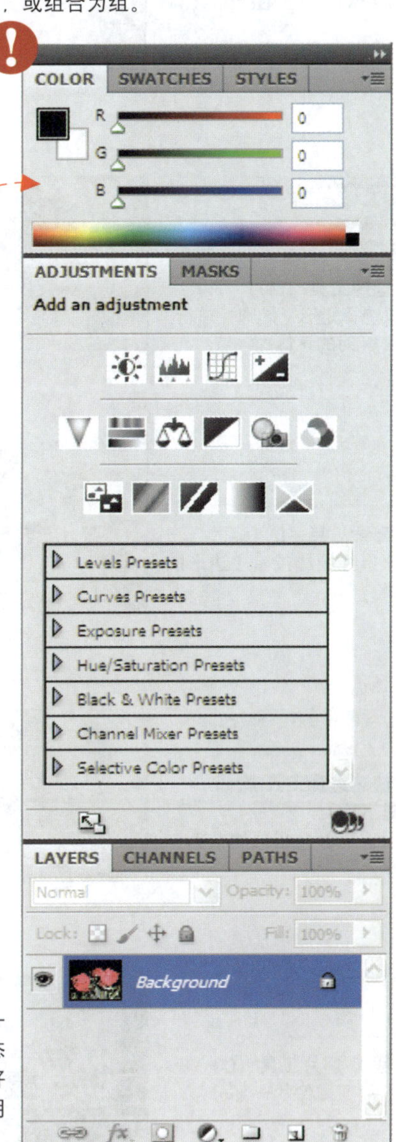

⑤ 面板组

为了更高效地操作，将要使用的功能组合到一起，便于使用。在这里可以看到有关操作状态的多种信息。就像绘图的时候在调板中先调好颜色一样，在Photoshop中操作的时候，将常用的功能组合到一起，可以使操作更加方便。

02 Photoshop长什么样——工具箱

下面我们来了解Photoshop操作中最常用的工具箱。按住工具箱中的带有小三角形的按钮，会出现相关工具。工具名称旁边的英文表示快捷键，最好牢记常用工具的快捷键。利用快捷键，可以提高操作效率。

❶ **移动工具（V）**
可以拖动选择的图像。

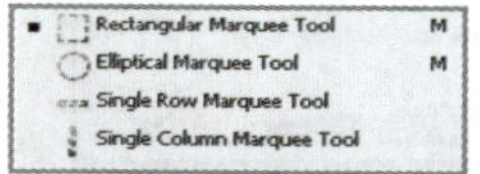

❷ **选择工具（M）**
可以选择矩形、椭圆、单行或者单列的选区。

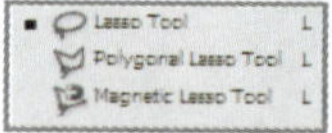

❸ **套索工具（L）**
用于选择曲线或者多边形的图像。

❹ **快速选择工具/魔棒工具（W）**
可以选择颜色相似的范围。

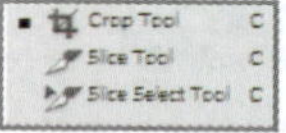

❺ **裁剪/切片工具（C）**
用于裁剪图像的一部分。

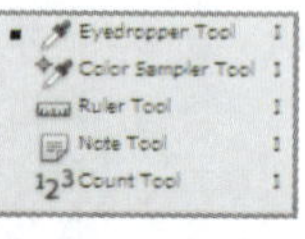

❻ **吸管/颜色取样器/标尺/注释/计数工具（I）**
用于提取图像的颜色或测量角度或长度。

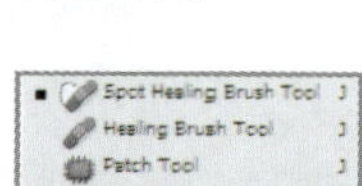

❼ **污点修复画笔工具/修复画笔工具/修补工具/红眼工具（J）**
用于调整或者修改图像。

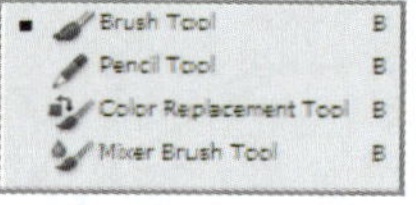

❽ **画笔工具（B）**
用于利用所需颜色和图案的画笔或者铅笔进行绘制。

❾ **图章工具（S）**
用于将图像复制到其他位置。

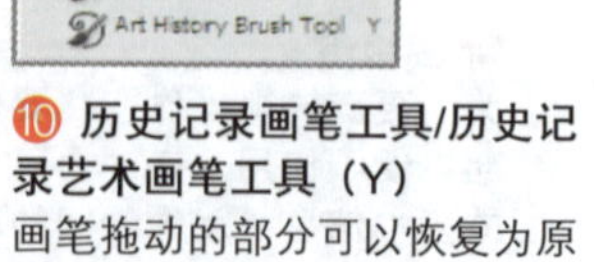

❿ **历史记录画笔工具/历史记录艺术画笔工具（Y）**
画笔拖动的部分可以恢复为原来的状态。

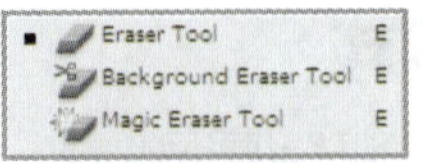

⑪ 橡皮擦工具（E）

用于擦除图像的一部分，或者以特定颜色擦除。

⑫ 渐变工具/油漆桶工具（G）

用于混合两种以上的颜色进行着色。

⑬ 模糊/锐化/涂抹工具

用于将图像变得模糊、清晰或者扭曲。

⑭ 减淡/加深/海绵工具（O）

用于将颜色变得更亮、更暗，或者更改图像饱和度。

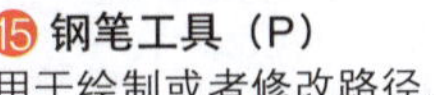

⑮ 钢笔工具（P）

用于绘制或者修改路径。

⑯ 文字工具（T）

可以在图像中横向或者纵向输入文字。

⑰ 路径选择工具（A）

可以选择或移动已经创建的路径或形状。

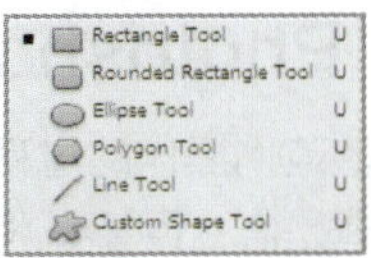

⑱ 形状工具（U）

创建矩形、圆角矩形、用户自定义形状等多种形状。

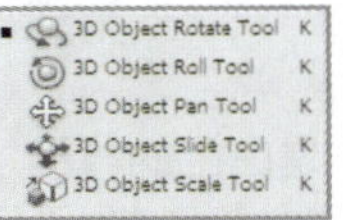

⑲ 3D对象工具（K）

用于旋转或者移动3D图像，或者调整3D图像大小。

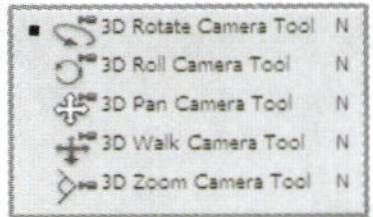

⑳ 3D相机工具（N）

用于从多种方向观察图像并进行操作。

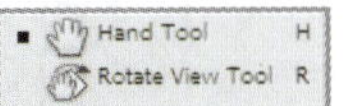

㉑ 抓手工具（H）

用于移动放大的图像。

㉒ 缩放工具（Z）

用于放大或者缩小图像。

㉓ 前景色/背景色（D）

前景色是利用油漆桶工具拖动时所填充的颜色，背景色是利用橡皮擦工具拖动时所填充的颜色。

㉔ 显示模式（Q）

单击可以转换为蒙版显示模式，再次单击可以返回到标准模式。

03 Photoshop长什么样——图层和混合模式

在跟随范例操作的过程中，您可能经常会有疑问，为什么要添加和移动图层、混合模式是怎么回事。将图层想象为透明的塑料纸即可，将绘制了不同图像的透明塑料纸重叠到一起，便完成一幅图像。混合模式可以在图层面板中设置，利用这一功能可以表现各种不同的氛围。

了解图层

观察下面的图层，在最下方是白色的背景，其上是小孩的照片，除此以外还包括文字图层。这些图层合并到一起就创建出了下面的图像。进行设计操作的时候，要准确理解图层概念，才能得到正确的效果。

❶ 在图层中应用多种混合效果。
❷ 调节图层透明度。
❸ 将图层设置为显示或者不显示的状态。
❹ 为图像添加多种样式。
❺ 添加图层蒙版效果。
❻ 调整图像的色相/亮度/饱和度等。
❼ 创建新图层。

更改图层名称

双击图层名称，可以对其进行修改，输入所需的名称即可。

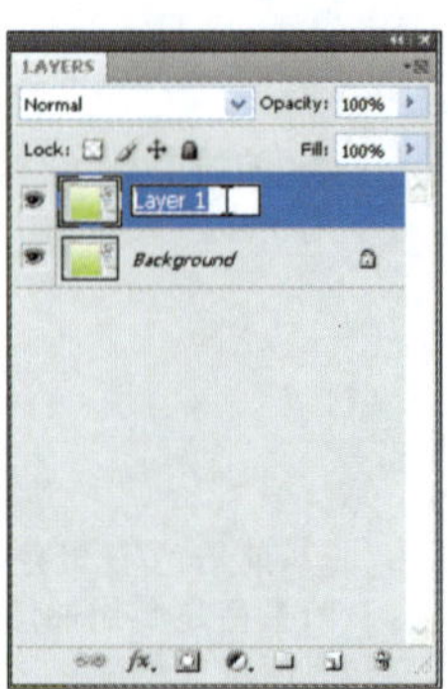

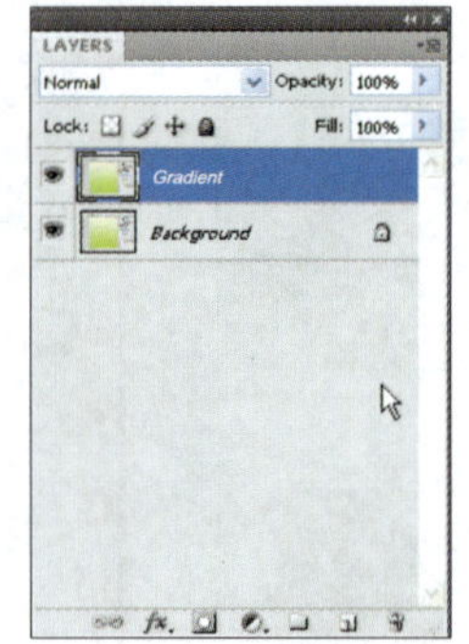

更改图层位置

单击图层并上下拖动，可以更改图层的位置。

复制图层

单击图层并将其拖动到“创建新图层”按钮上，或者按下Ctrl+J快捷键，可以复制图层。

了解混合模式

图层面板中的合成模式称为混合模式。被选择图层和下方图层合并，操作之前将要合成的两个图层放置于合适的位置，混合模式决定选择图层的颜色和要合并图层的颜色以何种形式混合，表现出多种不同氛围的图像。

选择混合模式的方法

如果想要设置混合模式，可以直接在图层面板中选择，也可以在Layer Style（图层样式）对话框中选择。一般都是直接在图层面板中选择，在混合模式中选择一项后，按键盘上的向下或者向上方向键，可以轻松地选择其他混合模式。

❶ 在图层面板中直接选择。

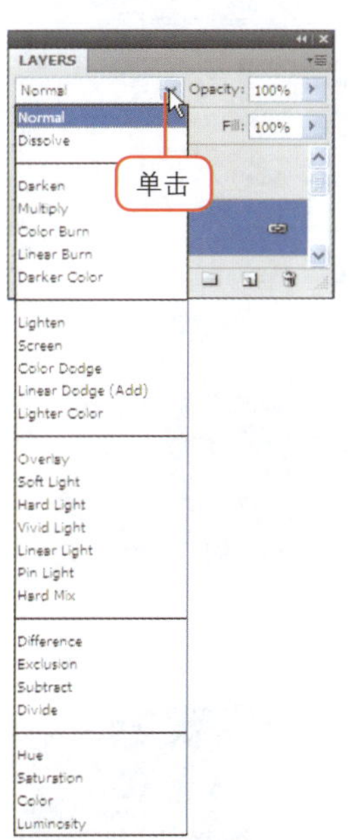

❷ 在Layer Style（图层样式）对话框中选择。

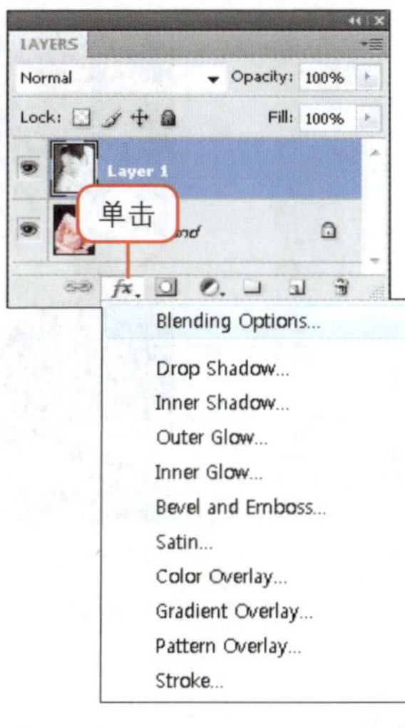

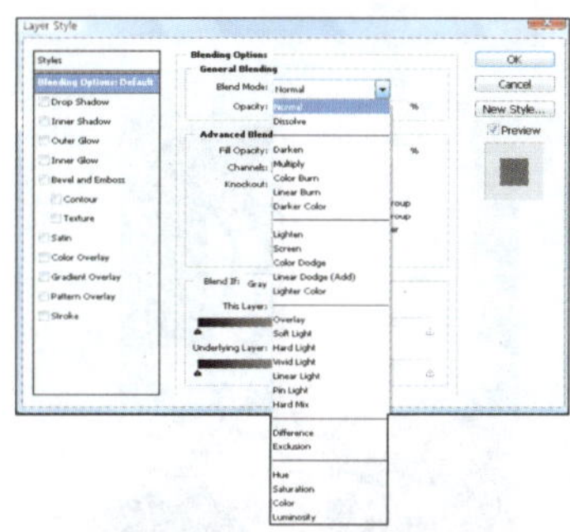

上方图层图像

下方图层图像

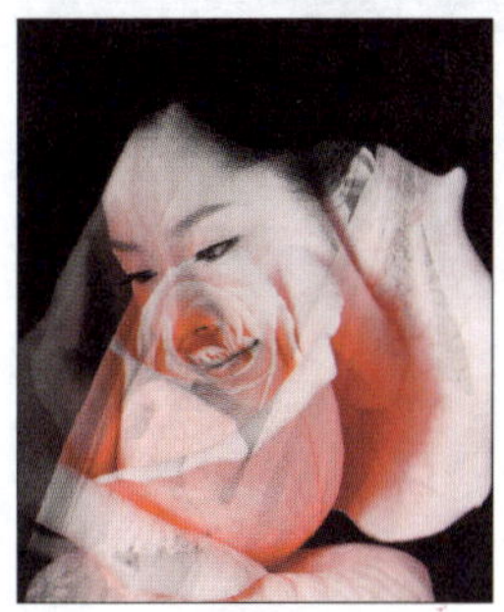

Multiply（正片叠底）

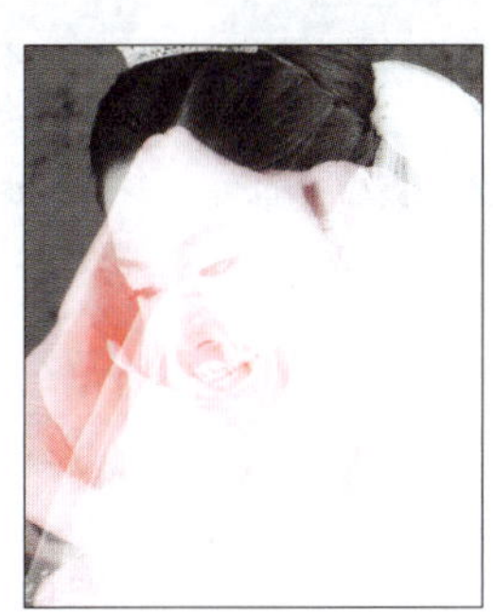

Screen（滤色）

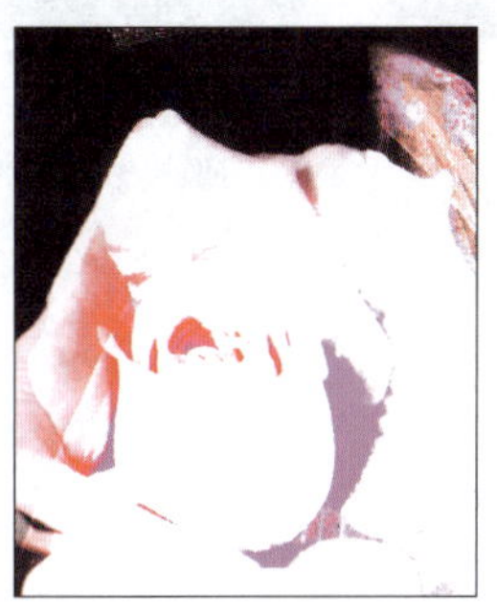

Color Dodge（颜色减淡）

Overlay（叠加）

04 Photoshop长什么样——滤镜

利用Photoshop修饰图像的时候，经常会用到滤镜。这一功能将多种图像效果集中到一起，只要通过几次单击和调整数值，便可轻松修改图像，操作起来非常方便。

了解滤镜菜单

在菜单栏中单击Filter（滤镜），可以选择各个滤镜组中隐藏的其他滤镜。可在滤镜对话框中调节选项，也可以在这里直接应用其他滤镜。

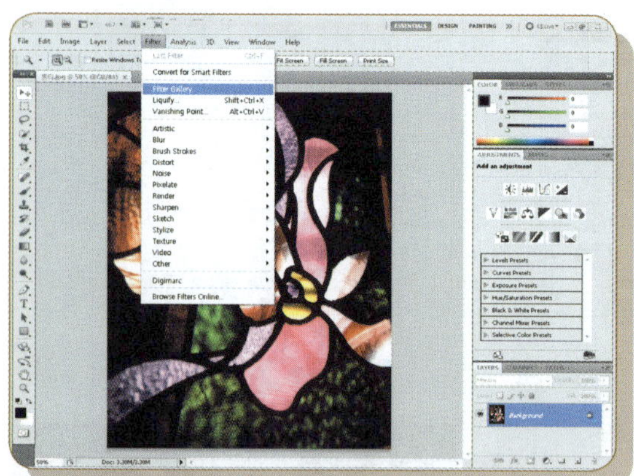

滤镜下级菜单

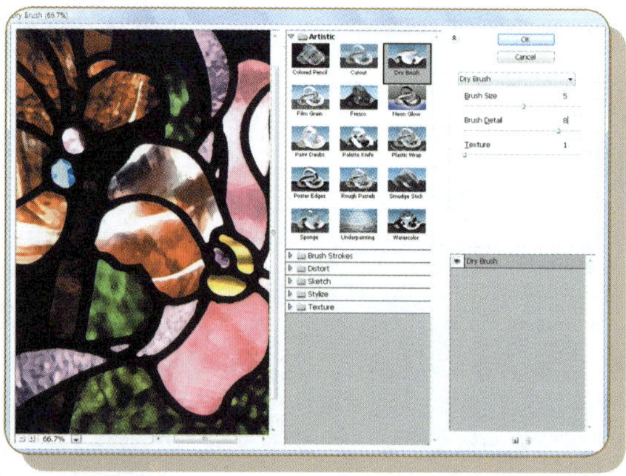

滤镜对话框

Artistic（艺术效果）

如果想要在图像上表现出手绘效果，可以使用艺术效果滤镜，只有在RGB和灰度模式下才能表现出效果。

Blur（模糊）

在图像中表现模糊效果的滤镜。也可以表现出模糊效果后加入运动感。

Brush Strokes（画笔描边）

在图像上表现出利用画笔润饰的绘画感觉。

Distort（扭曲）
在图像上表现出自然扭曲效果。

Noise（杂色）
可以在图像上添加杂点，也可以清除杂点对图像进行补正。

Pixelate（像素化）
合并相邻的像素，利用像素表现出多样的艺术效果。

Render（渲染）
生成云彩或者应用光的效果。

Sharpen（锐化）
通过增加像素的颜色对比，提高图像的鲜艳程度。

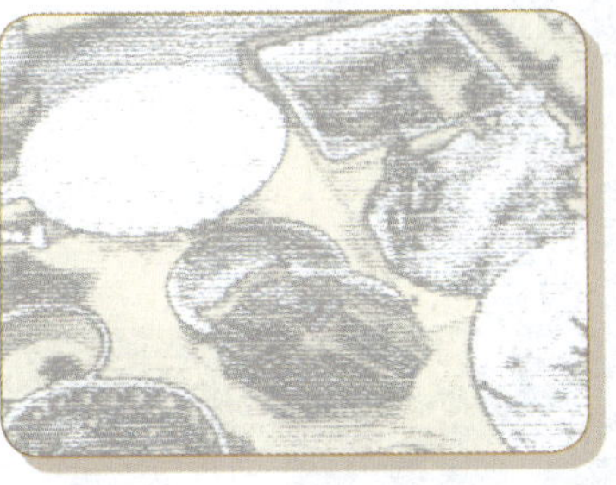

Sketch（素描）
表现手绘效果，大部分滤镜的素描效果根据前景色和背景色的不同而有所不同。

Stylize（风格化）
可以创建突出效果以及霓虹灯光效果。

Texture（纹理）
将图像的质感表现为多种形态。

Video（视频）
对捕获的视频图像或者电视画面上看到的图像进行操作时应用的滤镜。在电视或者视频上看到的图像颜色与显示器上的颜色有所不同，因此要用该滤镜进行补正。

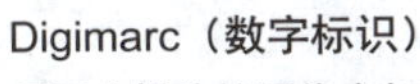

Digimarc（数字标识）
用于在操作的图像中加入著作权信息。

Other（其他）
在补正中需要使用的其他滤镜，可以创建用户指定的滤镜，或者添加灰色调，可以放大或者缩小明亮的区域。

高手作品库

作品01

作品02

作品04

作品03

以上作品被选为玫瑰论坛BEST作品

第一部分

很多读者在初次接触Photoshop时也许会有很多顾虑，但是不用担心，即使不单独学习理论，按照第一部分中介绍的范例顺序进行学习，即可熟悉Photoshop中必须掌握的各项功能。

01章 Photoshop中必须了解的6个事项

02章 随心所欲补正图像颜色

03章 免费将自己的脸修饰得更漂亮

04章 创建使照片更加特别的边框

05章 为背景平淡的照片添加特殊效果

06章 利用文字工具进行设计

07章 合成神奇而有趣的图像

01

网络生活中必不可少的Photoshop

网络生活中必不可少的 01 Photoshop

Photoshop中必须了解的6个事项

01-1 调节上传到网页的图像大小

这种情况下使用

1. 在博客中不想要滚动，而想一次显示画面
2. 在迷你主页上使图像完整显示

01-2 调节要打印的图像大小

这种情况下使用

1. 需要打印创建的作品

01-3 将图像的轮廓变为圆角

将图像的轮廓变为圆角

这种情况下使用

1. 想要将过于生硬的图像变得柔和
2. 创建圆角矩形

01-4 排列多个图像

排列图像

这种情况下使用

1. 在网上商城上传商品照片
2. 一次性显示旅行照片
3. 想要表现相似感觉的图像

01-5 在照片中加入所需文字

这种情况下使用

1. 在照片中加入标题或者将漂亮的图片创建为信纸
2. 创建多样的邀请函
3. 创建网页时

01-6 将倾斜的照片调正

图像倾斜了

这种情况下使用

1. 网络上下载的图像倾斜
2. 拍照后发现照片方向不合适

啊，为什么我的照片只显示一部分？

跟我学 01-1 调节上传到网页的图像大小

｜范例文件｜附书DVD\Sample\01章\01-1.bmp

01 打开图像

在Photoshop的菜单栏中执行File>Open（文件>打开）命令，弹出可以打开图像的对话框，选择附书DVD中提供的图像（Sample\01章\01-1.bmp）。

02 将画面放大为100%

观察图像上方，可以看到图像信息，这里显示为25%。这表示当前看到的图像不是以原大小显示，而是以原图像25%的大小显示，为了按照原大小显示，将大小设置为100%。

双击缩放工具()进行查看，放大到100%。

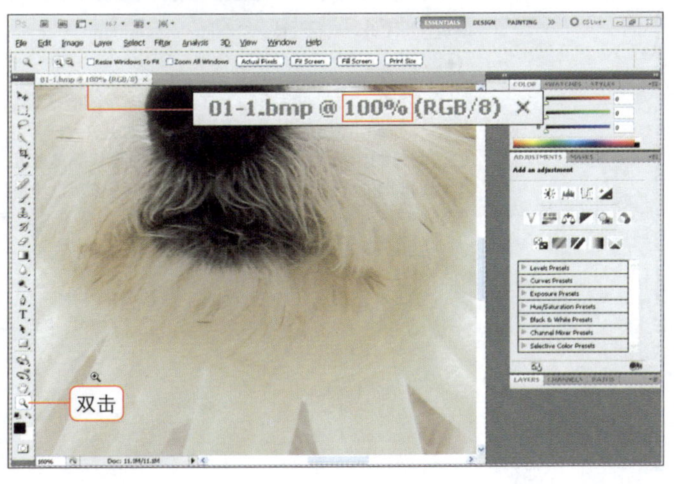

如果不调节图像的大小上传，会显示为第2张图的效果。如果这样上传到网页上是不是很好笑？

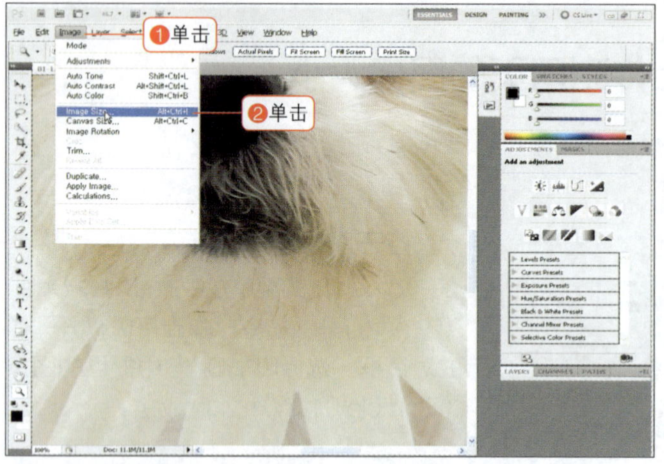

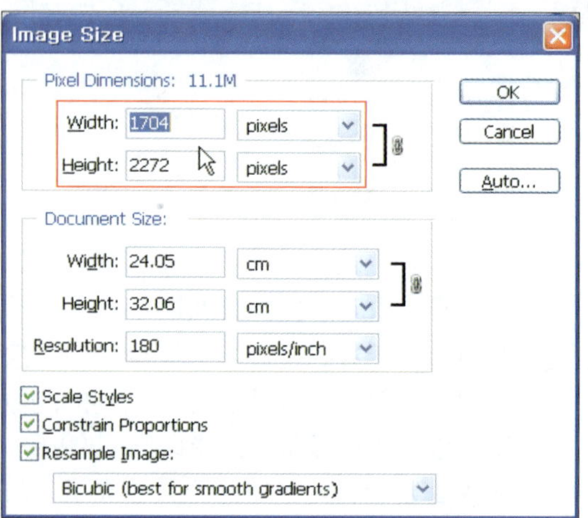

03 打开“图像大小”对话框

在菜单栏中执行Image>Image Size（图像>图像大小）命令，在打开的对话框中确认Pixel Dimensions（像素大小）选项，可以看到大小为1704×2272。一般来说，上传到网页上比较美观的大小为600以下。

什么是像素?

在网页中使用的图像是以像素为单位识别的，一般使用的是厘米这样的印刷单位，不必花费过多心思。从现在开始我们要熟悉像素的单位。但是，什么是像素呢？把像素想象为非常小的矩形的点即可。将这些点聚集到一起，在画面上便形成了图像。因此，像素的数量越多，在显示器上看到的图像越大。

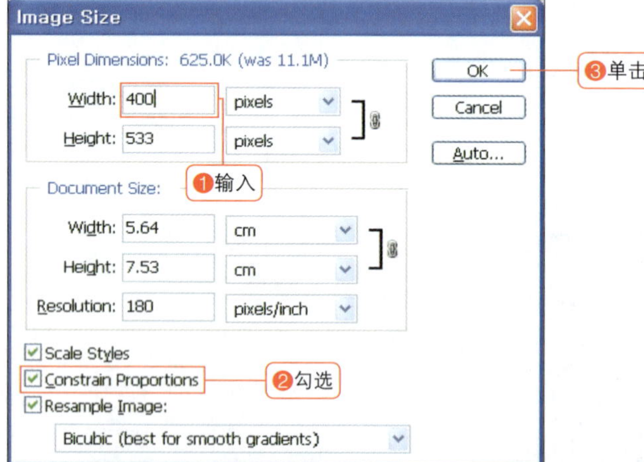

04 调节图像大小

在对话框中将Width（宽度）设置为400，然后勾选Constrain Proportions（约束比例）复选框。输入图像大小后单击“OK”按钮。

约束比例

位于“图像大小”对话框的下方。勾选该复选框，即使只输入高度和宽度值中的一个，也会自动更改另一个的值，保持图像按比例进行调节。如果想要将高度和宽度分别调整为自己所需的大小，则要取消该复选框的勾选。

原图像（100%）

缩小的图像（25%）

05 比较图像大小

原图像是100%的时候，图像过大，画面显示不全，缩小图像后可以看到整体图像效果。

打印PHOTOSHOP制作的文件前必须了解的内容？

跟我学 01-2 调节要打印的图像大小

| 范例文件 | 附书DVD\Sample\01章\01-2.bmp

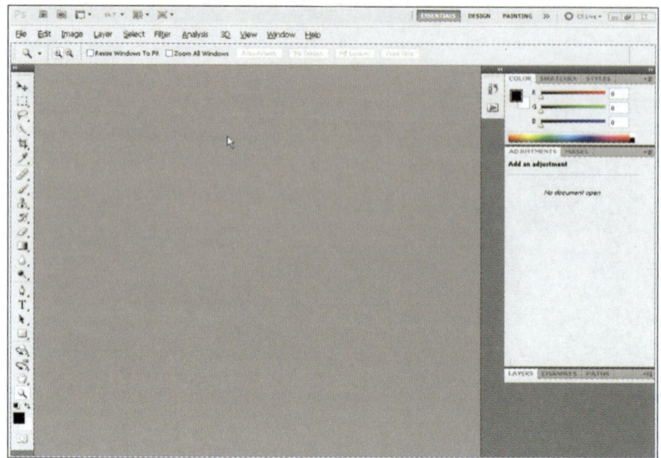

01 打开图像

由于在网页和印刷中使用不同的单位，因此需要进行更改单位的操作。这次我们利用快捷键打开图像。按Ctrl+O快捷键，弹出相同的打开窗口。

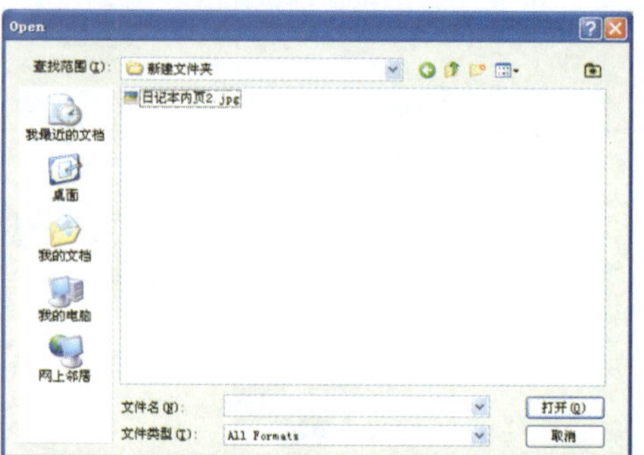

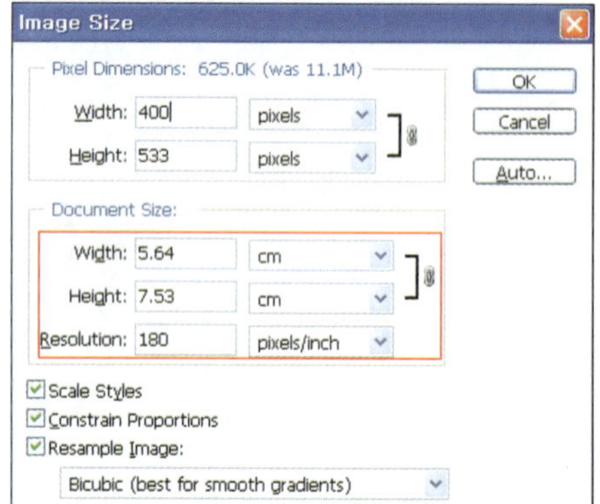

02 打开Image Size（图像大小）对话框

与之前相同，执行Image>Image Size（图像>图像大小）命令，确认对话框的Document Size（文档大小）部分。需要打印或者印刷的图像大小要在这里进行调节。

在PHOTOSHOP中不仅可以调节在网页上使用的图像，还可以调节在印刷中使用的图像。

03 保持像素数调节分辨率

取消下方Resample Image（重定图像像素）复选框的勾选。

重定图像像素

取消勾选该复选框，可在保持图像像素数的状态下调节分辨率。

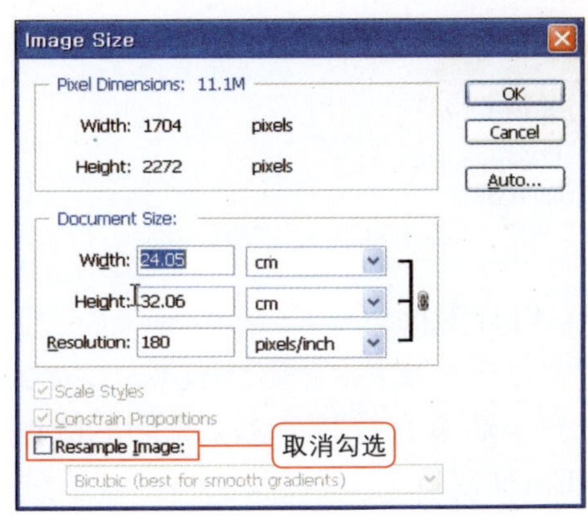

04 提高分辨率

照片的品质根据分辨率的不同有所不同，为了打印出清晰的效果，一般设置分辨率为300。如果图像大小的单位更改为inch（英寸），分辨率的单位也会由cm（厘米）更改为inch（英寸）。分辨率的单位为pixels\inch（像素\英寸）。可以看到，分辨率提高，图像的打印尺寸缩小。

分辨率和图像大小的关系

在此状态下增大图像大小的话，分辨率会降低。在保持图像像素数的状态下，图像大小和分辨率成反比例。即，图像越大，分辨率越低；图像越小，分辨率越高。但是，这里所说的图像大小是要打印的图像大小。图像的像素数相同，因此画面上看到的图像大小没有变化。

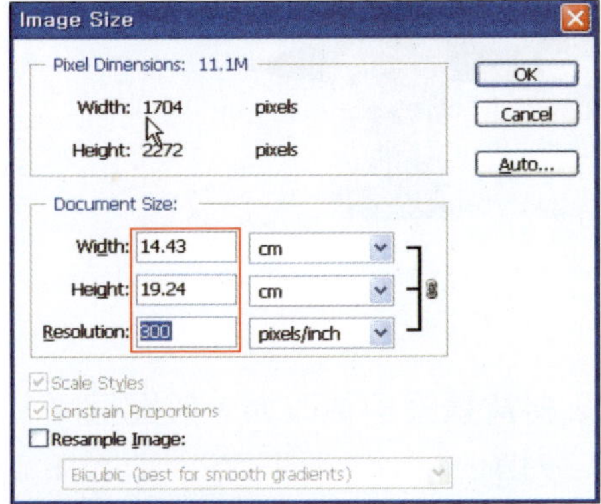

调节分辨率后的打印尺寸

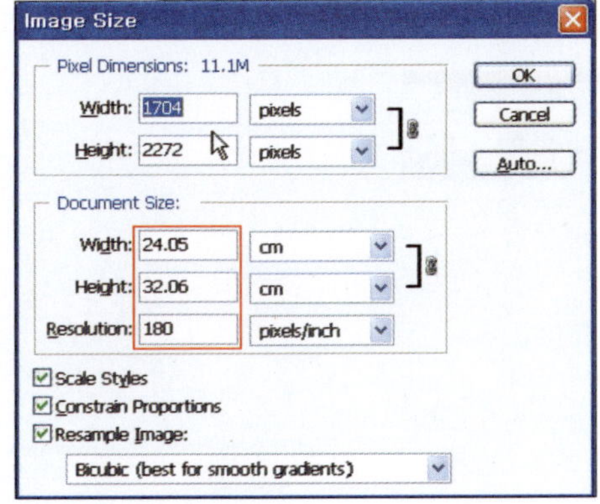

调节分辨率前的打印尺寸

轻松将照片变得柔和的秘决！

跟我学 01-3 将图像的轮廓变为圆角

| 范例文件 | 附书DVD\Sample\01章\01-3.bmp

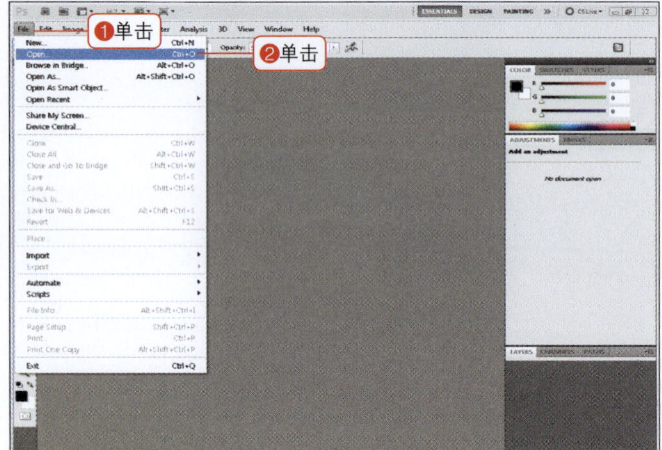

01 打开图像

在菜单栏中执行File>Open（文件>打开）命令，打开范例文件中的图像（Sample\01章\01-3.jpg）。

02 将背景图层更改为一般图层

为了对Background图层进行调整和编辑，双击图层，在弹出的对话框中单击“OK”按钮，背景图层即转换为一般图层。

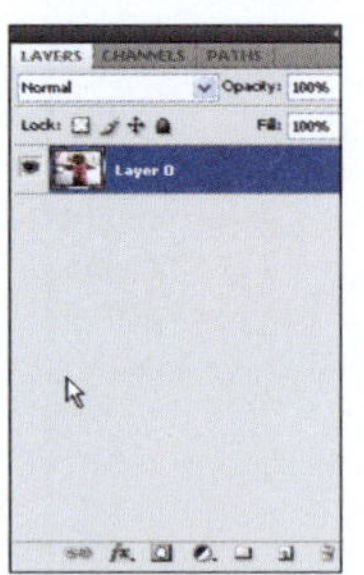

修改背景图层

背景图像被设置为无法更改顺序或进行修改的特殊图层，是为了防止在操作过程中出现失误导致无法找回原图像。本范例中要更改图像的顺序，因此要将其更改为一般图层。

03 选择圆角矩形工具

在工具箱中长按矩形工具()，选择圆角矩形工具()。在选项栏中将圆角程度Radius（半径）设置为40。

设置为何种颜色都可以，因为之后会以图像填充。

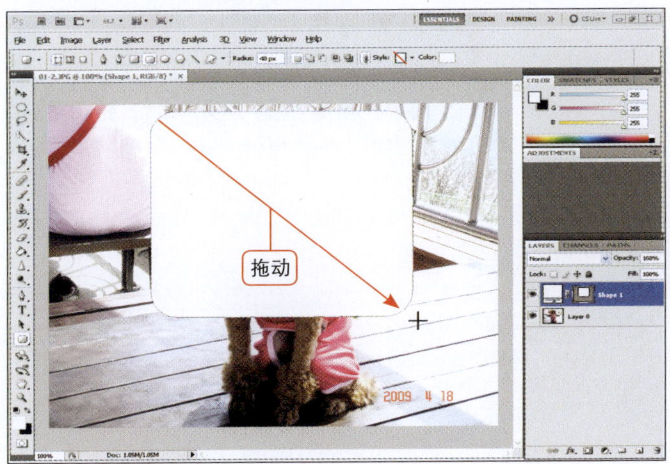

04 绘制圆角轮廓

选择要设置轮廓效果的部分，拖动选出圆角轮廓。

05 移动图层

绘制圆角矩形，在图层面板中拖动Shape 1图层，移动到更改为一般图层的Layer 0图层下方。

移动图层

图层的顺序可以想象成重叠的胶片顺序。移动图层的原因是要先显示图像，后显示圆角矩形，如果将图层拖动到上方，就可以先显示相应图像。

06 应用剪贴蒙版效果

选择照片所在的图层，单击鼠标右键，从弹出的菜单中选择Create Clipping Mask（创建剪贴蒙版）命令，使上方的照片进入下方的圆角矩形中。

创建剪贴图层

这是使选择的图层被下方图形覆盖的效果。利用该功能和多种形状工具，可以轻松地创建多种相框效果。

07 裁剪背景1

下面我们来裁剪不需要的背景部分。在工具箱中选择裁剪工具()，拖动选择除了背景以外的其他部分。

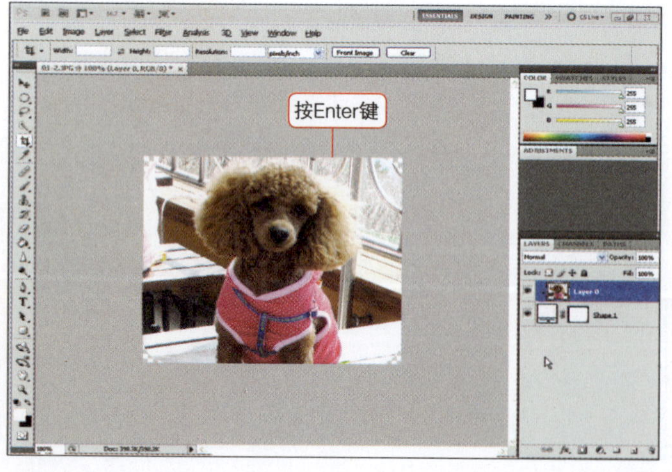

08 裁剪背景2

选择后按Enter键查看，删除显示为黑色的部分。

09 保存

执行File>Save As（文件>存储为）命令，将完成的文件保存为JPG格式的文件。

保存Photoshop文件的格式

❶ PSD文件：Photoshop中保存所有操作信息的格式，无法上传到网页上，在需要进行修改的时候保存为此格式。

❷ JPEG（JPG）文件：保留照片的品质，是最常用的文件格式。

❸ GIF文件：只适用256种颜色，文件容量很小。主要用于保存运动的动画。

❹ EPS文件：打印用文件，可以将要打印的内容保存为容量最小的文件。

10 设置保存选项

找到要保存的位置，输入文件名称，在Format（格式）中选择JPG格式，然后单击“保存”按钮。在打开的JPEG Options（JPEG选项）对话框中将Quality（品质）设置为12，然后单击OK按钮。

保存Photoshop文件的方法

在Photoshop中保存文件的方法大致可以分为3种。

❶ Save（保存）：保存操作中的文件，保存为只有在Photoshop程序中可以查看的PSD格式文件（Ctrl+S）。

❷ Save As（存储为）：保存Photoshop中支持的所有图像格式文件。文件的损伤最小，因此文件容量较大。

❸ Save for Web & Device（存储为Web和设备所用格式）：保存为只在网页上可以使用的图像，最大程度地压缩文件，因此分辨率较低。

跟我学 01-4 排列多个图像

| 范例文件 | 附书DVD\Sample\01章\排列文件夹

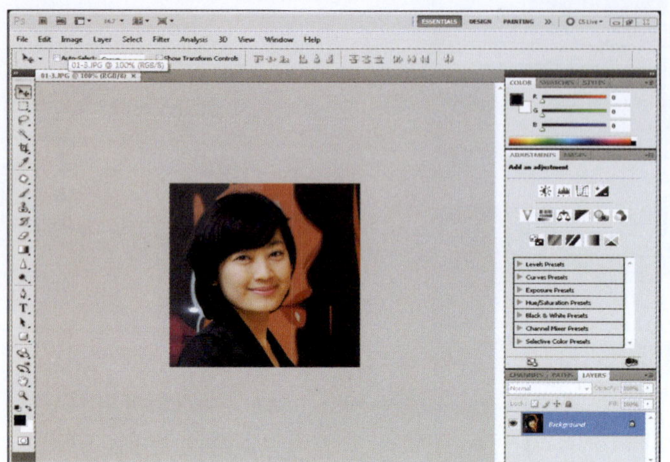

01 打开文件

排列文件夹中所有范例图像的大小都为300px×300px。按快捷键Ctrl+O打开图像。

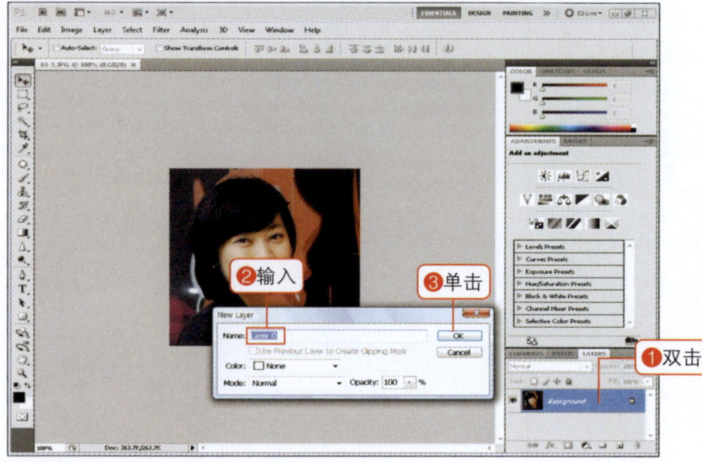

02 将背景图层更改为普通图层

首先将Background图层更改为普通图层。双击图层，在打开的对话框中单击“OK”按钮。

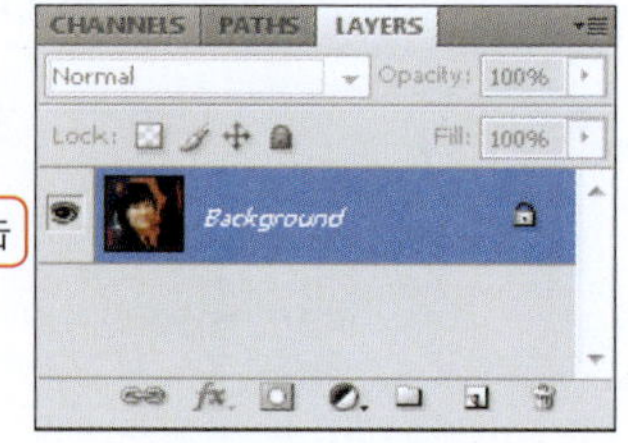

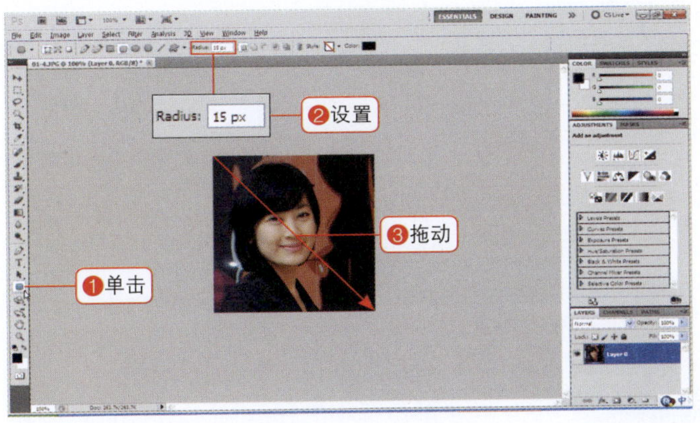

03 利用形状工具绘制圆角矩形

按照之前学习的方法，在工具箱中选择圆角矩形工具( )，在上端的选项栏中将Radius（半径）设置为15，从左上方向右下方拖动，如图所示留下部分区域。

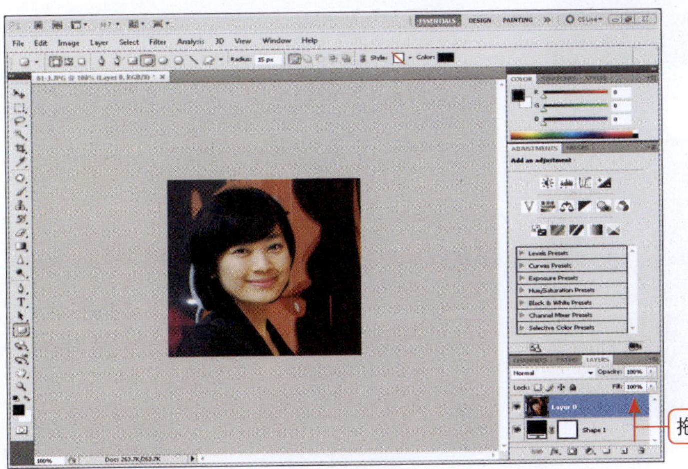

04 移动图层

将下方的图层Layer 0（要放照片的图层）拖动到Shape 1图层上方。

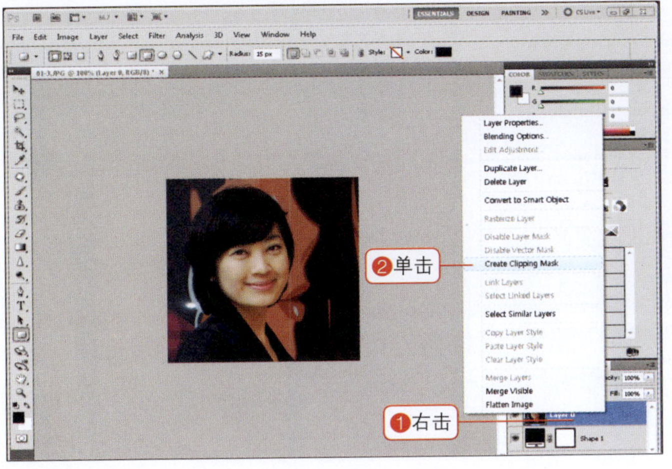

05 应用剪贴蒙版效果

在Layer 0图层中单击鼠标右键，从弹出的菜单中选择Create Clipping Mask（创建剪贴蒙版）命令。

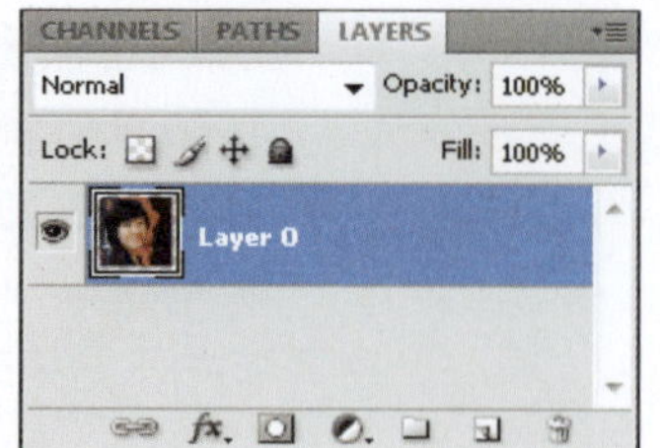

06 合并图层

在图层面板中按住Ctrl键选中两个图层，按下快捷键Ctrl+E将其合并为一个图层。

07 对其他图层也应用效果

对之前过程中的其他3个范例图像也按照相同的方法进行操作。

必须要合并为一个图层，之后移动图层的时候才可以分别应用效果。

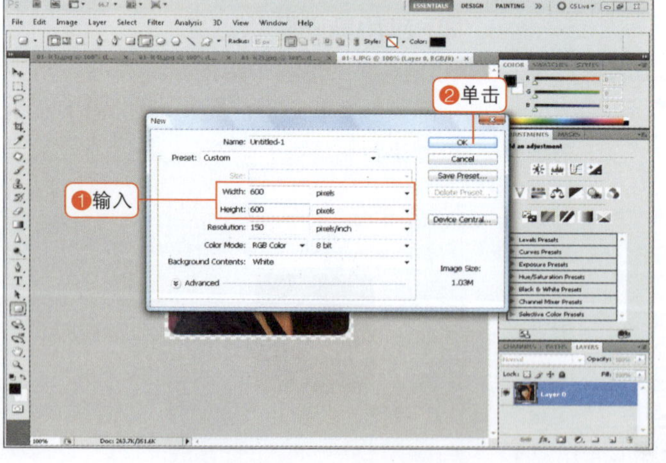

08 打开新窗口

下面我们将4个图像排列为一个图像。图像大小为300px×300px，由于想要排列为两行两列，按快捷键Ctrl+N，创建一个600px×600px大小的新窗口。

09 移动图像

选择移动工具(▶+)，单击之前创建的圆角图像，拖动到新窗口中。

10 移动其他图像

对其他图像也利用移动工具移动到要进行排列的新窗口中，排列到合适的位置。

选择相应图层后修改

如果图像排列得不好，选择相应图像所在图层，利用移动工具进行调节。选择其他图层，移动其他图层的图像即可。

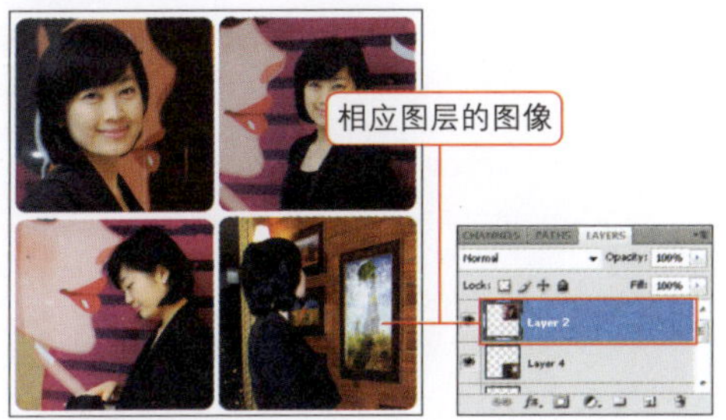

11 设置焦点图层

最后我们调节图像的不透明度，设置焦点，完成操作。

制作邀请函、信纸、网页的必备知识！

跟我学 01-5 在照片中加入所需文字

| 范例文件 | 附书DVD\Sample\01章\01-5.jpg

01 打开图像

启动Photoshop软件，打开附书DVD中的图像（Sample\01章\01-5.jpg）。

将字体名称设置为中文

使用文字工具之前在选项栏中将字体设置为中文，这样看起来是不是就更方便了？执行Edit>Preference>Type（编辑>首选项>文字）命令，在打开的对话框中取消勾选Show Font Names In English（以英文显示字体名称）复选框的勾选即可。

02 设置文字样式

为了输入文字，选择横排文字工具（T），在选项栏中将字体设置为宋体，字体大小设置为90pt，消除锯齿的方法设置为None（无），文本颜色设置为白色。

更改文本颜色

如果想要更改文字的颜色，单击选项栏中的颜色按钮，在弹出的Select text color（选择文本颜色）对话框下方的颜色代码输入栏中输入颜色代码，或者利用鼠标单击选择所需的颜色。

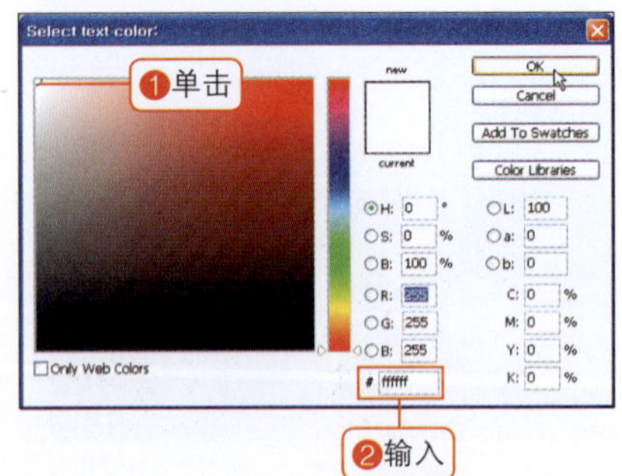

03 输入语句

在想要输入语句的位置单击鼠标。如图所示在照片上输入Baby love…

如果在图像上输入文字，在图层面板中会自动生成文字图层。

04 创建柔和的文字轮廓

下面我们将输入文字的轮廓处理得更模糊。

用鼠标拖动要修改的文字，将其设置为文本块，在选项栏中将消除锯齿的方法设置为Smooth（平滑）。文字的轮廓变得柔和，图像看起来更加干净。

消除锯齿的方法选项

❶ None（无）：没有任何效果。
❷ Sharp（锐利）：将轮廓变得尖锐。
❸ Crisp（犀利）：将轮廓变得粗糙。
❹ Strong（深厚）：将轮廓变粗。
❺ Smooth（平滑）：将轮廓变得柔和。

05 更改字体大小

在将文字设置为文本块的状态下，更改字体大小。在选项栏中将字体大小设置为85px。

06 更改文字样式

下面我们来更加细致地更改文字样式。为了进行更加细致的更改，在选项栏中单击字符面板(▤)按钮，打开字符面板。

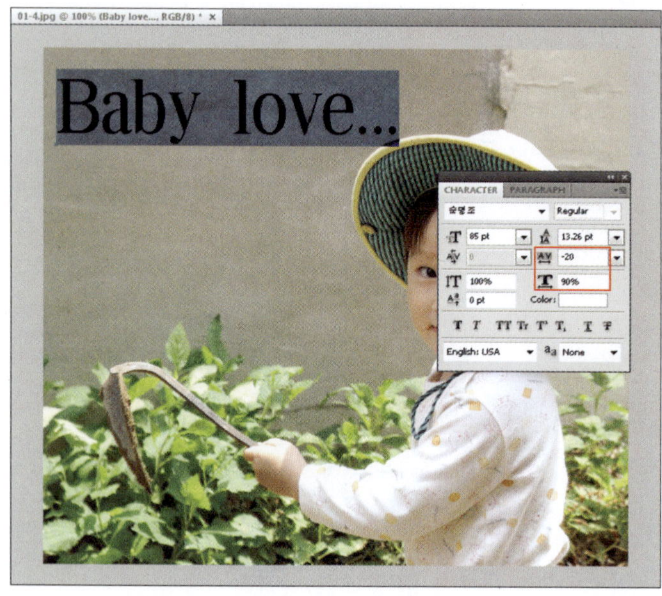

07 调整文字间距和文字高度

在字符面板中将文字间距设置为-20，将文字高度设置为90%。文字样式根据在字符面板中设置不同的值可以更改为所需的样式。

字符面板

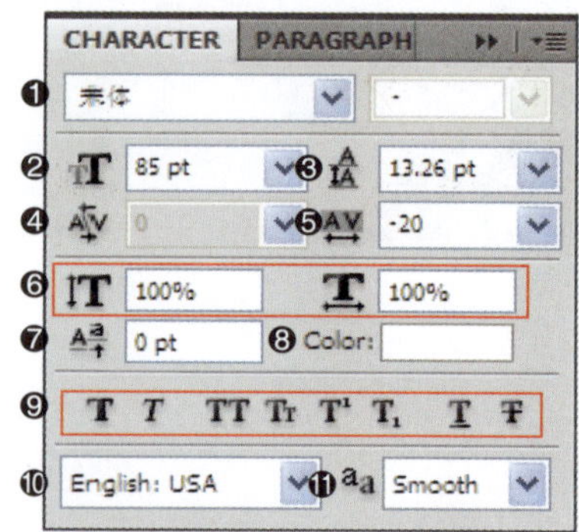

❶ 设置文字样式。
❷ 设置文字大小。
❸ 设置文字间距。
❹ 设置光标两侧文字之间的间距。
❺ 设置选择的文字的间距。
❻ 放大或者缩小横向或纵向文字尺寸。
❼ 排列大小不同的文字时，设置选择文字的纵向位置。
❽ 设置文字颜色。
❾ 选择文字样式。
❿ 选择语言。
⓫ 选择文字边界的处理方式。

08 完成文字输入

设置完文字样式后，在选项栏中单击Commit any current edits（提交所有当前编辑）按钮(✓)完成输入。

“提交所有当前编辑”按钮

对于文字图层，经常需要对每一行或者每个单词进行设计，这种情况下要创建图层。单击“提交所有当前编辑”按钮，再在目的位置单击，自动创建新的文字图层。

09 利用移动工具移动字句

文字输入结束后，在工具箱中选择移动工具()。利用鼠标单击字句拖动，移动到所需的位置。

利用文字工具也可以移动字句到所需的位置。

10 为文字设置边框效果

下面我们为文字设置边框效果。单击图层面板下端的Add a layer style（添加图层样式）按钮(fx)，从弹出的菜单中选择Stroke（描边）。

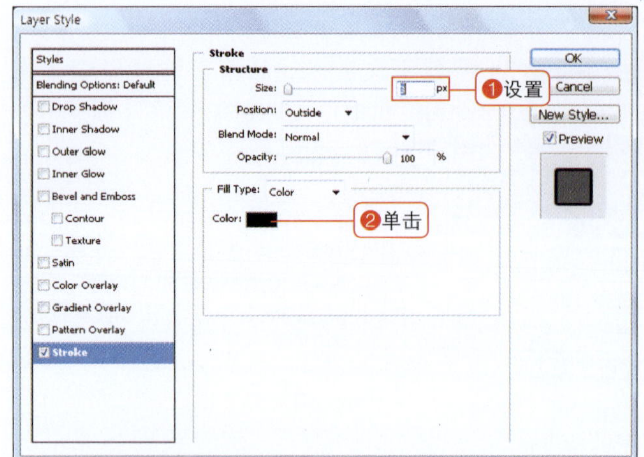

11 设置文字轮廓颜色

打开Layer Style（图层样式）对话框，将Size（大小）设置为3px，利用鼠标单击Color（颜色）部分的颜色，将颜色设置为#ffcc00（黄色）。单击“OK”按钮。为文字的轮廓应用黄色。

图层样式——描边

在图层图像的外侧应用轮廓。

❶ Size（大小）：设置轮廓的粗细。

❷ Position（位置）：在图像轮廓的外侧、内侧或中央绘制线条。

❸ Fill Type（填充类型）：利用颜色、渐变效果或者图案填充线条。

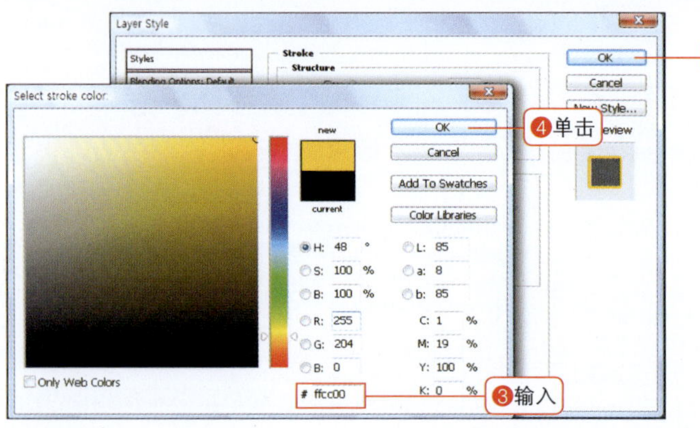

12 添加文字

利用相同的方法添加love…字样。将字体大小设置为75px，将文字轮廓的颜色设置为#c9e51e，完成制作。

熟悉标尺工具！

跟我学 01-6 将倾斜的照片调正

| 范例文件 | 附书DVD\Sample\01章\01-6.jpg

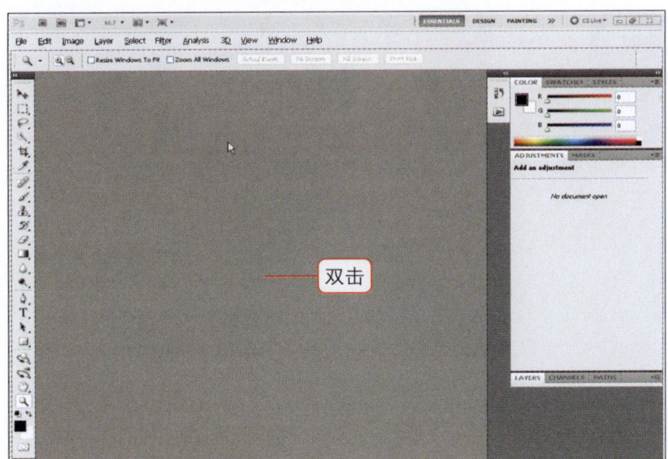

01 打开图像

启动Photoshop软件，打开附书DVD中的图像（Sample\01章\01-6.jpg）。

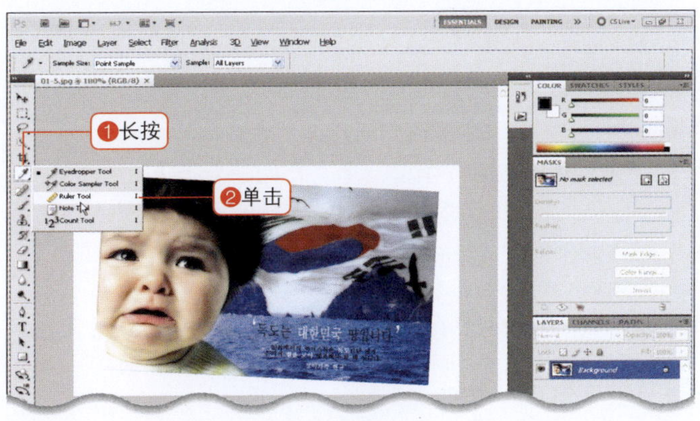

02 选择标尺工具

首先要测量倾斜的角度。在工具箱中选择标尺工具(▭)。标尺工具隐藏在吸管工具(✎) 中。

选择隐藏的工具

长时间按住工具，可以显示其中隐藏的工具，可从中选择所需的工具。在工具箱中工具的右下角如果有三角形，意味着其中有隐藏工具。

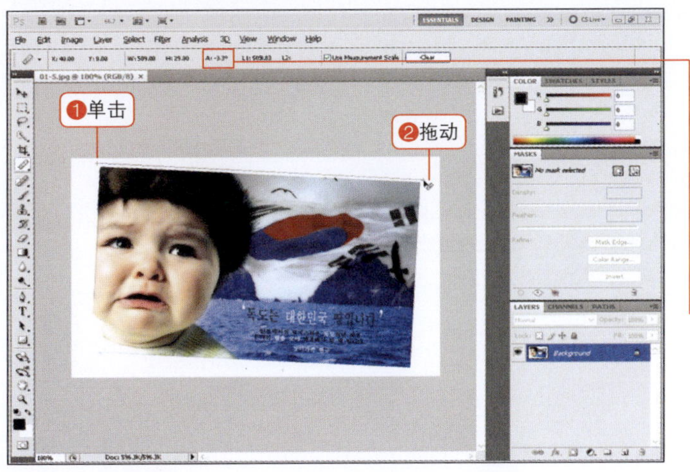

03 测量倾斜程度

为了了解图像倾斜的程度，可利用标尺工具(▭)单击图像左侧端点拖动，在右侧端点释放鼠标。观察选项栏，可以看到倾斜了-3.3° 。

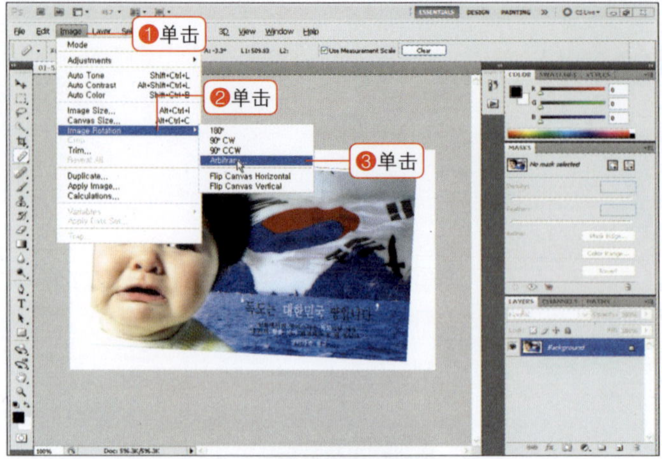

04 选择Arbitrary（任意角度）命令

在菜单栏中执行Image>Image Rotation>Arbitrary（图像>图像旋转>任意角度）命令。

"图像旋转"命令

之后我们还会应用Image Rotation（图像旋转）命令，下面先来了解一下具体的选项。

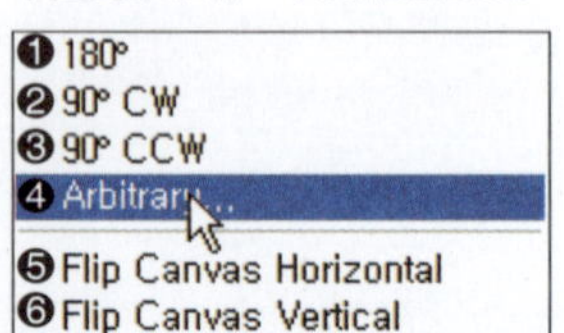

❶ 180°：将图像旋转180°。
❷ 90° CW：顺时针旋转90°。
❸ 90° CCW：逆时针旋转90°。
❹ Arbitrary（任意角度）：旋转所需的角度。
❺ Flip Canvas Horizontal（水平翻转画布）：像照镜子一样左右互换。
❻ Flip Canvas Vertical（垂直翻转画布）：上下互换。

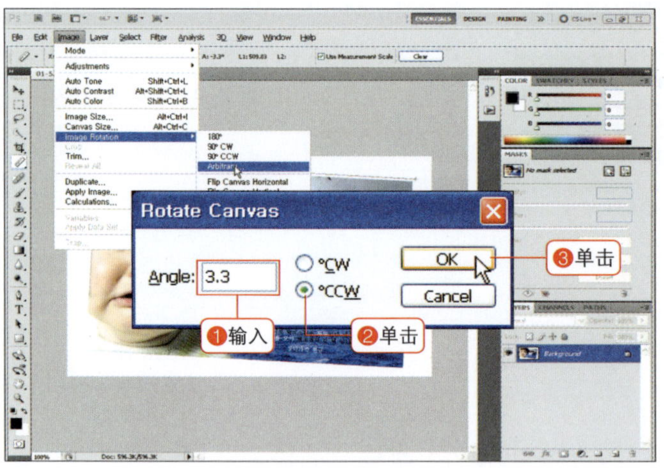

05 输入旋转画布的角度

图像倾斜-3.3°，如果想要直接修改，要旋转+3.3°。在Angle（角度）文本框中输入3.3。方向是要向左上旋转，因此要逆时针方向旋转。勾选"° CCW"单选按钮，单击"OK"按钮。

旋转画布选项

在图层图像的外侧应用轮廓。

❶ Angle（角度）：旋转角度。
❷ ° CW：顺时针旋转。
❸ ° CCW：逆时针旋转。

06 选择裁剪工具

图像按照输入的角度进行了旋转。但是图像旋转后，会出现不需要的背景。这种情况下利用裁剪工具( )裁剪背景即可。在工具箱中单击选择裁剪工具( )。

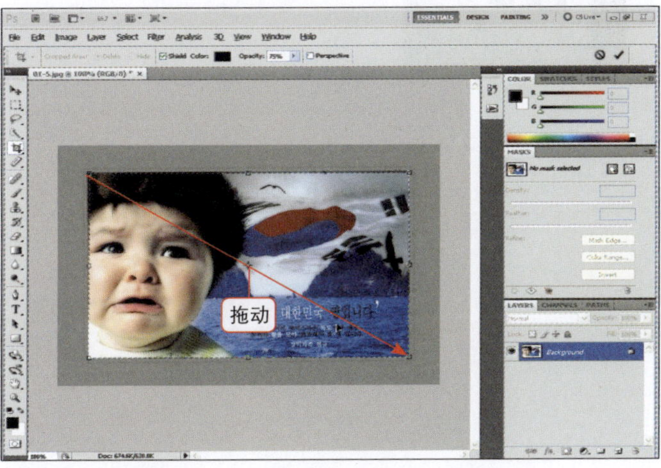

07 选择留下的部分

拖动选择除了背景以外图像中留下的部分。

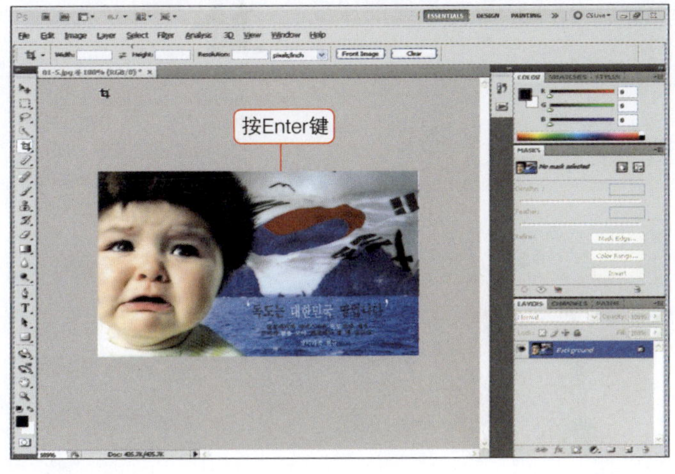

08 应用裁剪工具

设置完要裁剪的部分后，按Enter键，图像即调节为所需大小。

动脑思考一下!

练习问题 利用下面的素材进行练习。

Q1 在博客中利用快捷键将图像大小缩小为200×147。再将缩小的图像放大为500×368。

使用的图像 附书DVD\Sample\练习问题\01-1.jpg

‣单击命令即可了解快捷键。在菜单栏中执行Image>Image Size（图像>图像大小）命令，旁边会出现快捷键。再次放大缩小的图像，分辨率会降低，图像显得不清楚了。因此最好先复制原图像再进行操作。

Q2 利用之前学过的剪贴蒙版功能和形状工具，如下图所示创建出漂亮的五边形轮廓。解答此练习问题后，可以利用形状工具创建多种漂亮的照片边框。

使用的图像 附书DVD\Sample\练习问题\01-2.jpg

‣首先将背景图层创建为普通图层，利用形状工具中的多边形工具创建五边形，更改图层顺序，即可得到像应用图层蒙版的照片图像效果。

动脑思考一下！

练习问题 利用下面的素材进行练习。

Q3 将范例图像中稍稍倾斜的第一张图像调正，如下图所示调节其他3个图像。

使用的图像 附书DVD\Sample\练习问题\01-3-1.jpg，01-3-2.jpg，01-3-3.jpg，01-3-4.jpg

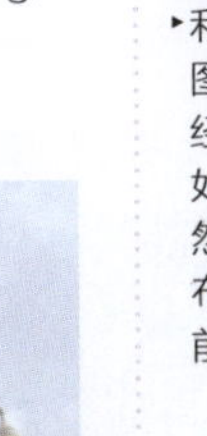

‣利用标尺工具测量倾斜的图像，将其调正。我们已经学习了缩小图像的方法。如果分别缩小各个图像，然后在一个图像中更改画布大小，之后即可应用之前学习的剪贴蒙版效果。

↓

这些一定要牢记

- 移动\合并图层
- 应用剪贴蒙版效果
- 保存文件：Save As（存储为）（Shift+Ctrl+S）
- 输入文字
- 应用图层样式：Stroke（描边）

网络生活中必不可少的 02 Photoshop

随心所欲补正图像颜色

02-1 将较暗的照片调亮1

太暗了，连人都看不到

这种情况下使用

1. 将夜晚拍摄的较暗照片调整得明亮
2. 将在室内拍摄的较暗照片调整得明亮

02-2 将较暗的照片调亮2

只有脸变亮就可以了

这种情况下使用

1. 将夜晚拍摄的较暗照片调整得明亮
2. 将在室内拍摄的较暗照片调整得明亮

02-3 随心所欲更改图像颜色

原照片颜色

这种情况下使用

1. 只想更改特定部分颜色
2. 想要更改整体图像颜色

02-4 简单创建黑白照片+双色调照片

原照片颜色

这种情况下使用

1. 想要表现有氛围的效果
2. 创建与黑白为主的设计相符的照片

用PHOTOSHOP调亮照片！

跟我学 02-1 将较暗的照片调亮1

| 范例文件 | 附书DVD\Sample\02章\02-1.jpg

01 打开图像

启动Photoshop软件，打开附书DVD中的图像（Sample\02章\02-1.jpg）。

02 应用阴影\高光

由于背光，照片整体显得较暗。我们将较暗的照片调亮，在菜单栏中执行Image>Adjustments>Shadows\Highlights（图像>调整>阴影\高光）命令。

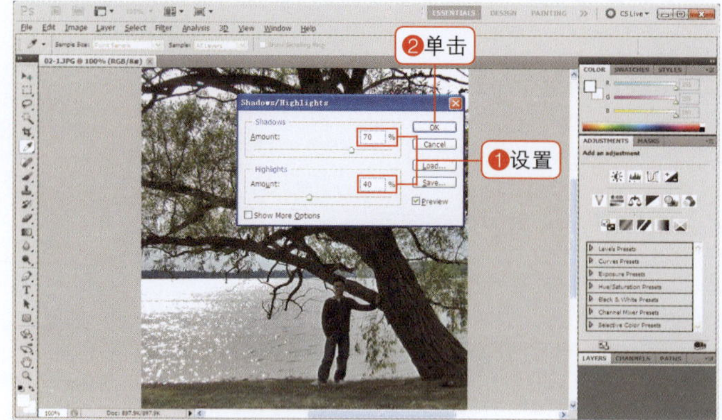

03 移动调节点调整亮度

打开对话框，移动调节点，将Shadows（阴影）设置为70%，将Highlights（亮光）设置为40%。

“阴影”用于将较暗的部分调亮，“高光”用于调整曝光过度的明亮部分。调整结束后单击“OK”按钮。

阴影\高光

阴影\高光主要用于在照片较暗或逆光的情况下调整曝光部分。其与亮度功能不同，可以对图像中明亮的部分和暗部分别进行调节。勾选Show More Options（显示更多选项）复选框，可以进行更加具体的设置。

04 保存调整的照片

执行File>Save As（文件>存储为）命令。在打开的对话框中将文件的名称设置为“02-1”，将文件格式设置为“JPEG”，单击“保存”按钮保存。

细致地调节亮度！

跟我学 02-2 将较暗的照片调亮2

｜范例文件｜附书DVD\Sample\02章\02-2.jpg

01 打开图像

启动Photoshop软件，打开附书DVD中的文件（Sample\02章\02-2.jpg）。照片中人物的面部拍得很漂亮，但是背景较暗。

02 打开“色阶”对话框

在菜单栏中执行Image>Adjustments>Levels（图像>调整>色阶）命令。在打开的Levels（色阶）对话框中Input Levels（输入色阶）下方的图表中可以看到3个滑块，向左移动右侧的白色滑块，图像即可变明亮。

色阶图

色阶是用于调节图像亮度的功能，可以随意调节图像的阴影、中间调和高光。图表的高低显示了各个色调的分布情况，左侧暗调较高的话，意味着照片整体较暗，右侧明亮色调较高的话，意味着照片整体较亮。这是常用的功能，因此最好牢记其快捷键Ctrl+L。

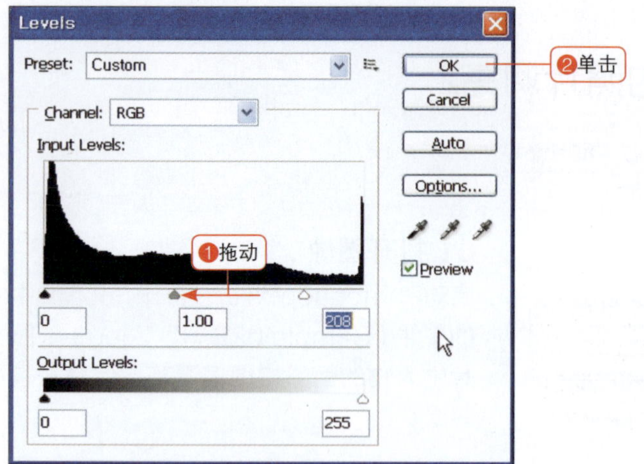

03 利用滑块调节亮度

在下方的三角形滑块中向左拖动中间调滑块和高光色调滑块，将图像整体调节得更亮。如下图所示，可以看到图像比之前更亮了。

04 打开“曲线”对话框

像这样只调节亮度，明亮和暗淡的差异不明显，在菜单栏中执行Image>Adjustments>Curves（图像>调整>曲线）命令。

曲线

曲线是可以调节图像亮度和对比度的功能。色阶和曲线命令都可以预览原图像调节后所产生的变化，适当调节中部的曲线，可以得到所需的亮度，快捷键为Ctrl+M。

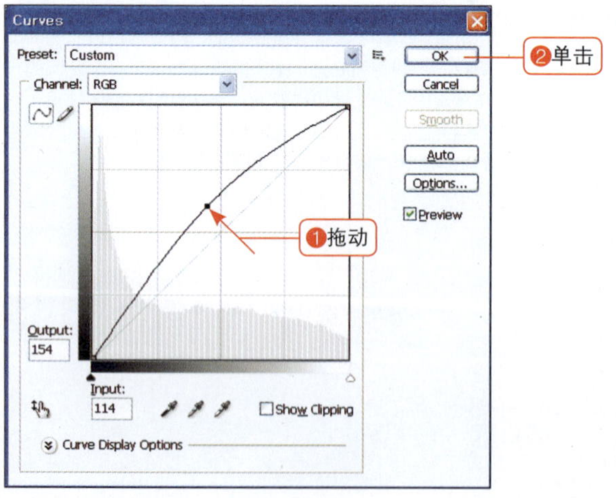

05 调节明亮

在Curves（曲线）对话框中向上拖动对角线的中央，创建为曲线。查看图像明亮的程度，得到适当的效果后单击“OK”按钮。

06 创建图层，应用混合模式

将原图层拖动到“创建新图层”按钮(◻)上，自动复制图层。将混合模式设置为Soft Light（柔光），图像变得清晰，如果显得不自然，将Opacity（不透明度）设置为50%。

混合模式——柔光

柔光可以使明亮的部分更明亮，暗淡的部分更暗淡，自然地将图像变清晰。混合模式的作用是混合两个图像，像这样对图像应用混合模式，可以自然地使原图像变得清晰，是非常有用的功能。

07 确认调整后的图像

与原图像相比，照片更加明亮灿烂。

补正红眼

大家都会遇到过在黑暗的照片中出现红眼的情况吧？在较暗的地方打开闪光灯或者利用间接照明后常会出现红眼效果。这时在Photoshop的修复画笔工具中选择红眼工具，单击红眼，可以简单地将其变为黑色。

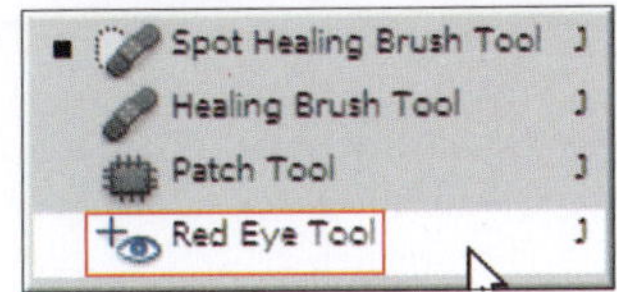

调整颜色的技巧！

跟我学 02-3 随心所欲更改图像颜色

| 范例文件 | 附书DVD\Sample\02章\02-3.jpg

01 打开图像

启动Photoshop软件，打开附书DVD中的图像（Sample\02章\02-3.jpg）。

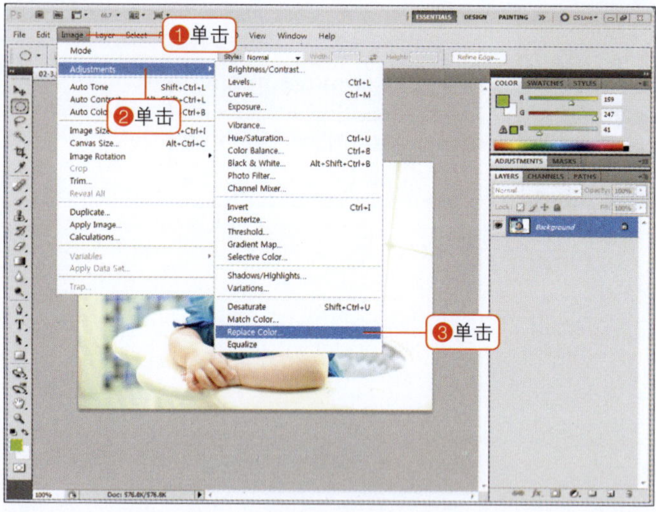

02 更改相同的颜色

为了更改照片中相同的颜色，执行Image>Adjustments>Replace Color（图像>调整>替换颜色）命令。

在范例的后面部分也介绍了部分更改颜色的方法。

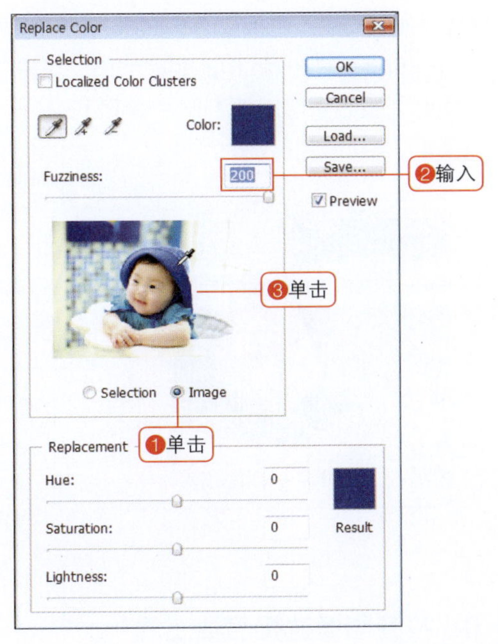

03 颜色容差值选择颜色

打开Replace Color（替换颜色）对话框，为了显示照片，选择Image（图像）单选按钮，将Fuzziness（颜色容差）值设置为200。将鼠标光标放置于图像上，出现吸管图标时，单击想要更改的颜色，在对话框中显示选择的颜色。这里单击小孩的帽子。

替换颜色选项

❶ 吸管：单击图像设置选择的颜色，加号吸管放大选择的范围，减号吸管缩小选择的范围。
❷ 当前颜色预览：预览选择区域的颜色。
❸ Fuzziness（颜色容差）：调节滑块可以扩大或者缩小选择区域。
❹ Selection（选区）：将选区显示为白色。
❺ Image（图像）：可以选择图像的颜色。
❻ Replacement（替换）：调节选区的颜色、饱和度和亮度。
❼ Result（结果）：显示更改的颜色。

04 更改颜色

下面我们将蓝色更改为其他颜色。在Replace Color（替换颜色）对话框中将Hue（色相）值设置为-99。孩子的衣服和帽子整体上变为了蓝色。

05 调节亮度

将Lightness（亮度）值设置为15，单击“OK”按钮。可以看到照片变亮了。

06 打开图像选择魔棒工具

下面我们来学习只更改照片中特定部分颜色的方法。按快捷键Ctrl+O，再次打开图像（Sample\02章\02-3.jpg）。在工具箱中选择魔棒工具()，在选项栏中单击“添加到选区”按钮()，将Tolerance（容差）值设置为40。

07 设置魔棒区域

为了在照片中只更改孩子帽子的颜色，利用魔棒工具()单击孩子的帽子。设置蓝色选区，显示为虚线。按住Shift键单击没有选择的帽子的蓝色部分，创建为一个选区。

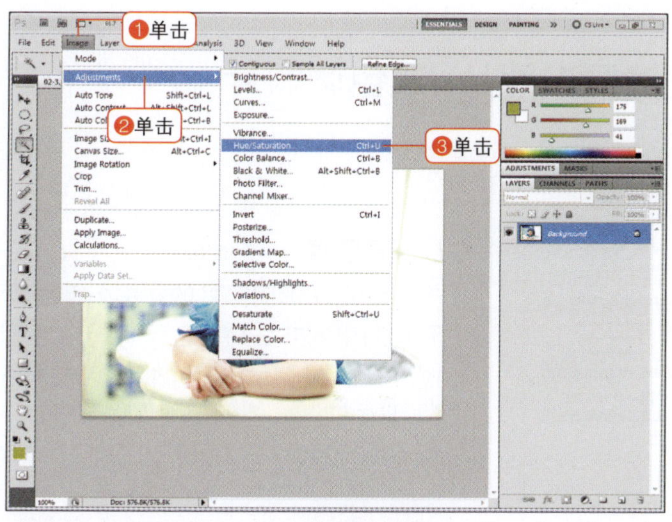

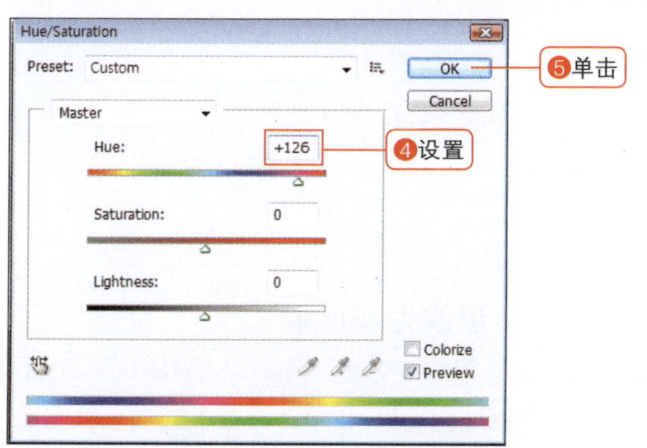

08 设置更改的颜色

下面更改照片中孩子的帽子颜色。在菜单栏中执行Image>Adjustments>Hue\Saturation（图像>调整>色相\饱和度）命令或按快捷键Ctrl+U。在打开的Hue\Saturation（色相\饱和度）对话框中调节Hue（色相）的滑块，更改为所需的颜色。这里将Hue（色相）值设置为+126，单击“OK”按钮。

色相\饱和度

在Hue\Saturation（色相\饱和度）对话框中可以调节颜色、饱和度和亮度。可以利用滑块调节值，也可以直接在文本框中输入数值。勾选Preview（预览）复选框，可以在原图像中直接预览。

❶ Preset（预设）：选择颜色要调整的通道。
❷ Hue（色相）：可以调节颜色。
❸ Saturation（饱和度）：可以调节饱和度。
❹ Lightness（明度）：可以调节亮度。
❺ Colorize（着色）：以前景色为基准创建单色图像，或者将黑白图像彩色化。
❻ Preview（预览）：可以在原图像中预览效果。

09 取消选区，完成制作

按快捷键Ctrl+D取消选区。原本为蓝色的帽子更改为了绿色。如果有想要更改颜色的部分，利用与上面相同的方法更改即可。即使只更改部分的颜色，图像的氛围也会有所不同。

黑白照片更有氛围！

跟我学 02-4 简单创建黑白照片+双色调照片

| 范例文件 | 附书DVD\Sample\02章\02-4.jpg

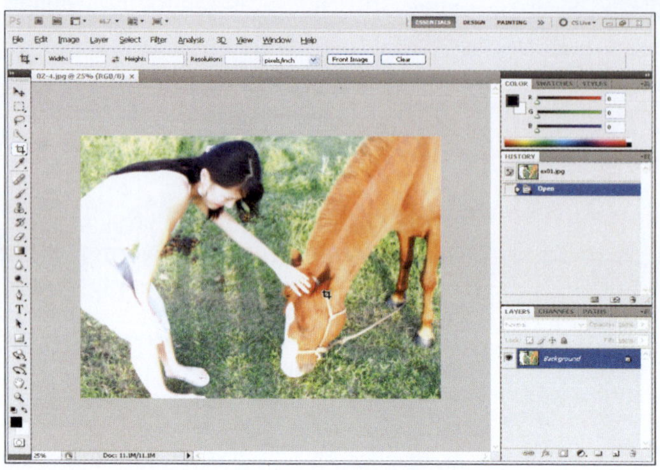

01 打开图像

很多人都喜欢黑白照片的氛围。下面我们利用简单的方法将彩色照片转变为黑白照片。启动Photoshop软件，选择附书DVD中的图像范例文件（附书DVD\Sample\02章\02-4.jpg）。

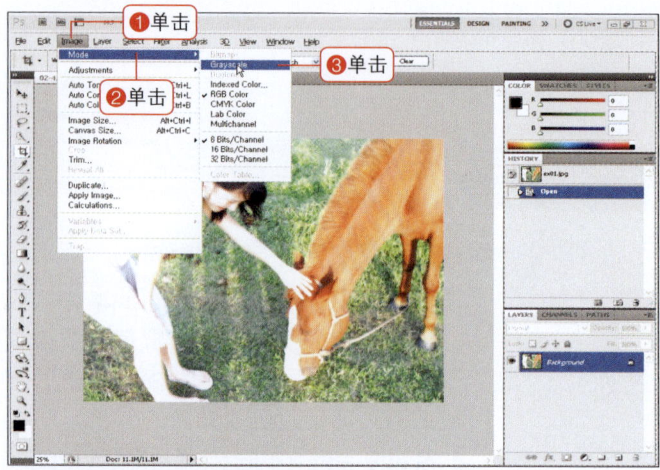

Message

Discard color information?

To control the conversion, use
Image > Adjustments > Black & White.

Discard　Cancel　❹单击

☐Don't show again

02 更改为灰度模式

在菜单栏中执行Image>Mode>Grayscale（图像>模式>灰度）命令，图像自动更改为黑白图像。如果弹出窗口，询问是否扔掉颜色，单击Discard（扔掉）按钮。

灰度

灰度表示黑白图像，可以将彩色图像更改为黑白图像。因此弹出只有扔掉所有颜色信息才可以创建黑白图像的提示框。

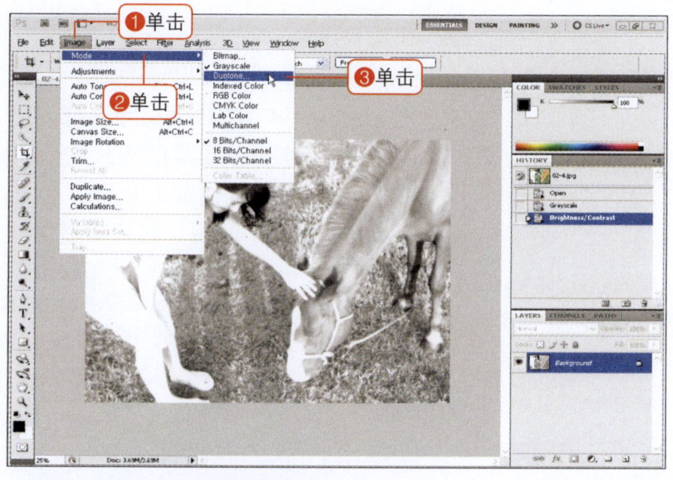

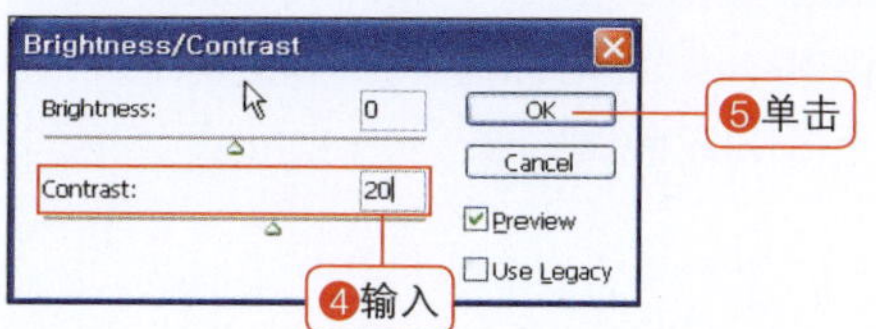

03 设置Brightness\Contrast（亮度\对比度）值

为了表现清晰的感觉，要设置较高的对比度。在菜单栏中执行Image>Adjustments>Brightness\Contrast（图像>调整>亮度\对比度）命令。在打开的对话框中将Contrast（对比度）值设置为20，单击“OK”按钮。

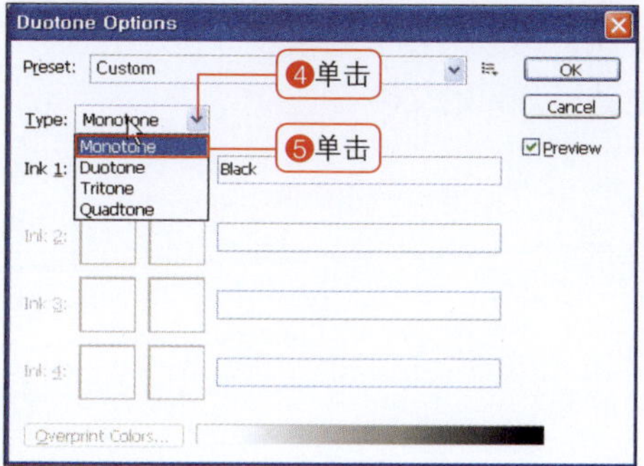

04 设置双色调

可以在黑白照片中加入颜色，表现温馨的气氛。在菜单栏中选择Image>Mode>Duotone（图像>模式>双色调）命令，在打开的Duotone Options（双色调选项）对话框中将Type（类型）设置为Duotone（双色调）。

双色调

双色调是指在黑白图像中加入一种颜色。因此一定要按照之前的步骤将颜色信息全部扔掉，转换为灰度模式后才可以创建。在Type（类型）中选择Tritone（三色调）或Quadtone（四色调）可以混入更多的颜色，Ink 1（油墨1）中应用黑白的黑色，下方的Ink2（油墨2）和Ink3（油墨3）、Ink4（油墨4）分别加入不同的颜色。

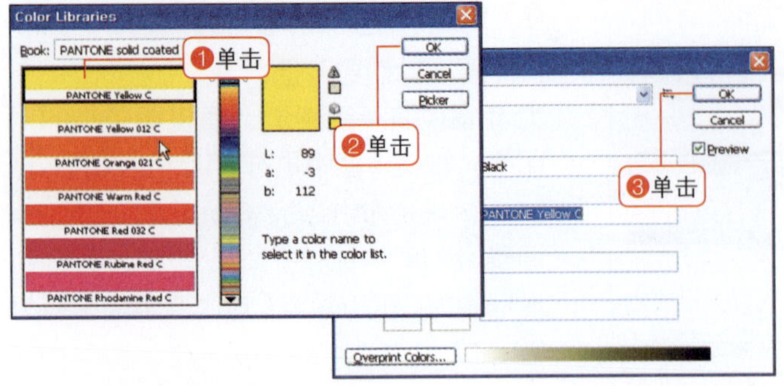

05 混合颜色

单击Ink 2（油墨2）旁边的白色框，打开Color Libraries（颜色库）对话框，可以选择所需的颜色。在黑白照片中混入所需的颜色。这里我们混入黄色，单击黄色后单击“OK”按钮，然后单击之前对话框中的“OK”按钮。

06 创建多种双色调图像

完成了在黑白图像中加入黄色的双色调图像后，读者可以混入所需的颜色，创建不同的双色调图像。

07 再次打开图像

如果想要不扔掉颜色信息而创建双色调图像，可以应用混合模式。按Ctrl+O快捷键打开原始文件。

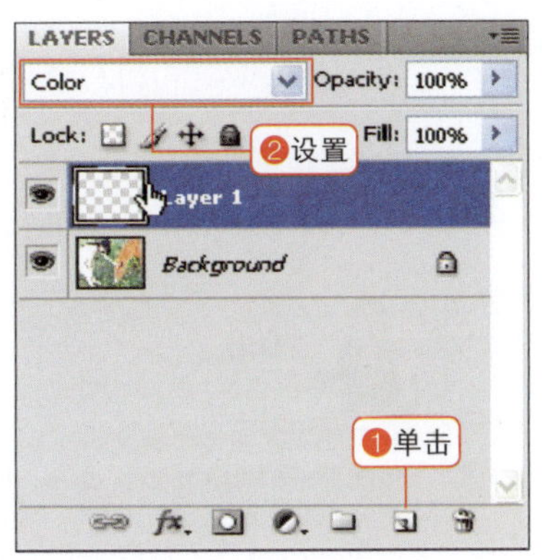

08 创建图层，设置混合模式

应用混合模式需要两个图层。创建加入颜色的图层，单击“创建新图层”按钮()添加一个图层，将混合模式设置为Color（颜色）。

添加新图层的快捷键

按添加新图层的快捷键Ctrl+Shift+N打开设置图层选项的对话框。

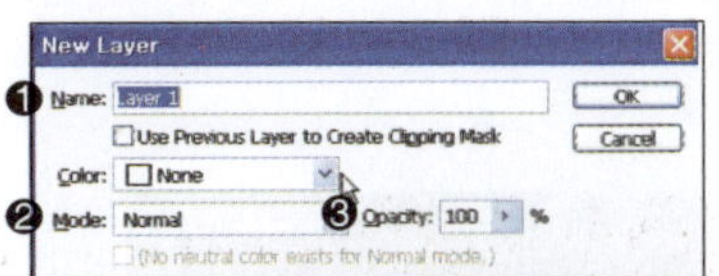

❶ Name（名称）：设置图层的名称。
❷ Mode（模式）：选择混合模式。
❸ Opacity（不透明度）：调节不透明度。

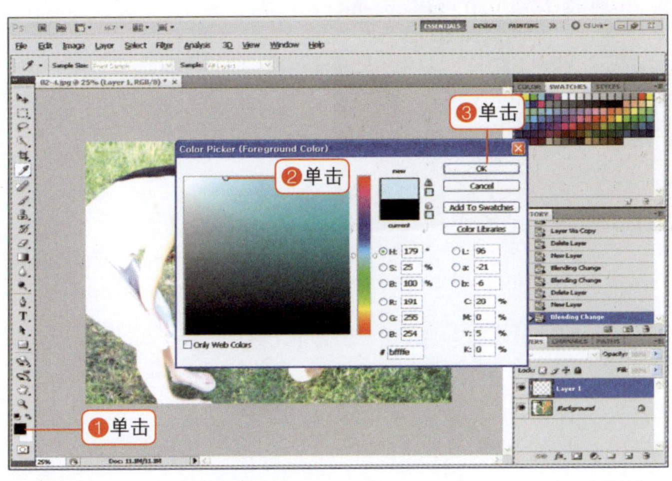

09 应用前景色

单击前景色按钮，在打开的Color Picker（拾色器）对话框中选择所需的颜色，然后单击“OK”按钮。

拾色器

利用拾色器可以将前景色或背景色设置为所需的颜色。在对话框中利用最大画面显示的颜色面板显示了一种颜色的色调，可以选择单击部分的颜色。如果想要查看其他颜色的色调，可单击中间集中的颜色部分，更改为所需的颜色。

10 利用前景色填充图层

按Alt+Delete快捷键为Layer 2图层填充前景色。在图像中应用颜色后，原图像更改为双色调图像。

利用前景色、背景色为图层填充颜色

要记住填充前景色或背景色的快捷键。在选区中可以填充颜色，使用油漆桶工具——单击也可以轻松地完成。

❶ 填充前景色：Alt+Delete。
❷ 填充背景色：Ctrl+Delete。

动脑思考一下!

练习问题 利用下面的素材进行练习。

Q1 利用“色相\饱和度”命令和“亮度\对比度”命令，如下所示只更改指定图像部分的颜色。更改颜色的时候，与单纯利用“色相\饱和度”命令相比，同时应用“亮度\对比度”命令，可以表现更加清晰的颜色。

使用的图像 附书DVD\Sample\练习问题\02-1.jpg

→

▸利用缩放工具将要更改颜色的部分放大到最大，或者利用快速蒙版模式进行细致选择。利用“色相\饱和度”命令更改为所需的颜色，利用“亮度\对比度”命令将两项值全部提高，可以提高图像的亮度和对比度。“色相\饱和度”命令和“亮度\对比度”命令都可以通过单击图层面板下端的“创建新的填充或调整图层”按钮进行设置。

Q2 下面我们将图像更改为黑白图像，然后将部分调整为彩色。在之前的练习中再操作一步，将图像创建为黑白图像，只选取所需的图像表现为彩色。在之前学习的范例中介绍过，如果要将图像表现为黑白图像，更改为灰度模式，颜色信息全部丢失。这样的话，要再次将部分表现为彩色，要怎样操作呢?

使用的图像 附书DVD\Sample\练习问题\02-2.jpg

→

▸单击图层面板下端的“创建新的填充或调整图层”按钮，单击Black&White（黑白）。Black&White可以像灰度一样将图像表现为黑白，但是颜色信息会保留。不关闭对话框，选择画笔工具，将画笔大小设置为26，将不透明度设置为50%，将前景色设置为黑色。在想要显示为彩色的部分拖动调整即可。

动脑思考一下！

练习问题 利用下面的素材进行练习。

Q3 利用之前介绍的调整暗淡图像和更改颜色的功能，将如下所示的照片调整得更加明亮，并将灯光更改为黄色。

使用的图像 附书DVD\Sample\练习问题\02-3.jpg

→

▸调整图像亮度的时候使用曲线功能，更改颜色的时候使用色相\饱和度功能，可以简单地进行更改。调整亮度的方法很多，但是一般的情况下利用曲线进行调整非常方便，因此希望初学者可以多使用该功能。将灯光颜色更改为多种颜色，利用之后要学习的动画功能，可以表现出不断闪光的美丽图像。

这些一定要牢记

- **调整图像亮度：** 阴影\高光、色阶、曲线
- **应用混合模式：** 柔光
- **更改图像颜色：** 替换颜色、色相\饱和度
- **创建黑白图像\双色调图像：** 灰度、双色调

网络生活中必不可少的 03 Photoshop

免费将自己的脸修饰得更漂亮

03-1 去除杂点，表现婴儿般的皮肤

这种情况下使用

1. 面部拍摄得较大，斑点都很清楚
2. 创建面试用证件照

03-2 表现洁白光滑的皮肤

这种情况下使用

1. 拍照片时皮肤不好
2. 流了很多汗脸上泛油光时

03-3 表现涂唇膏效果的嘴唇

这种情况下使用

1. 面部拍得很好看但是有些苍白
2. 想要强调嘴唇

03-4 表现毛笔笔触效果

这种情况下使用

1. 想要表现害羞气氛
2. 修饰宝宝照片

03-5 不用整形手术即可表现V线条、大眼睛

这种情况下使用

1. 讨厌方下巴和肉肉
2. 笑得看不到眼睛

03-6 创建自然的波浪发型

这种情况下使用

1. 想要知道自己是不是适合波浪发型
2. 没有钱但是想要变为波浪发型

在PHOTOSHOP中美化皮肤！

跟我学 03-1 去除杂点，表现婴儿般的皮肤

| 范例文件 | 附书DVD\Sample\03章\03-1.jpg

01 打开图像

按快捷键Ctrl+O，打开附书DVD中的图像（Sample\03章\03-1.jpg）。

02 将画面放大到100%

将画面放大，使斑点更清晰。双击缩放工具()，放大到100%。

利用缩放镜工具拖动放大

选择缩放工具，单击图像，图像会以单击的点为中心放大。拖动选择特定部分，即可放大选定的部分。

03 选择修补工具

长按污点修复画笔工具()，选择显示的修补工具()。

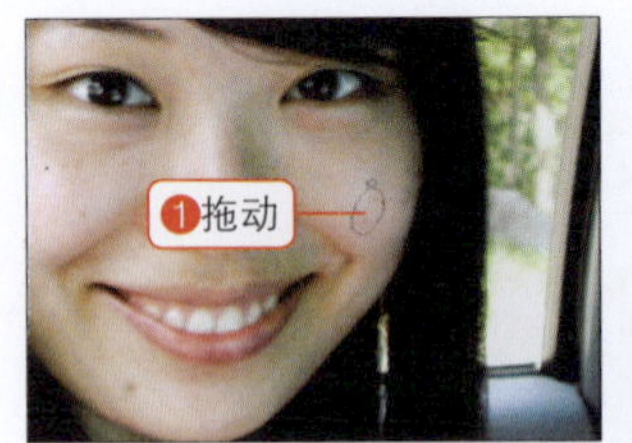

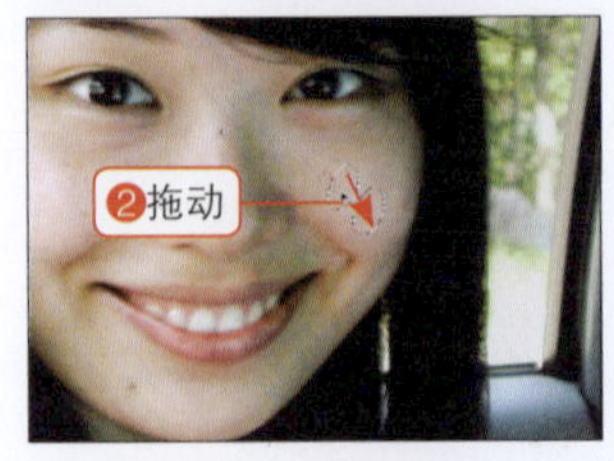

04 去除斑点

拖动斑点部分，设置为选区，将鼠标光标放置于选区内，拖动到无斑点的部分。

修补工具可以设置选区，修改比点更大的区域的时候非常方便。

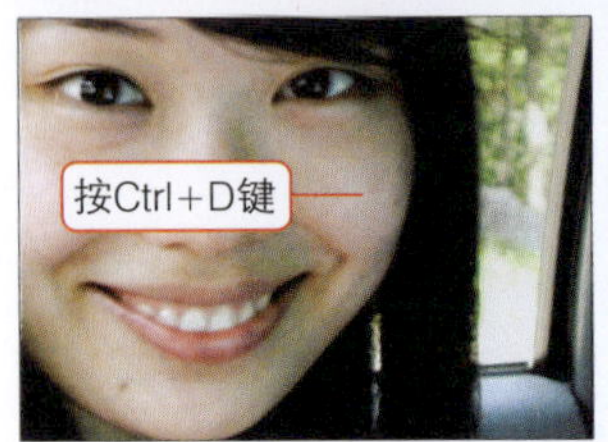

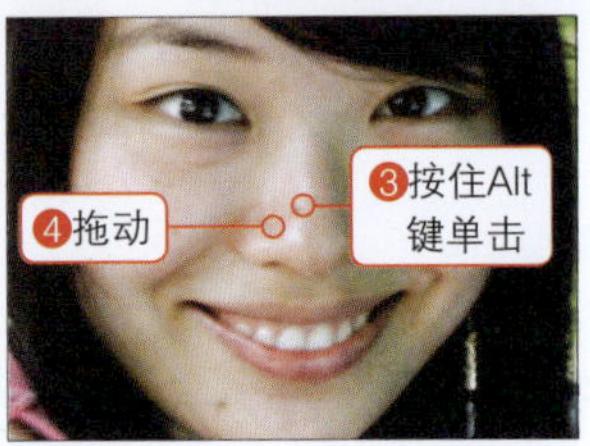

05 取消选区

按Ctrl+D快捷键取消选区，清除斑点。

06 利用修复画笔工具去除斑点

选择修复画笔工具( )，按住Alt键单击干净的部分，再向上拖动，利用相同的方法清除其他杂点。

07 利用减淡工具将皮肤表现得更灿烂

选择减淡工具( )，在选项栏中设置画笔的大小。拖动面部上突起的部分，使皮肤颜色更灿烂。

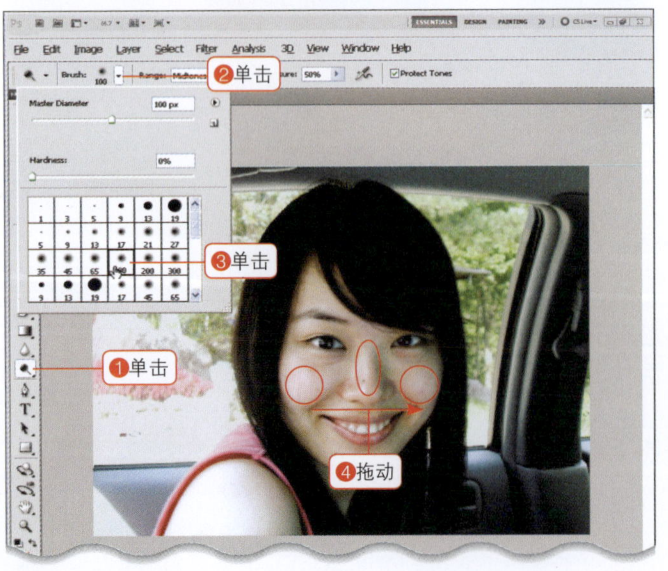

为了表现自然的画笔效果，最好选择画笔轮廓柔和的类型。

解决各种皮肤问题！

跟我学 03-2 表现洁白光滑的皮肤

| 范例文件 | 附书DVD\Sample\03章\03-2.jpg

01 打开图像，复制背景图层

按快捷键Ctrl+O，打开图像（Sample\03章\03-2.jpg）。为了调整图像，在图层面板中按快捷键Ctrl+J，复制Background图层。

应用快捷键Ctrl+J

这是复制选区图像的快捷键。如果没有选择区域，会复制整个图像。在Photoshop操作中，这是非常常用的快捷键，希望读者牢记。

02 调整泛油光的皮肤

鼻梁和脸颊部分受到光照较多时会泛油光，下面我们来调整油光部分。在工具箱中选择仿制图章工具()，在选项栏中设置为柔角35画笔。在皮肤上按住Alt键复制，在泛油光的部分单击，调整皮肤。

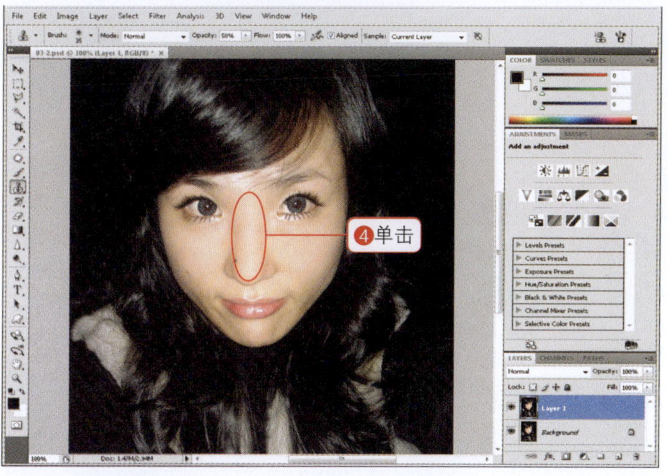

操作越细致效果会越好。

03 选择修补工具

下面利用修补工具去除鼻梁两侧的斑点。长按修复画笔工具( )，选择隐藏的修补工具( )。

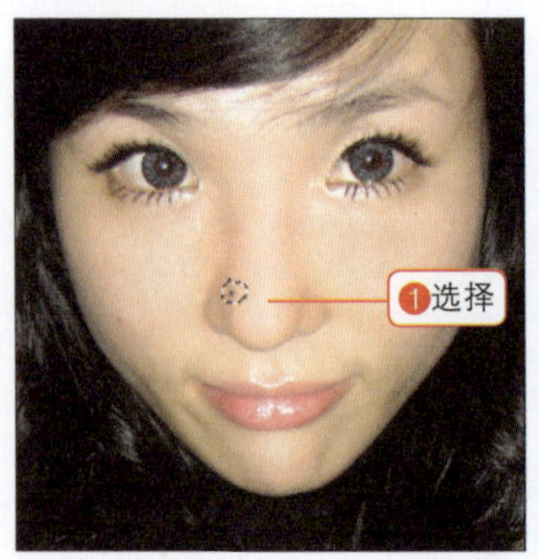

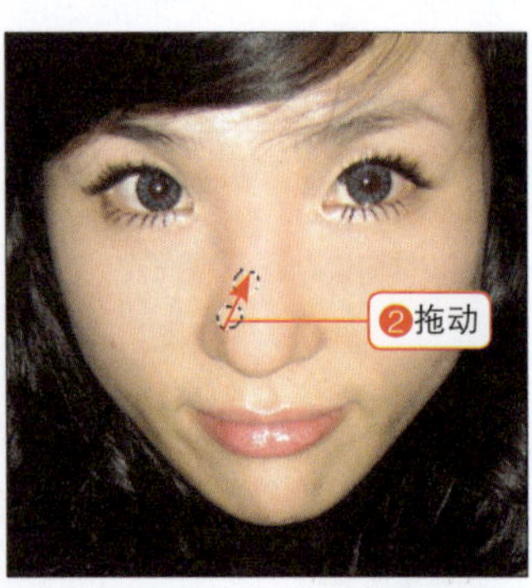

04 利用修补工具去除斑点

拖动斑点选择，利用鼠标拖动选区，移动到干净的部分。

05 合并图像

按快捷键Ctrl+D取消选区，按快捷键Ctrl+E合并图层。

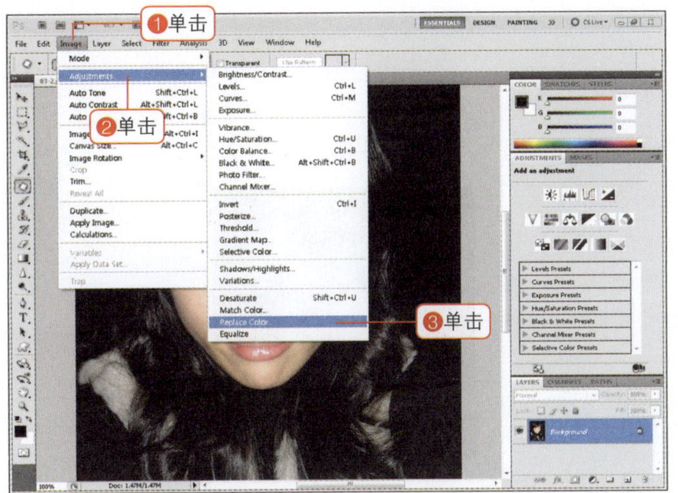

06 打开替换颜色对话框

下面我们来将肤色调整得更白。在菜单栏中执行Image>Adjustments>Replace Color（图像>调整>替换颜色）命令，打开Replace Color（替换颜色）对话框。

07 调节亮度

在对话框中将Fuzziness（颜色容差）值设置为151，单击预览窗口中出现的面部部分，将Lightness（明度）值设置为30。可以看到，整体图像中面部变得明亮了。

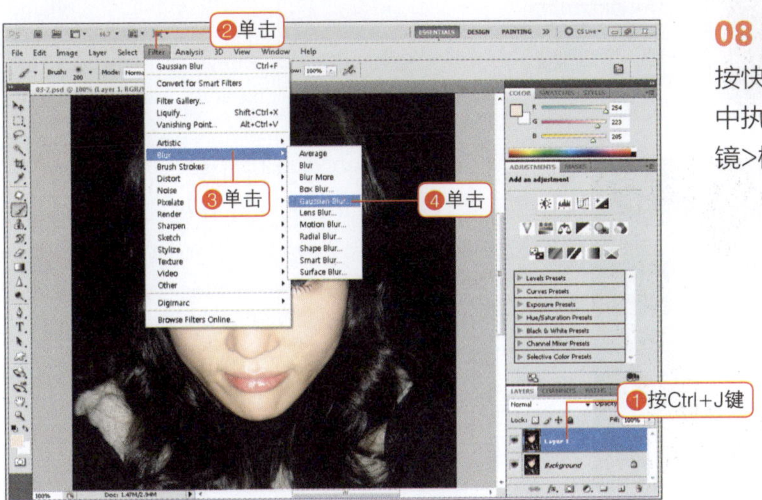

08 选择高斯模糊命令

按快捷键Ctrl+J再次复制图层，在菜单栏中执行Filter>Blur>Gaussian Blur（滤镜>模糊>高斯模糊）命令。

09 添加模糊效果

在Gaussian Blur（高斯模糊）对话框中将Radius（半径）值设置为3，单击“OK”按钮。

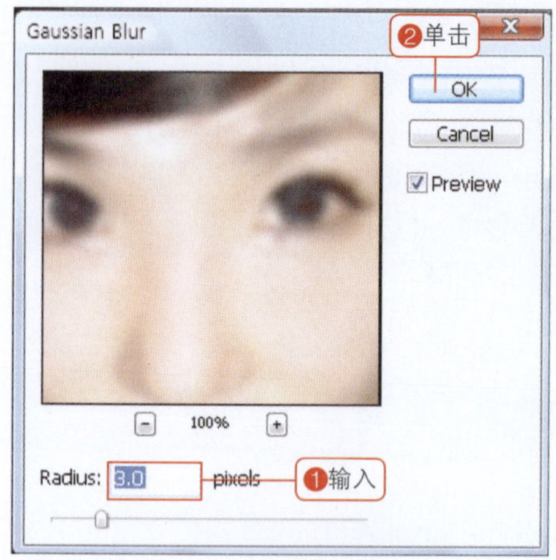

10 更改混合模式，添加图层蒙版

在图层面板中将混合模式设置为Screen（滤色），单击“添加图层蒙版”按钮()。

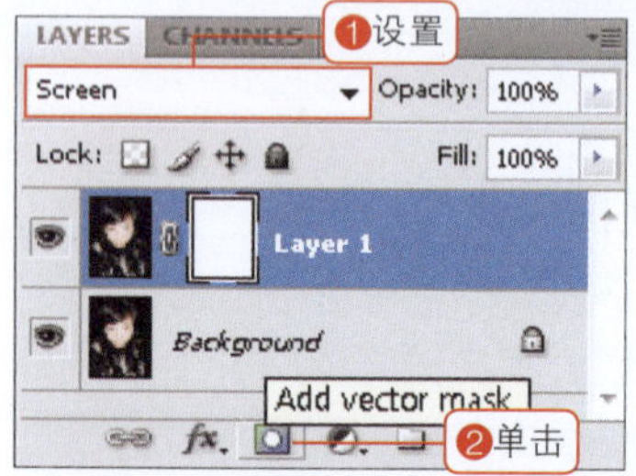

混合模式——滤色

两个图像合成，变得明亮，透过暗淡的图像，明亮的部分更加明亮。

11 自然地创建蒙版效果

在工具箱中选择画笔工具()，选择柔角200画笔，在面部拖动几次。

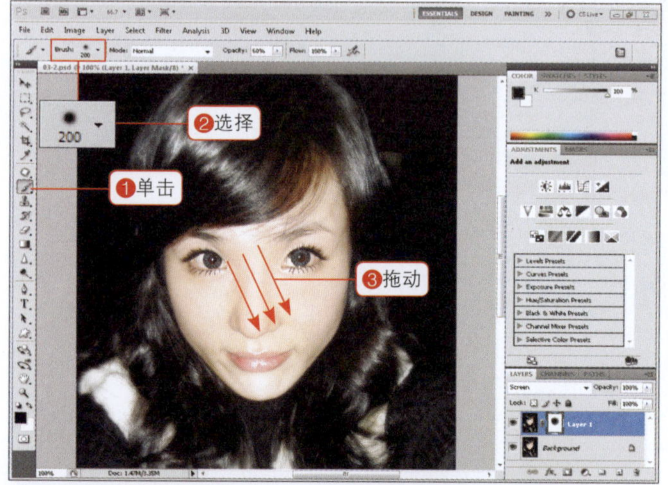

12 与原图像进行比较

完成雪白光滑的皮肤制作。与之前的图像比较，可以清楚地看到差异。

操作前的效果

操作后的效果

跟我学 03-3 表现涂唇膏效果的嘴唇

| 范例文件 | 附书DVD\Sample\03章\03-3.jpg

01 打开图像

打开附书DVD中的图像（Sample\03章\03- 3.jpg）。

拍照的时候，如果化淡妆，出来的照片会有些苍白。这时在PHOTOSHOP中可以重新进行调整。

02 将画面放大到200%

下面我们来表现为嘴唇涂唇膏的效果。利用选择工具选择嘴唇部分，为了进行准确选择，利用缩放工具()单击嘴唇部分将画面放大到200%。

03 创建选区

为了选择嘴唇，单击套索工具()，在选项栏中将Feather（羽化）值设置为2px。

利用套索工具进行自然选择

利用套索工具选择图像后，如果想要将边界表现得更自然，在套索工具选项栏中设置羽化值即可，边界会按照输入的值变得模糊。

04 沿嘴唇线条选择

单击嘴唇末端部分，沿嘴唇线条拖动，最后在第一次单击的点上释放鼠标，自动创建选区。

便捷使用套索工具

利用套索工具不释放鼠标继续拖动，并不是一件容易的事情。如果在这个过程中想要休息，按Alt键即可。想要再次开始的时候按Alt键拖动。

LAYERS CHANNELS PATHS
Normal Opacity: 100%
Lock: Fill: 100%
Layer 1
Background
复制的嘴唇图像

05 复制选区

由于只要更改嘴唇部分的颜色，需要按Ctrl+J快捷键复制选区。

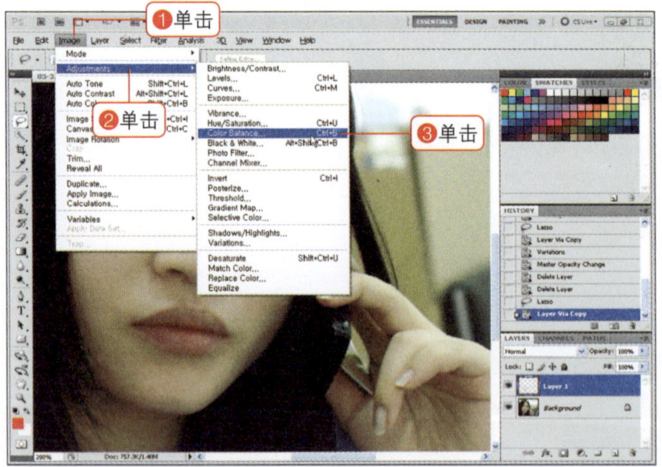

06 更改嘴唇颜色

下面我们利用更改图像颜色的功能更改嘴唇的颜色。在菜单栏中执行Image>Adjustments>Color Balance（图像>调整>色彩平衡）命令，移动Cyan（青色）、Margenta（洋红）、Yellow（黄色）选项的滑块，表现出美丽的嘴唇颜色。

如果觉得有些难，将Color Levels（色阶）的值设置为12、-28、-13即可。

色彩平衡

色彩平衡将图像的颜色通过3个滑块移动分为6种颜色进行调节。例如，想要为照片加入红色的氛围，则将滑块向红色方向移动即可，图像即整体表现为红色的气氛。

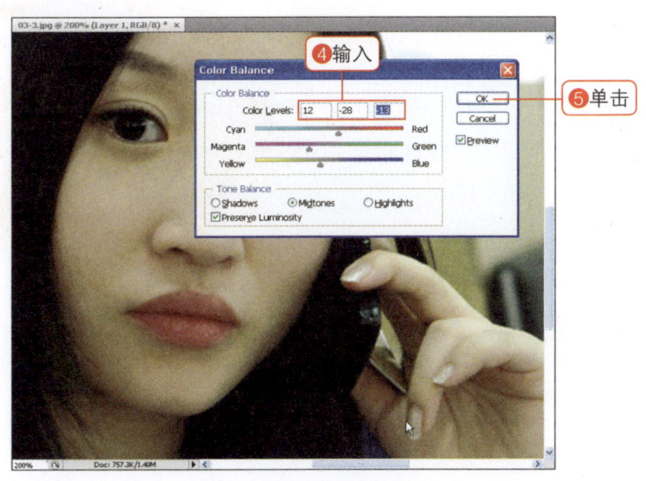

07 创建新图层

为嘴唇添加发光的效果，需先按Ctrl+Shift+N快捷键创建新的图层。

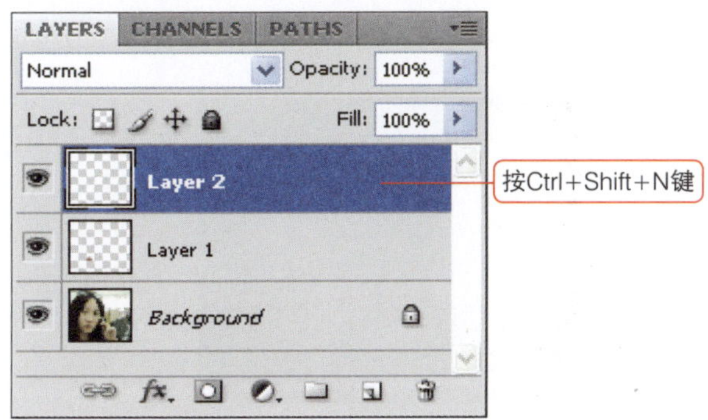

08 在嘴唇上利用白色拖动

在色板面板中选择白色，单击画笔工具（ ），选择大小为5px，在闪光的部分拖动。

色板面板

想要更改前景色的时候，单击前景色按钮，在打开的对话框中即可更改。还有另外一种常用方法，在Photoshop的色板面板中已经准备好了各种颜色，如果不显示该面板，在菜单栏中执行Window>Swatches（窗口>色板）命令即可显示。

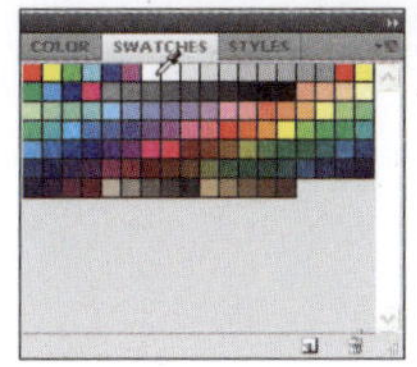

09 自然更改颜色

由于白色过于不自然，下面我们利用模糊功能使其变模糊，使效果更加自然。在菜单栏中执行Filter>Blur>Gaussian Blur（滤镜>模糊>高斯模糊）命令，将Radius（半径）值设置为3。

滤镜——高斯模糊

这是使图像变模糊的功能，在Radius（半径）文本框中输入数值即可。

10 表现闪光效果

为了表现闪光效果，选择锐化工具( )，在白色部分进行多次拖动。

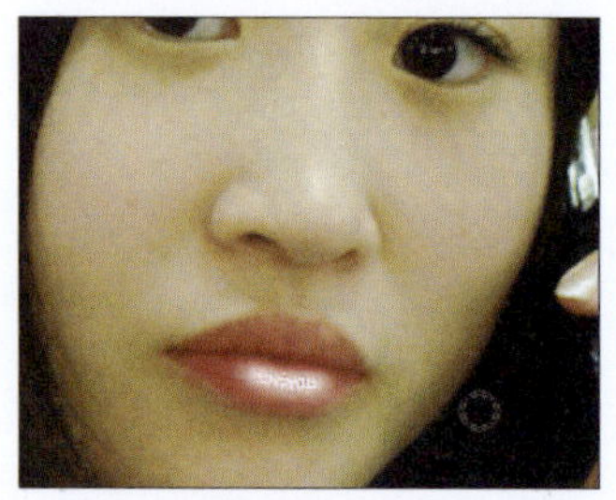

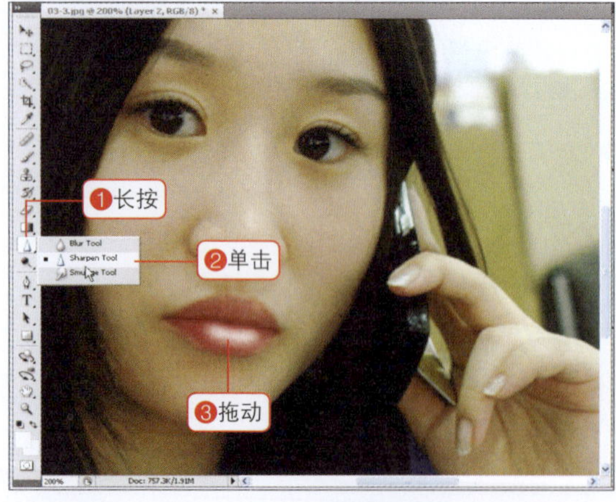

11 降低透明度

为了显示得更加自然，将图层的Opacity（不透明度）值设置为50%，完成操作。

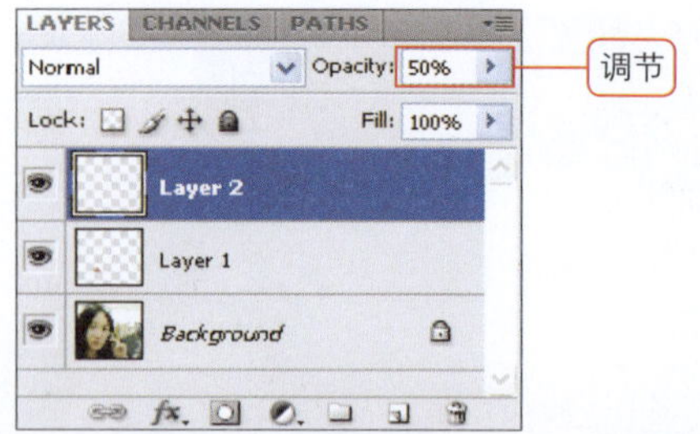

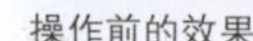
操作前的效果

操作后的效果

表现害羞的样子！

跟我学 03-4 表现毛笔笔触效果

| 范例文件 | 附书DVD\Sample\03章\03- 4.jpg

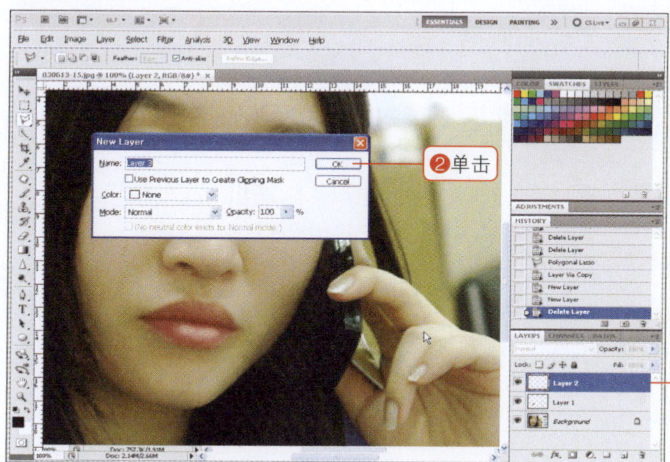

01 创建新图层

下面接着之前的范例进行操作。为了在像毛笔一样的笔触上添加颜色，创建新图层。按快捷键Ctrl+Shift+N，在弹出的对话框中单击“OK”按钮。

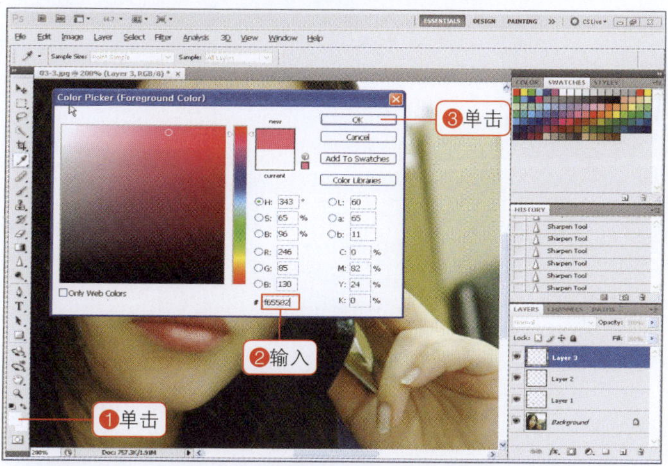

02 选择颜色

单击前景色按钮，可以选择所需的颜色，这里我们直接输入颜色代码。在对话框的颜色代码文本框中输入#f65582，选择较深的粉红色。

色彩编码表

在所有颜色中，可以轻松识别固有的颜色编码。这些都以#加六位数字表示，在Color Picker（拾色器）对话框中选择颜色，在其下方的编码栏中显示的即是该颜色的编码。使用颜色编码可以进行更加准确的操作。

03 利用画笔工具填充

选择画笔工具( )，选择柔角35画笔，像绘制圆一样在面颊上拖动绘制。

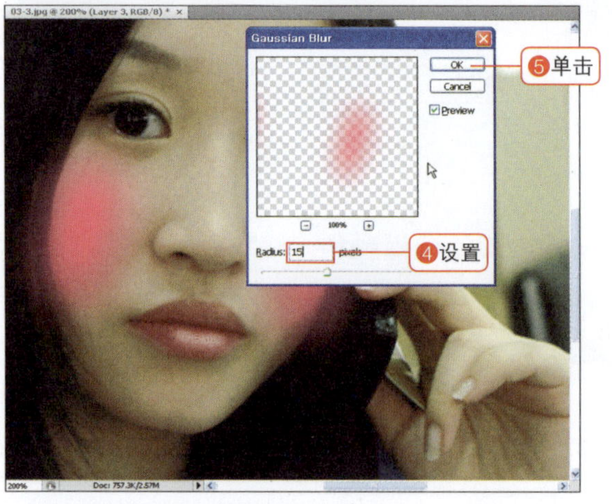

04 表现柔和扩散的效果

在菜单栏中执行Filter>Blur>Gaussian Blur（滤镜>模糊>高斯模糊）命令，将Radius（半径）值设置为15，表现笔触部分柔和扩散的效果。

之前也使用了高斯模糊滤镜。柔和扩散的效果是非常常用的功能，因此一定要牢记。

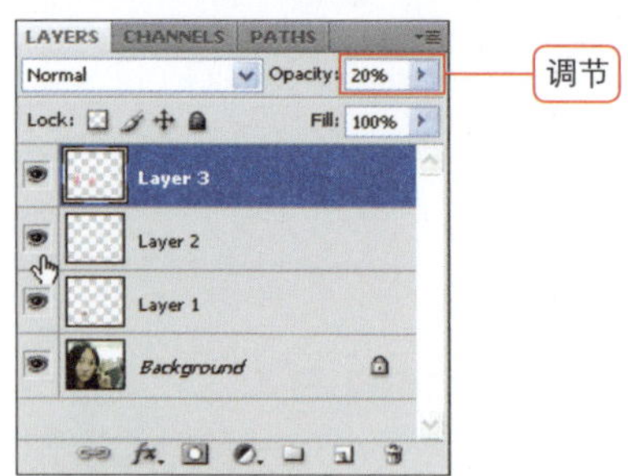

05 调节透明度

将表现画笔效果图层的Opacity（不透明度）值设置为20%，颜色变得更加自然。因此，即使是平淡的照片利用Photoshop进行调整也可以表现出很好的效果。

在笔触效果中调节透明度是关键，根据颜色需要显示不同的浓度，设置为适合的值即可。

不花钱也不疼的整容手术！

跟我学 03-5 不用整形手术即可表现V线条、大眼睛

| 范例文件 | 附书DVD\Sample\03章\03- 5.jpg

01 打开图像

按快捷键Ctrl+O，打开附书DVD中的图像（Sample\03章\03-5.jpg）。

希望读者可以利用自己的照片来制作这个范例。

02 选择液化命令

Photoshop中有将面部表现为V线条、大眼睛的功能。在菜单栏中执行Filter>Liquify（滤镜>液化）命令。

滤镜——液化

液化功能常用于扭曲图像，可以将国字脸就变为鹅蛋脸，也可以使身材更加苗条，还可以对表情变形，表现有趣的图像效果。按快捷键Shift+Ctrl+X可以打开Liquify（液化）对话框。

03 放大图像

为了进行细致的操作，选择缩放工具(🔍)，在面部单击两次将其放大。

液化滤镜选项

❶ 左侧工具箱选项

· Fowarp Warp Tooll（向前变形工具）( )：推动图像进行变形。
· Reconstruce（重建工具）( )：恢复变形的部分。
· Twirl Clockwise Tool（顺时针旋转扭曲工具）( )：顺时针或者逆时针方向对图像进行旋转变形。
· Pucker Tool( )（褶皱工具）：从单击图像的部分进行收缩变形。
· Bloat Tool( )（膨胀工具）：将图像进行放大变形。
· Push Left Tool（左推工具）( )：按照拖动的方向和数值移动图像，按住Alt键拖动会向反方向移动。
· Mirror Tool（镜像工具）( )：以拖动点为基准表现图像照镜子一样的反射效果。
· Turbulence Tool( )（湍流工具）：图像扭曲为水波形状，常用于表现波浪发型的时候。
· Freeze Mask Tool( )（冻结蒙版工具）：对拖动的部分应用蒙版，使其不应用液化滤镜效果，即不受到变化的影响。
· Thaw Mask Tool（解冻蒙版工具）( )：用于修改或者取消设置为蒙版的部分。
· Hand Tool（抓手工具）( )：与工具箱中的抓手工具类似，利用缩放工具放大图像后，移动操作位置。
· Zoom Tool（缩放工具）( )：与工具箱中的缩放工具类似，用于放大或缩小图像。

❷ 右侧细节选项

· Revert（恢复）：返回到应用效果前的初始画面效果。
· Brush Size（画笔大小）\Brush Density（画笔密度）\Brush Pressure（画笔压力）：设置画笔的大小、密度和强度。
· Reconstrust（重建）：按照顺序复原图像。
· Restore All（恢复全部）：复原整个图像。

04 选择向内推动工具

在左侧工具箱中选择向前变形工具( )，在右侧选项栏中将Brush Size（画笔大小）值设置为50，将Brush Density（画笔密度）值设置为50，将Brush Pressure（画笔压力）值设置为50。

05 变形面部线条

将鼠标光标放置于下巴部分和面颊部分，向内拖动进行推进。要慢慢进行几次操作，效果才会自然。

下巴部分是不是变为了鹅蛋型？利用该功能还可以使手臂或腿更纤细。

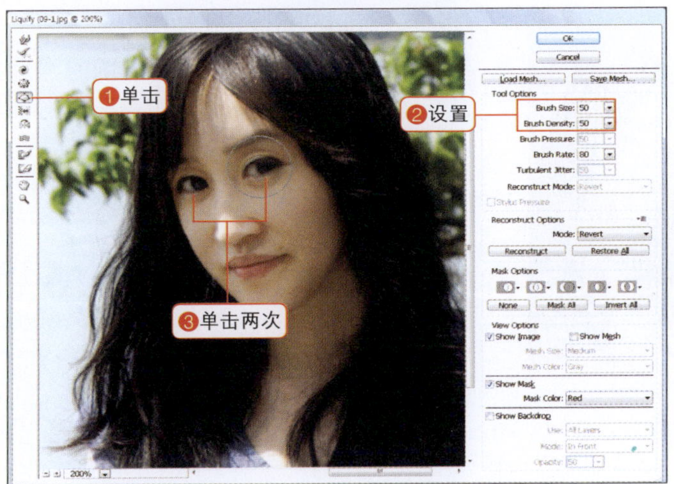

06 利用膨胀工具将眼睛表现得更大

下面选择膨胀工具( )。在选项栏中将Brush Size（画笔大小）值设置为50，将Brush Density（画笔密度）设置为50，分别对左右两侧的眼睛单击两次，表现得大一些。

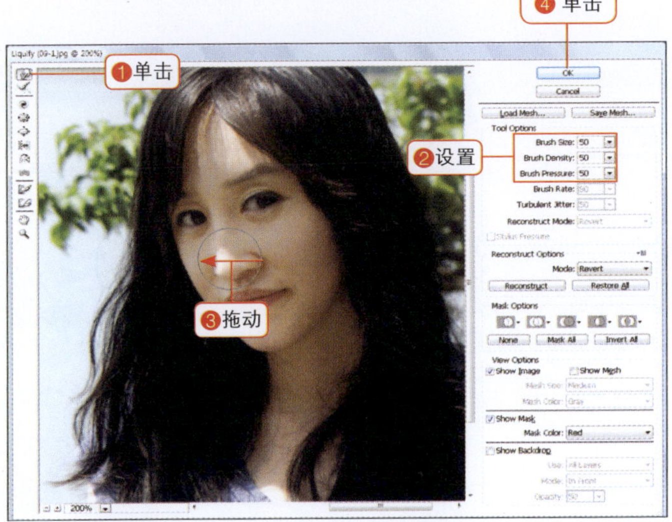

07 利用向前变形工具调整鼻子

再次选择向前变形工具( )，在选项栏中将Brush Size（画笔大小）值设置为50，将Brush Density（画笔密度）值设置为50，将Brush Pressure（画笔压力）值设置为50。

08 修补不完整的图像

眼睛放大后图像会出现不完善的部分，在工具箱中选择锐化工具( )，在眼睛部分拖动两次进行完善。

调整前的效果

调整后的效果

09 与之前的图像进行比较

与利用Photoshop进行修改前的照片进行比较，看看是不是不再需要整形手术了？

换个波浪发型！

跟我学 03-6 创建自然的波浪发型

| 范例文件 | 附书DVD\Sample\03章\03-6.jpg

01 打开图像并复制图层

按快捷键Ctrl+O，打开附书DVD中的图像（Sample\03章\03-6.jpg）。为了操作过程中可以对比原图像进行操作，按Ctrl+J快捷键复制Background图层。

02 选择液化命令

下面我们对头发应用液化功能，以表现波浪发型效果。在菜单栏中执行Filter>Liquify（滤镜>液化）命令。

03 选择顺时针旋转扭曲工具

打开液化对话框，选择顺时针旋转扭曲工具()，在右侧选项栏中将Brush Size（画笔大小）值设置为140，将Brush Rate（画笔速率）值设置为80。

04 表现波浪发型1

在想要表现波浪发型的头发部分单击并长按1~2秒。单击鼠标的时候，图像会一直旋转，因此要控制好停留的时间。

05 表现波浪发型2

调节画笔大小数值，利用相同的方法表现波浪发型。

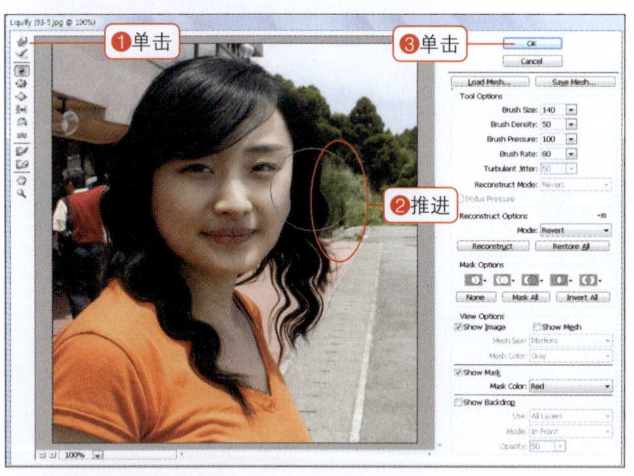

06 选择向前变形工具

使用顺时针旋转扭曲工具后，如果有不满意的部分，要拖动图像进行修改。选择向前变形工具( )进行操作。完成波浪发型后，单击“OK”按钮确认应用。

07 与之前的图像进行比较

完成波浪发型效果。在平淡的发型上表现了波浪效果。

调整前的效果

调整后的效果

动脑思考一下！

练习问题 利用下面的素材进行练习。

Q1 利用之前学过的神奇的液化功能，制作如下图所示的4只小狗效果。

使用的图像 附书DVD\Sample\练习问题\03-1.jpg

▸像之前范例介绍的一样使用液化滤镜即可。利用褶皱工具缩小眼睛，利用膨胀工具放大眼睛，利用向前变形工具使腿变粗，利用镜像工具表现照镜子效果。

这些一定要牢记

- 去除杂点：修补工具、修复画笔工具
- 使用滤镜：高斯模糊滤镜、液化滤镜
- 应用混合模式：滤色
- 更改图像颜色：色彩平衡

网络生活中必不可少的Photoshop 04

创建使照片更加特别的边框

04-1 表现水晶边框效果

这种情况下使用

1. 想要将家庭合影或者情侣照片表现得更加华丽

04-2 创建基本边框和点线边框

这种情况下使用

1. 想要表现基本黑色边框
2. 想要强调可爱感觉

04-3 表现网点边框效果

这种情况下使用

1. 想要使背景扩散
2. 创建网页设计产品

04-4 创建感性的画笔边框

这种情况下使用

1. 想要发送感性的邮件
2. 想要修饰悲伤的照片

04-5 通过一次单击创建多样的边框

这种情况下使用

1. 没有创建边框的时间
2. 想要修饰边框但是实力不够

04-6 创建照片相框感觉的边框

这种情况下使用

1. 想要修饰温暖感觉的家族照片
2. 想要表现梦幻感觉的照片

女性化的边框！

跟我学 04-1

表现水晶边框效果

| 范例文件 | 附书 DVD\Sample\04 章 \04- 1.jpg

01 打开图像，合并图层

按快捷键Ctrl+O打开附书DVD中的图像（Sample\04章\04-1.jpg）。双击Background图层将其更改为普通图层。

到现在为止是不是已经练习了很多次将Background图层转换为普通图层的操作了？

02 设置选区

单击椭圆选框工具( )，拖动指定想要表现边框的部分。

选定错误的选区后如何处理

利用选择工具或者椭圆选框工具指定选区时操作错误的话，按快捷键Ctrl+D取消选区后再次操作即可。

03 反转选区

在菜单栏中执行Select>Inverse（选择>反选）命令，反转选区，快捷键是Shift+Ctrl+I。

04 应用羽化

在选项栏中单击Refine Edge（调整边缘）按钮。然后将Feather（羽化）值设置为15，单击“OK”按钮。

调整边缘选项

❶ Radius（半径）：值越大图像的边界越柔和。
❷ Contrast（对比度）：调节图像边界的对比。
❸ Smooth（平滑）：将边角的粗糙部分变得柔滑。
❹ Feather（羽化）：将边界的透明度调节为渐变自然效果。

05 用快速蒙版模式选择晶格化滤镜

在工具箱中单击快速蒙版模式按钮( ), 在菜单栏中执行Filter>Pixelate>Crystallize（滤镜>像素>晶格化）命令。

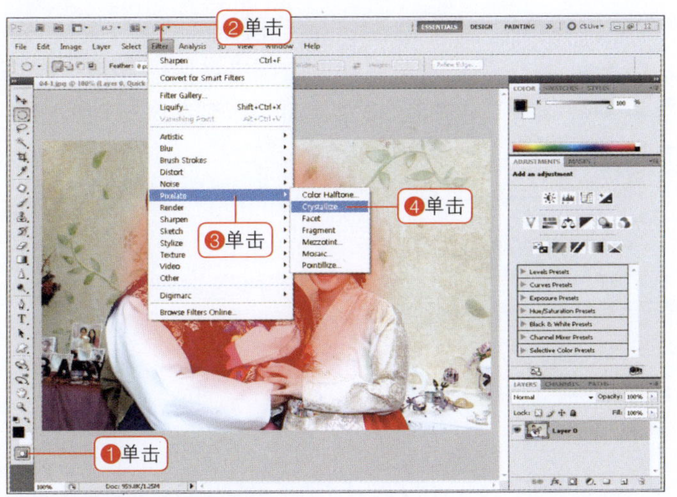

滤镜——Crystallize

将图像的像素更改为晶格化。通过Cell Size（单元格大小）选项调节晶格大小。

06 应用晶格效果

在对话框选项中将Cell Size（单元格大小）设置为18，单击“OK”按钮。

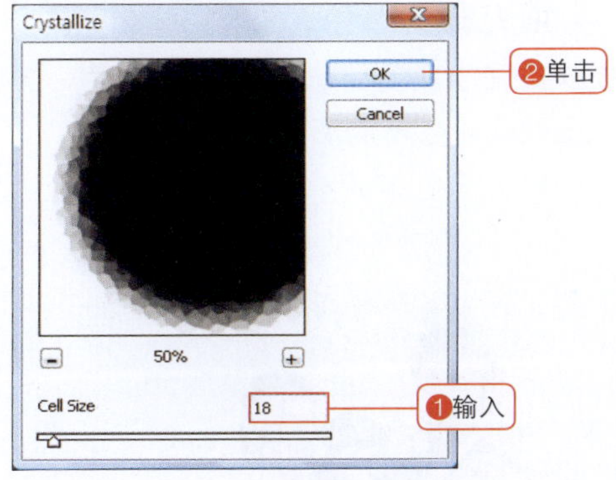

07 应用锐化效果

为了表现清晰的效果，执行Filter>Sharpen>Sharpen（滤镜>锐化>锐化）命令，按两次快捷键Ctrl+F，使网点效果更加清晰。

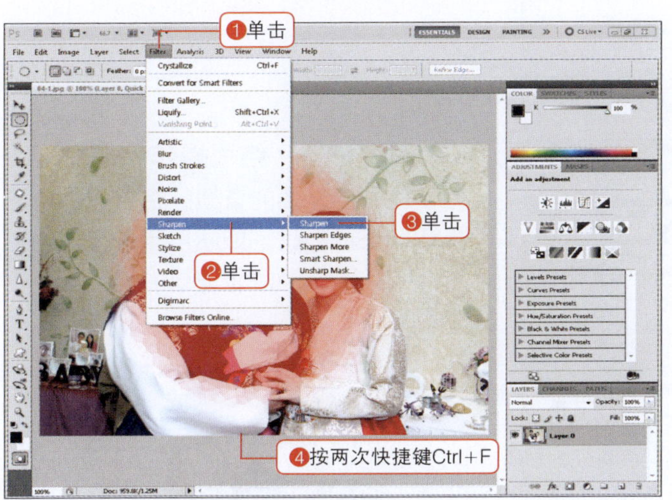

快捷键——Ctrl+F

应用滤镜效果后按快捷键Ctrl+F，会自动应用之前应用的效果。应用锐化或者模糊效果后，如果感觉效果不好，再按几次快捷键即可。

08 返回到标准模式

再次单击快速蒙版模式按钮(◎)，返回到标准模式。可以看到在选区周围出现了晶格化效果。

09 填充背景颜色，取消选区

按快捷键Ctrl+Delete，填充背景色，按快捷键Ctrl+D取消选区。

10 裁剪背景，结束操作

为了裁剪不需要的背景，在工具箱中选择裁剪工具(⌗)，如图所示进行拖动。选择结束后按Enter键确认。

利用铅笔工具绘制黑色边框!

跟我学 04-2 创建基本边框和点线边框

| 范例文件 | 附书DVD\Sample\04章\04- 2.gif

01 打开图像

按快捷键Ctrl+O，打开附书DVD中的图像（Sample\04章\04-2.gif）。

02 更改为RGB模式

DVD中提供的GIF文件是索引模式，在菜单栏中执行Image>Mode>RGB Color（图像>模式>RGB颜色）命令，转换为RGB模式。

将索引模式更改为RGB模式的原因

索引模式只用256种颜色来表现图像，因此进行细致操作的时候，图像会产生破裂，无法编辑文字图层。因此需要将索引模式更改为RGB模式。

04-2.gif @ 66.7% (Index)

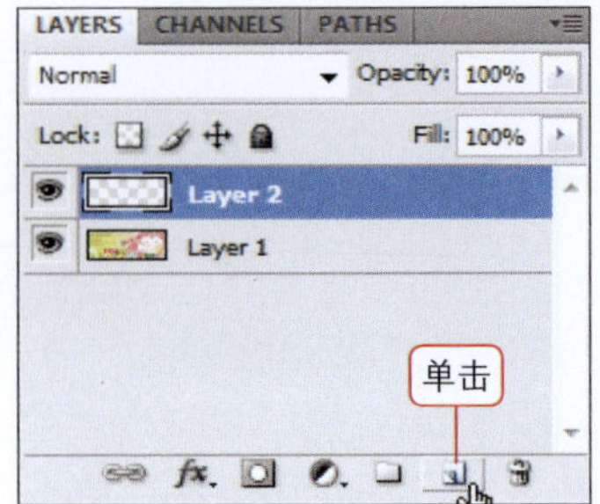

03 添加新图层

单击创建新图层按钮( )，添加要表现虚线效果的图层。

04 选择整体图像

按住Ctrl键单击Layer 1图层的缩览图，选择图像整体。

按住Ctrl键单击图层缩览图

这是选择相应图层中的图像、文字或者形状的功能。按快捷键Ctrl+A后按快捷键Ctrl+C复制，会连图层的背景一同选中，这是二者的差别。这里虽然和使用背景填满的图像没有差别，但是作为练习，要在Layer 1图层中利用选择工具什么都不选择，按Ctrl+J快捷键复制后，按住Ctrl键单击Layer 1 复制图层缩览图查看。

05 选择描边命令

为了给图像添加边框，在菜单栏中执行Edit>Stroke（编辑>描边）命令。

描边

描边是为图像添加边框的效果。应用描边功能可以表现图像脱落的感觉。常用于商品目录中，或用于表现影片和书籍的海报图像。

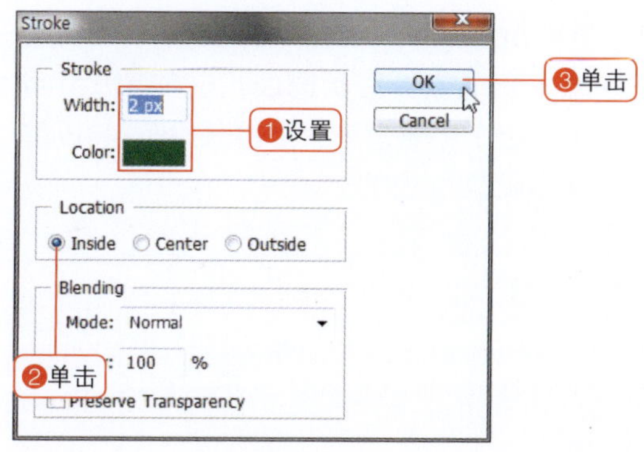

06 设置边框厚度、颜色和位置

将边框粗细设置为2px，将颜色设置为#006633，将位置设置为Inside（内侧），单击“OK”按钮。

描边选项

❶ Width（宽度）：调节粗细。

❷ Color（颜色）：可以设置轮廓颜色。

❸ Location（位置）：可以设置在图像轮廓的哪个位置设置边框。如果线条较细，一般选择Inside。Inside用于在图像内侧设置边框，Center用于在边界中央设置边框，Outside用于在图像外侧设置边框，如果不想遮挡图像，应设置为Outside。

07 取消选区

按快捷键Ctrl+D取消选区，可以看到生成了绿色的轮廓。

可以发现不是利用铅笔工具绘制线条最简便。利用描边为图像创建边框也非常简单。

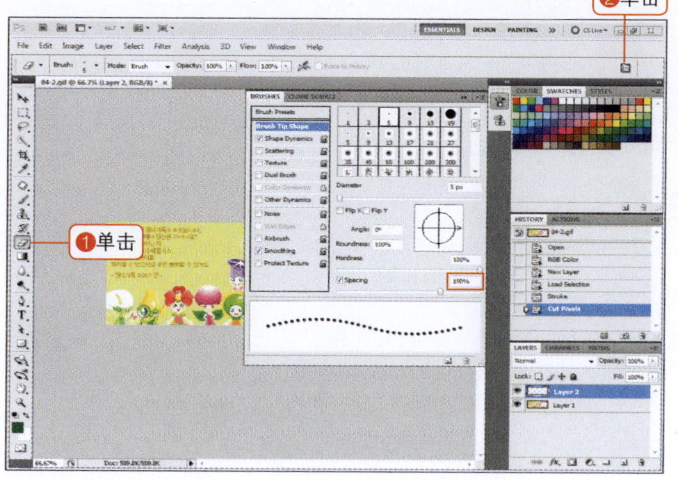

08 创建虚线边框

在工具箱中选择橡皮擦工具（），单击选项栏右侧的画笔标签（）。

画笔标签

❶ Brush Tip Shape（画笔形状）：调节画笔形状、大小和形态。

❷ Shape Dynamics（笔刷动态）：更改画笔形状。

❸ Scattering（散射）：调节画笔扩散的程度。

❹ Texture（质感）：添加画笔的图案。

❺ Dual Brush（双笔刷）：重复设置画笔的形状。

❻ Color Dynamics（色彩动态）：设置画笔的颜色。

❼ Transfer（转移）：调节画笔的透明度。

❽ Noise, Wet Edges, Airbrush, Smoothing, Protect Texture：在画笔属性以外添加效果。

❾ 预览窗口：预览设置的效果。

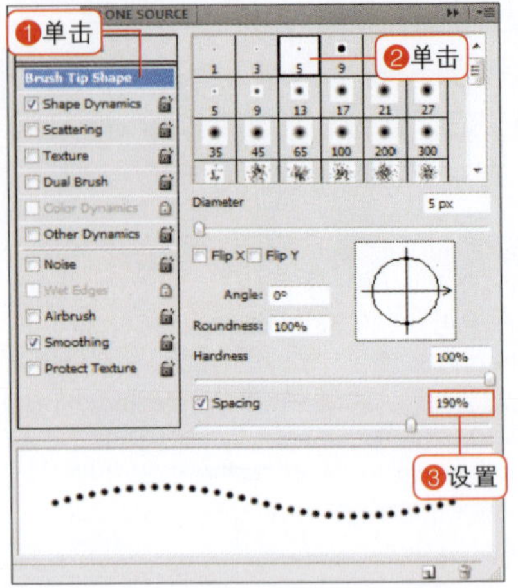

09 设置画笔笔尖形状

单击画笔笔尖形状选项，在Diameter（直径）中将画笔大小设置为5，将画笔间距设置为190%。

10 清除边框

在两端边框部分按住Shift键横向拖动，再按住Shift键纵向拖动，创建虚线边框。

按住SHIFT键拖动线条，可以绘制出直线。

表现引人注目的效果!

跟我学 04-3 表现网点边框效果

| 范例文件 | 附书DVD\Sample\04章\04- 3.jpg

01 打开图像

按快捷键Ctrl+O，打开附书DVD中的图像（Sample\04章\04-3.jpg）。

即使一开始有些难，也要养成使用快捷键的习惯，熟练之后可以发现，操作效率提高了很多。

02 选择区域并反转选区

利用椭圆选框工具(◯)在想要创建网点的部分拖动选择，按快捷键Shift+Ctrl+I反转选区。

03 用快速蒙版模式选择彩色半调

单击快速蒙版模式按钮(▣)，在菜单栏中执行Filter>Pixelate>Color Halftone（滤镜>像素>彩色半调）命令。

路径——彩色半调

将像素创建为网点。

❶ Max Radius（最大半径）：调节网点的大小。

❷ Screen Angles（网目角度）：调节各个通道的网点角度。

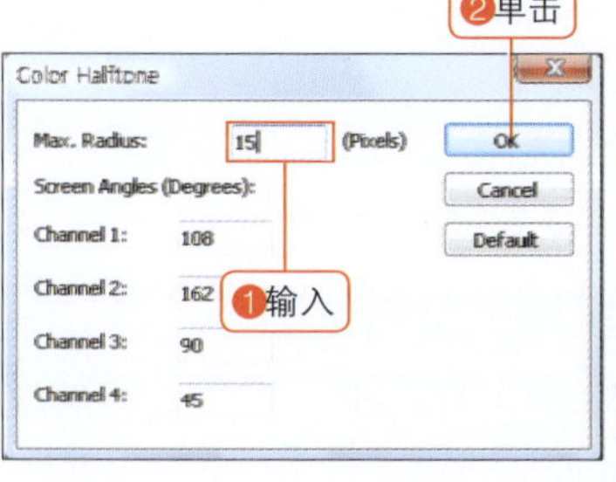

04 设置选项

在打开的Color Halftone（彩色半调）对话框中将网点大小设置为15，单击“OK”按钮，为选区的边框应用网点效果。

05 转换为标准模式

单击快速蒙版模式按钮(▣)，再次返回到标准模式。

06 更改图层，删除背景

双击Background图层，更改为普通图层，按Delete键删除背景。删除背景后，按Ctrl+D快捷键取消选区。

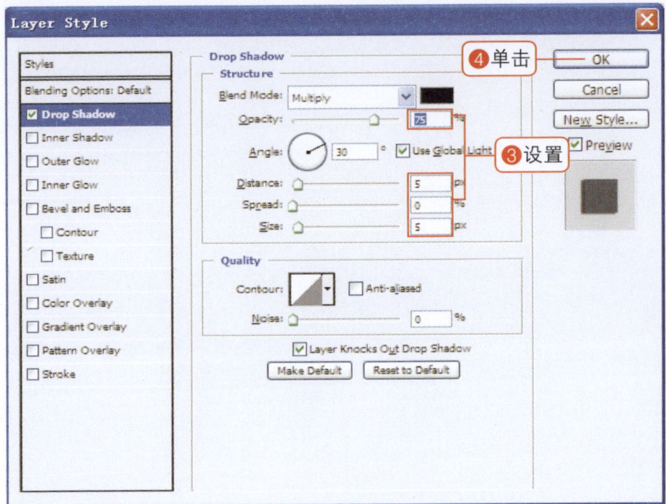

07 应用阴影效果

在图层面板中单击图层样式按钮(fx)，选择Drop Shadow（投影）选项，如图所示设置为默认值后单击“OK”按钮。

投影

在图层图像的后侧创建阴影，表现图像浮在空中的效果。

❶ Opacity（透明度）：调节阴影的透明度。
❷ Angle（角度）：调节阴影的角度。
❸ Use Global Light：勾选该复选框，将设置光的方向的图层为统一样式。
❹ Distance（间距）：设置阴影与图层图像的间距。
❺ Spread（扩散）：设置阴影扩散的程度。
❻ Size（大小）：设置阴影的大小。
❼ Contour（轮廓）：设置阴影的样式。
❽ Anti-aliased（平滑处理）：勾选该复选框，将阴影的边界部分处理得更柔和。
❾ Noise（嘈杂）：可将阴影透明的部分处理为喷洒的效果。

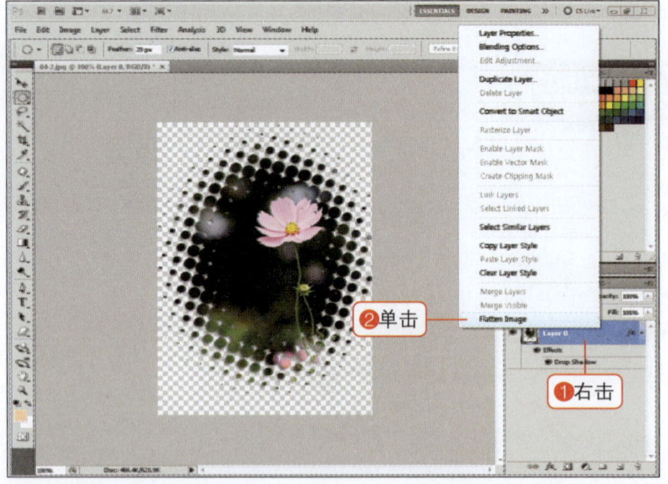

08 合并图层，更改为背景图层

下面我们合并到目前为止操作过的图层。单击鼠标右键，在弹出的菜单中选择Flatten Image（合并图层）选项。将图层更改为Background图层，成为白色背景的图层。

合并图层

在Photoshop应用过程中，经常会需要合并图层。操作全部结束后，为了保存为一个图像，要选择图层后进行合并。在最后选择的图层中单击鼠标右键，显示相关菜单，如果想要合并图层，先按住Ctrl键选择图层，再按Ctrl+E快捷键即可。

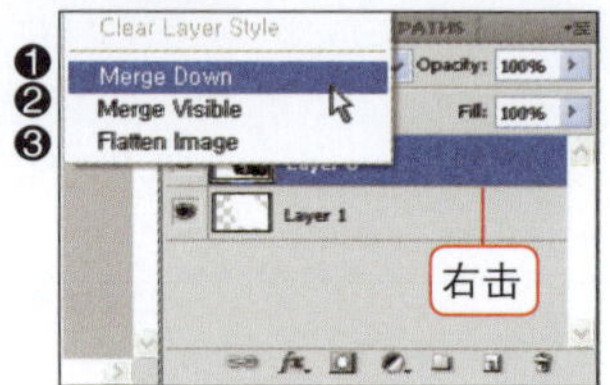

❶ Merge Down（向下合并）：将选择的图层和其下的图层合并。

❷ Merge Visible（合并可见图层）：将选择的图层和当前可见图层合并。

❸ Flatten Image（合并图层）：合并操作过的所有图像。

音东录影带中也常用这一效果！

跟我学 04-4 创建感性的画笔边框

| 范例文件 | 附书DVD\Sample\04章\04- 4.jpg

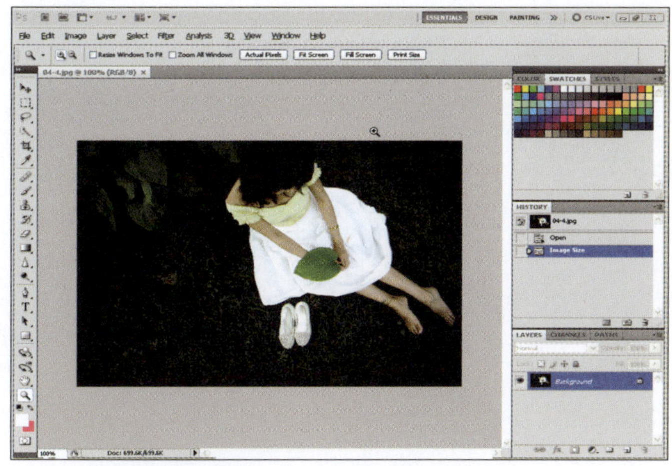

01 打开图像

按快捷键Ctrl+O，打开附书DVD中的图像（Sample\04章\04-4.jpg）。

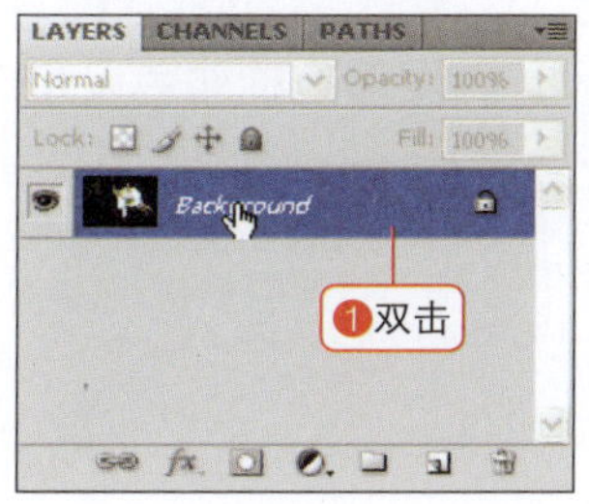

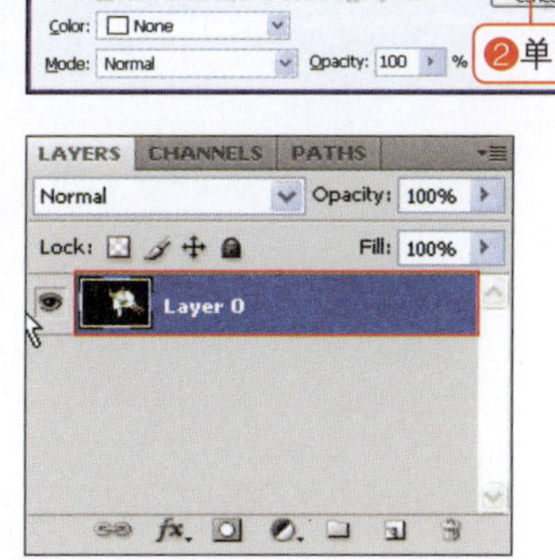

02 将背景图层更改为普通图层

背景图像所在的Background图层不能修改，因此需要将Background图层更改为普通图层。双击图层，在弹出的对话框中单击“OK”按钮，即更改为普通图层。

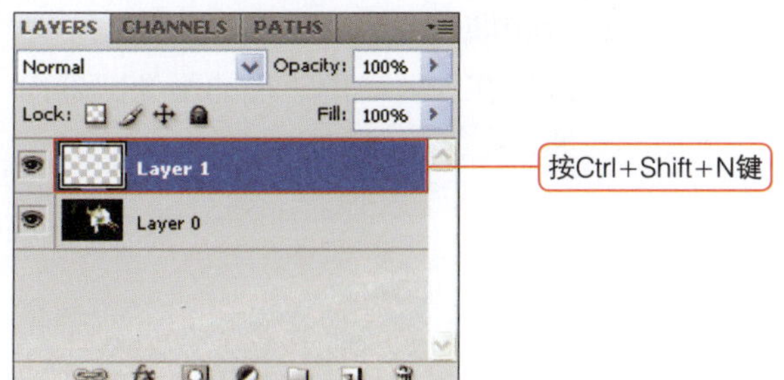

03 添加图层

按照前面学习过的方法，按快捷键Ctrl+Shift+N，即可添加图层。

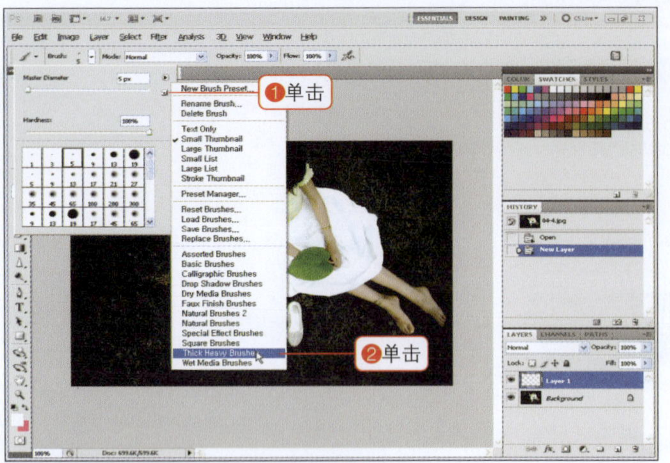

04 为图像添加边框效果

单击画笔选项按钮，在弹出的面板中单击扩展按钮(▶)，选择Thick Heavy Brushes（粗重笔刷）命令。弹出更改画笔列表的对话框，单击“OK”按钮。

画笔扩展选项

可以看到Photoshop中的画笔列表。

❶ 有关画笔列表的设置。

❷ 用于选择多种画笔类型的部分。

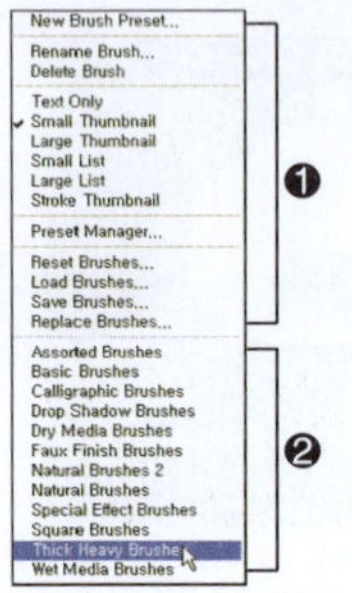

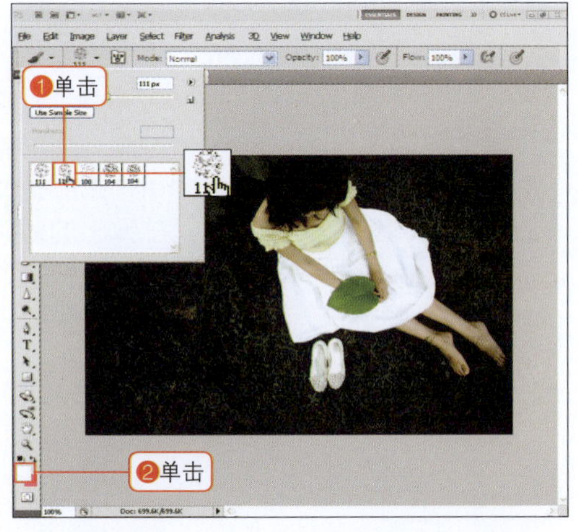

05 选择画笔，更改颜色

更改画笔列表后，选择111大小的画笔。单击前景色按钮，将要填充的颜色设置为白色。

06 拖动填色

如图所示在想要应用边框的图像部分拖动，填充颜色。

07 选择要绘制的区域

按住Ctrl键单击Layer 1图层缩览图，将刚才绘制的区域设置为选区。

除了绘制的部分以外，其他部分要删除，选择绘制的部分，利用PHOTOSHOP的反转功能更改选区。

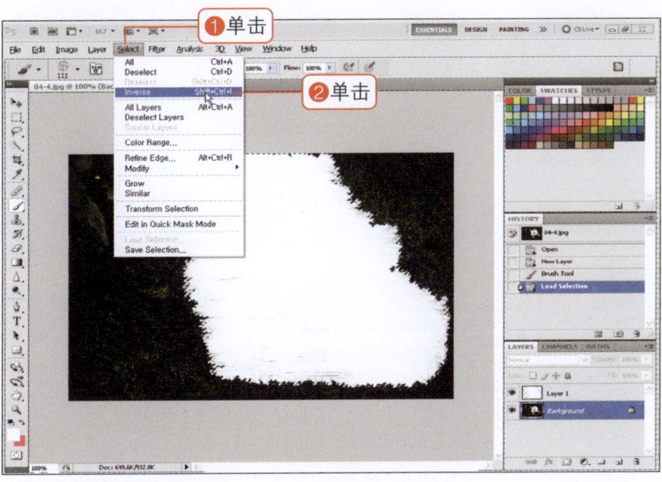

08 反转选区

在菜单栏中执行Select>Inverse（选择>反选）命令，反转选区，快捷键为Ctrl+Shift+I。

09 清除背景图像

选择Background图层，将背景色设置为白色，按Delete键清除图像。

只对选择的图层应用效果

之前我们已经介绍过，Photoshop是利用图层操作的，因此选择要应用效果的图层非常重要。如果不能跟随范例进行操作，很多原因是选择错了图层，一定要确认是在哪个图层上表现图像效果。

10 取消选区，移动图层

按快捷键Ctrl+D取消选区，将Layer 0图层拖动到Layer 1图层上方。

移动图层

图层是层层重叠的，因此位于最上方的图层中的图像位于最上方。因此要将背景图像拖动到最上方才可以显示图像。

11 裁剪图像

按C键选择裁剪工具( )，拖动选择需要裁剪的图像，按Enter键。

使用快捷键选择工具箱中的工具

不是只有Photoshop命令和功能才带有快捷键。工具箱中的工具也有快捷键，最好牢记之前章节中介绍工具箱时所介绍的快捷键，方便使用。

12 合并图层

所有步骤结束后，按快捷键Ctrl+E合并所有图层。

制作边框就是这么简单！

跟我学 04-5 通过一次单击创建多样的边框

| 范例文件 | 附书DVD\Sample\04章\04- 5.jpg

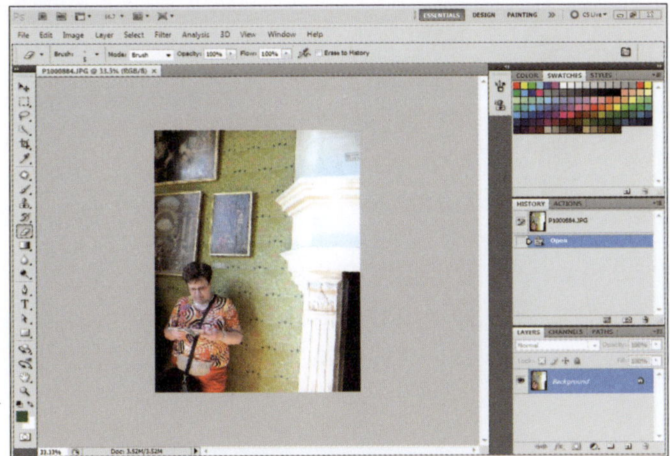

01 打开图像

按快捷键Ctrl+O，打开附书DVD中的图像（Sample\04章\04-5.jpg）。

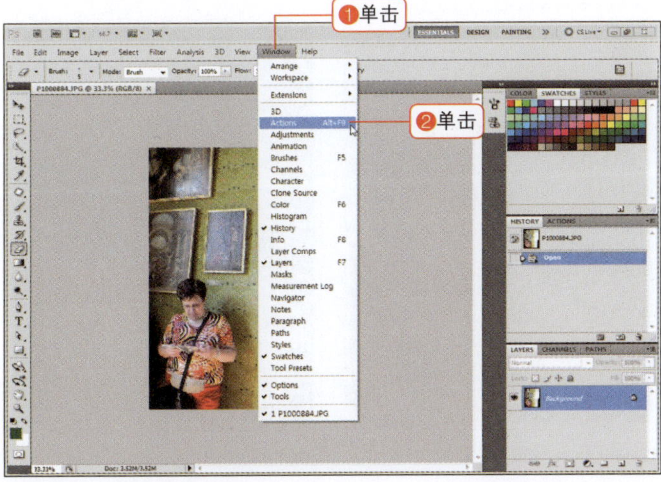

02 选择动作命令

下面我们查找在Photoshop中已经创建的动作效果。在菜单栏中执行Window>Actions（窗口>动作）命令。

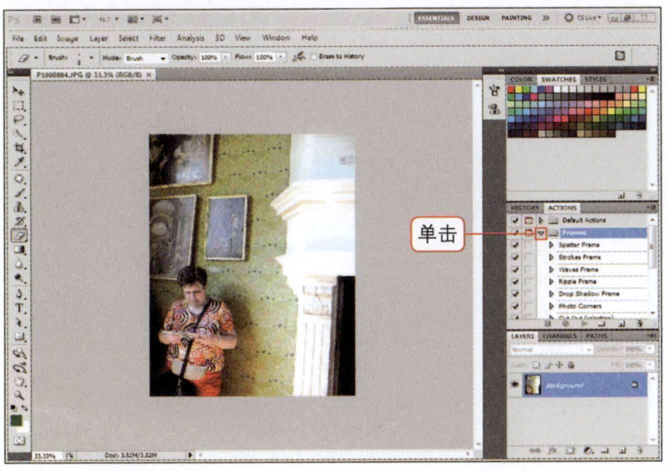

03 选择Frames.atn文件夹

打开动作面板，选择Frames.atn文件夹，单击左侧的箭头按钮(▷)，展开细节选项。

04 创建照片边框

在文件夹菜单中选择Waves Frame（波浪框），单击播放按钮(▶)，照片边框自动更改为水波形状。

之前是不是觉得表现这种效果很难？操作其实就是这样简单。

05 应用多样的边框效果

除此以外，还可以选择菜单中的多种选项。只通过单击播放按钮即可轻松得到多样的动作效果。

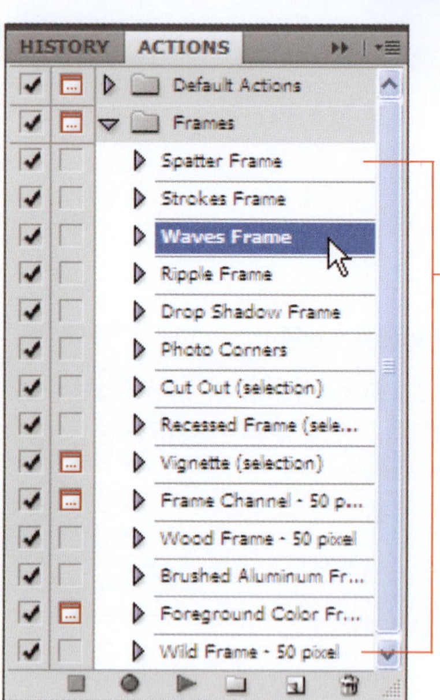

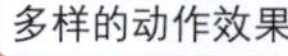

Spatter Frame效果

Strokes Frame效果

Ripple Frame效果

Photo Corners效果

不管怎样，照片最适合放到木制相框里！

跟我学 04-6 创建照片相框感觉的边框

| 范例文件 | 附书DVD\Sample\04章\04- 6.jpg

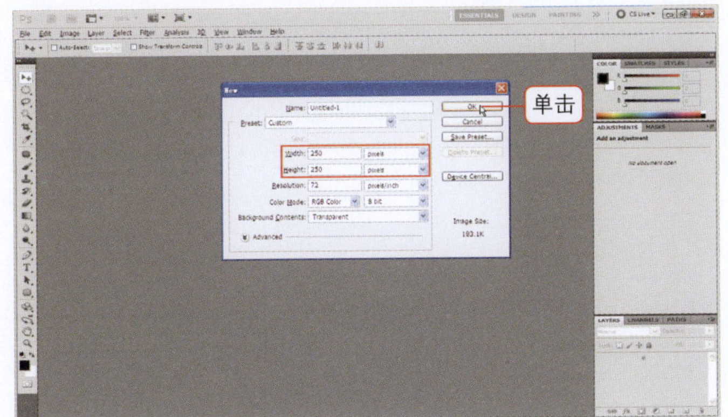

01 打开新窗口

为了表现出色的木纹图像，按快捷键Ctrl+N，创建新窗口，将大小设置为250px×250px，单击“OK”按钮。

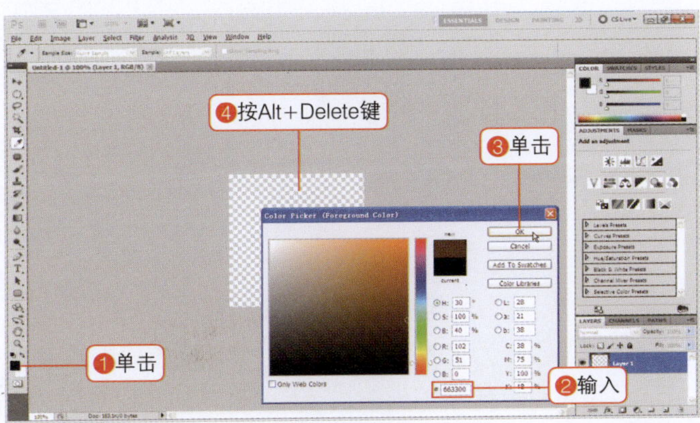

02 更改前景色并填充

单击前景色按钮，选择木头相框颜色#663300，单击“OK”按钮后按快捷键Alt+Delete填充前景色。

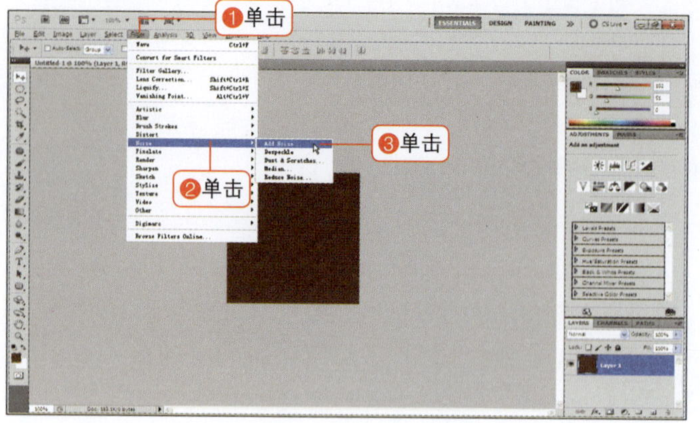

03 选择添加杂色命令

为了在图像上表现粗糙感觉的效果，我们使用添加杂色滤镜。在菜单中执行Filter>Noise>Add Noise（滤镜>杂色>添加杂色）命令。

滤镜——添加杂色

添加与图像相似颜色的杂点。

❶ Amount（数量）：调节杂色的分布。
❷ Distribution（散布）：设置杂色的分布方式。
❸ Monochromtic（单色画）：将杂色的颜色更改为黑白。

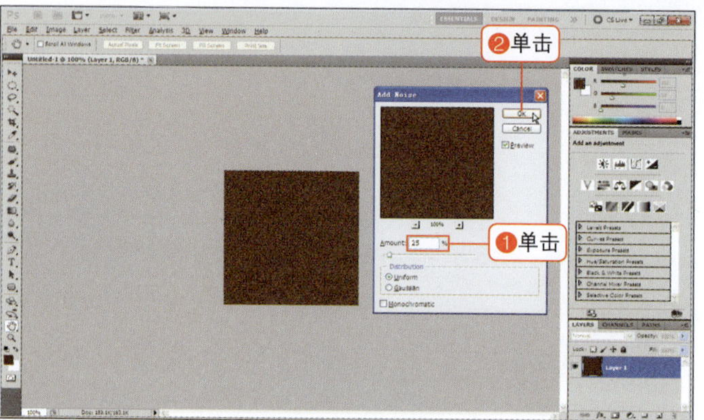

04 应用滤镜

在Add Noise（添加杂色）对话框中将Amount（数量）设置为25，单击“OK”按钮应用滤镜。

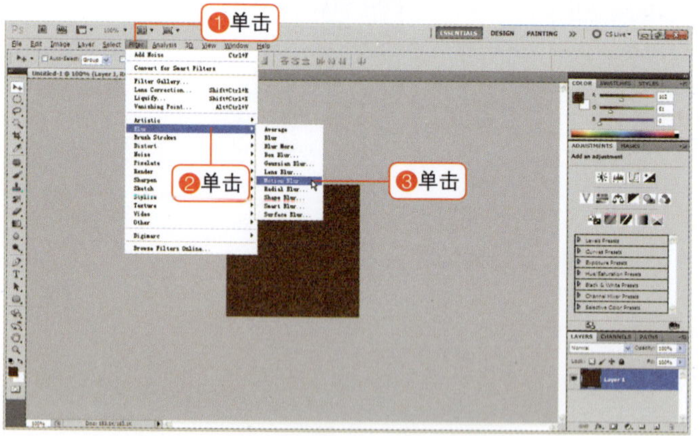

05 选择动感模糊滤镜

为了表现木纹效果，应用动感模糊滤镜。在菜单栏中执行Filter>Blur> Motion Blur（滤镜>模糊>动感模糊）命令。

滤镜——动感模糊

通过调节图像角度表现模糊效果，突出图像的运动感。

❶ Angle（角度）：调节角度。
❷ Distance（距离）：调节速度感。

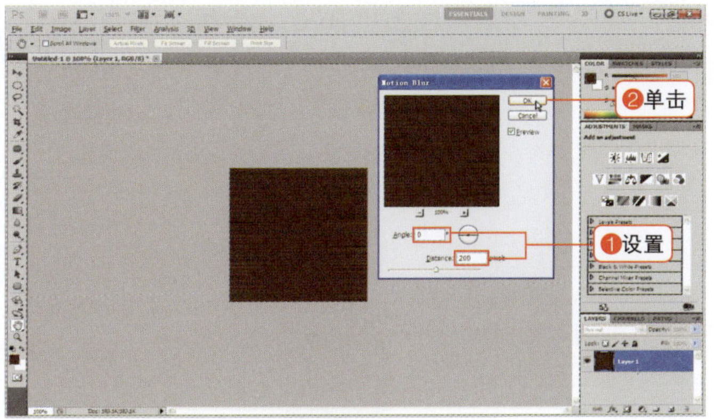

06 应用滤镜

打开Motion Blur（动感模糊）对话框，将Angle（角度）值设置为0，将Distance（距离）值设置为200，单击“OK”按钮。

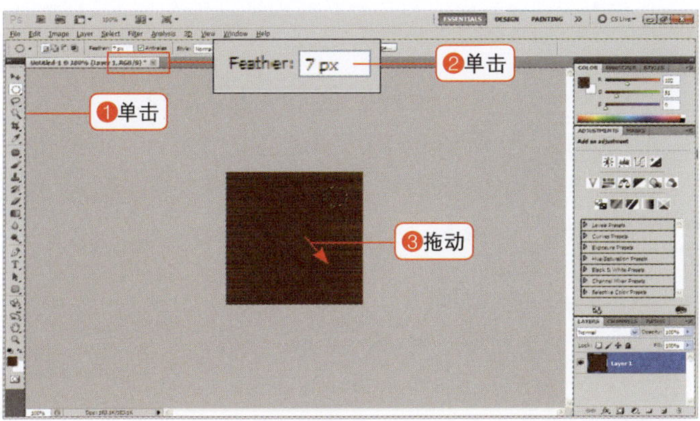

07 利用椭圆选框工具创建木纹

下面我们来创建木纹。首先选择椭圆选框工具(◌)，在选项栏中将Feather（羽化）值设置为7，如图所示在想要创建圆形木纹的位置拖动选择。

长按矩形选框工具会显示出椭圆选框工具。

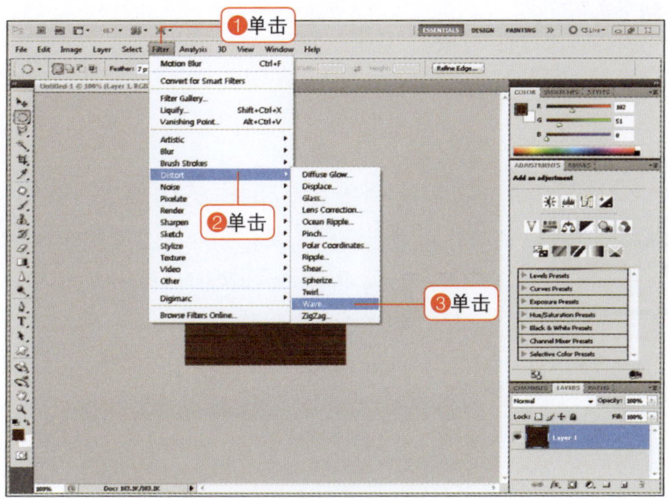

08 选择Wave（波浪）命令

在菜单中执行Filter>Distort>Wave（滤镜>扭曲>波浪）命令。

滤镜——波浪

为图像添加波浪效果。

❶ Number of Generators（波浪数目）：调节扭曲的程度。

❷ Type（类型）：可以将扭曲的形态设置为三种类型。

❸ Wavelength（波长）：调节扭曲的长度。

❹ Amplitude（广度）：调节扭曲的幅度。

❺ Scale（程度）：调节扭曲的大小。

❻ Randomize（随机）：设置不规则的扭曲效果。

❼ Undefined Areas（未定义区域）：处理未指定的区域。

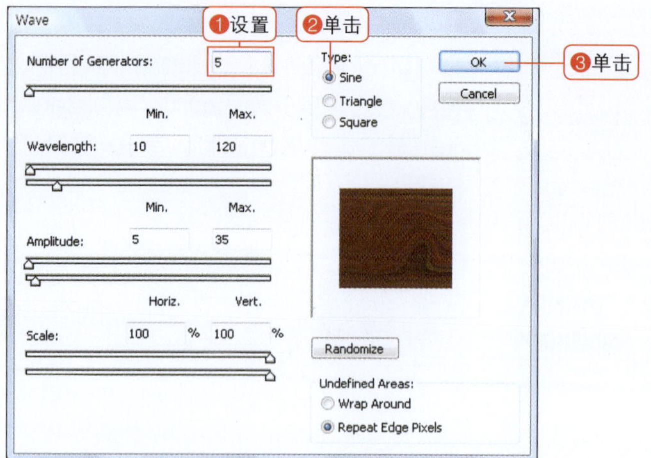

09 设置Wave（波浪）选项

如图所示将Number of Generators（波浪数目）值设置为5，将Type（类型）值设置为Sine。通过预览窗口创建自然的效果。

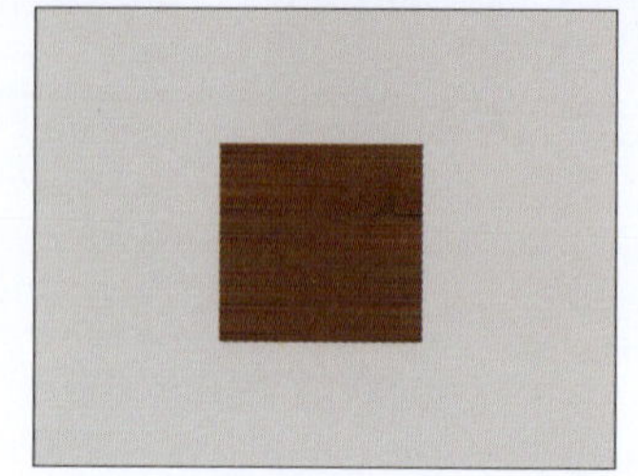

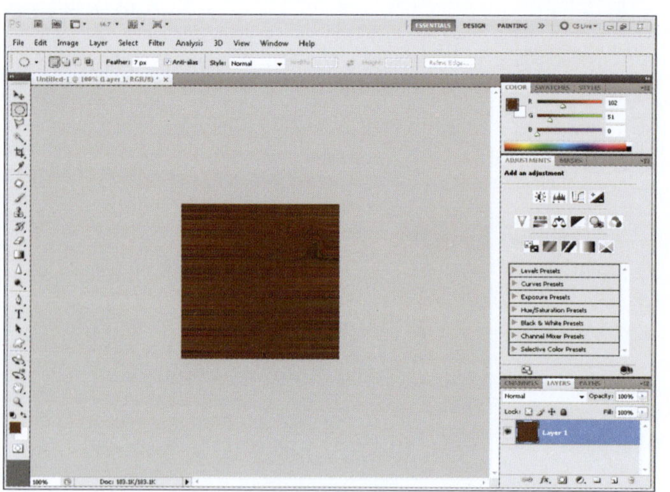

10 调节羽化值，添加花纹

调节步骤07～08的Feather（羽化）值，重复添加2~3个木纹。值越高，木纹越大。

是不是出现了很好看的木纹？大家可以练习表现为多种形态。

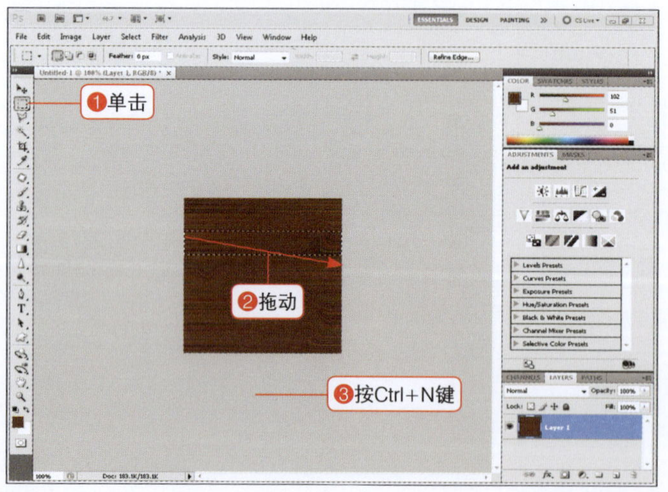

11 选择要错位相框的区域

利用矩形选框工具( )拖动选择要作为相框的区域，按快捷键Ctrl+N，创建大小为250px×250px的新窗口。

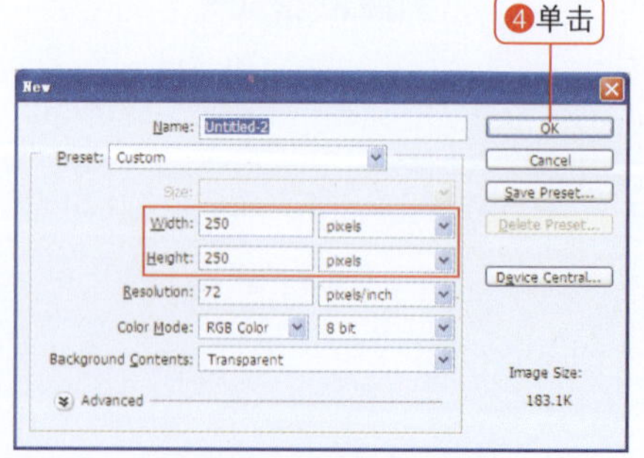

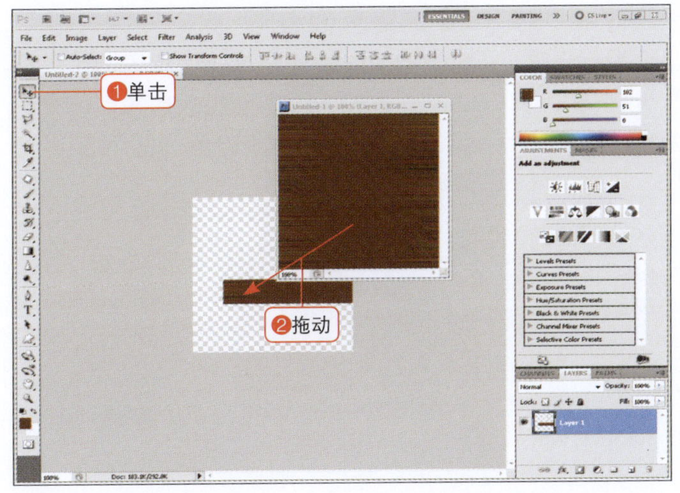

12 利用移动工具复制

选择移动工具()，在新窗口中拖动复制。

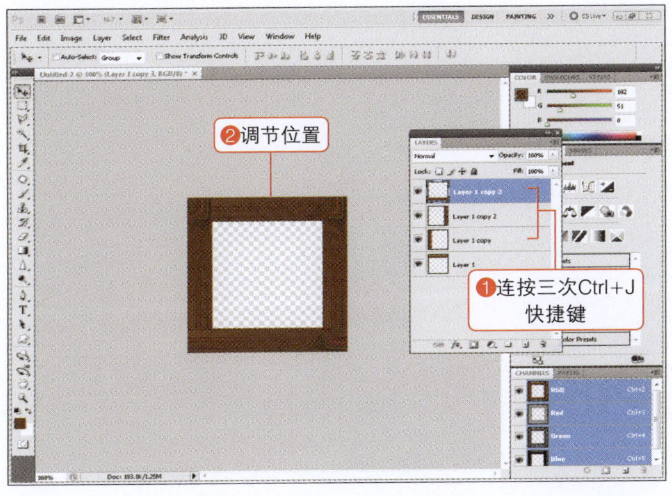

13 复制图层，调节边框位置

按快捷键Ctrl+J，如图所示复制3个图层，选择各个图层，利用移动工具()调节位置，创建矩形边框。

如果想要旋转，按快捷键CTRL+T即可。

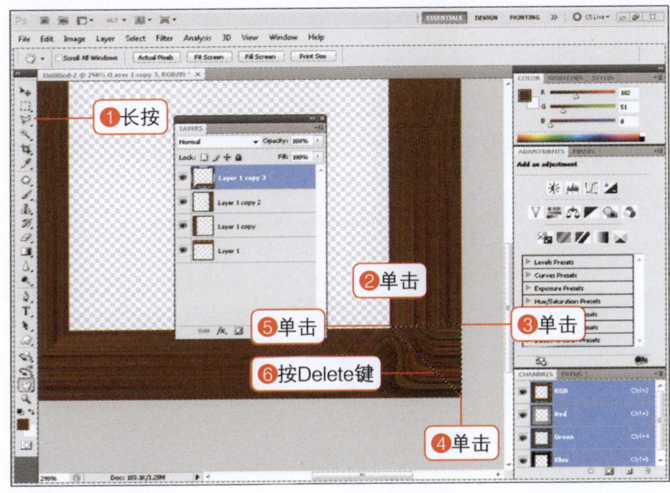

14 利用多边形套索工具清除边角

在Layer 1 copy 3图层重选择多边形套索工具()，清除边框的边角部分。单击想要清除的点，选择三角形形态。选择想要清除的部分后，按Delete键清除被选区域。

长按套索工具可以打开多边形套索工具组。

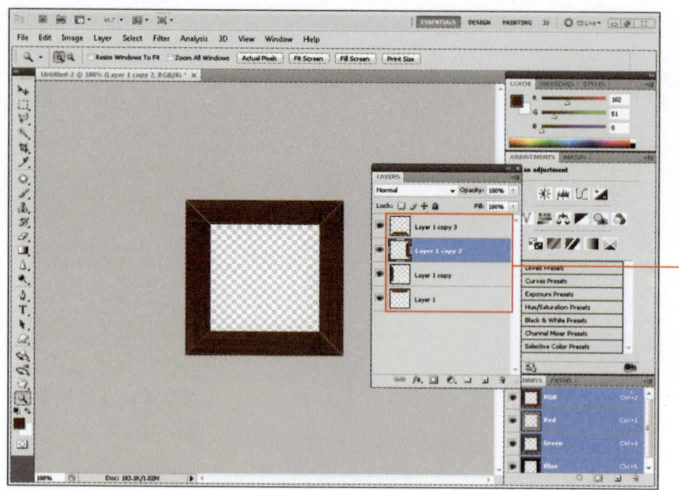

15 清除其他边角

利用相同的方法对其他图层的边角进行清除，表现为如图所示的形态。注意，必须在选择要清除边角的图层后进行清除。

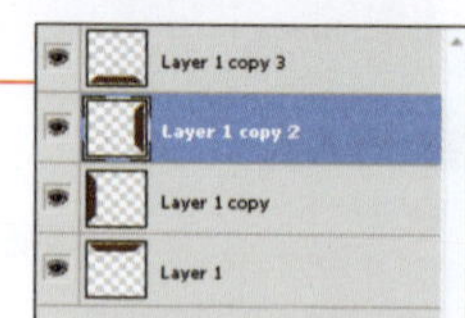

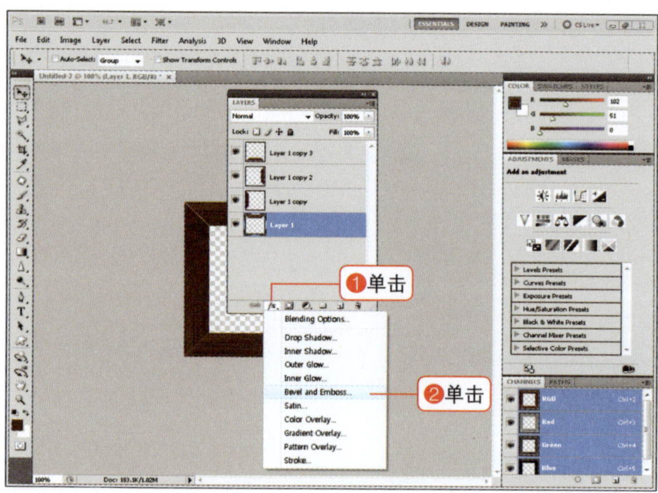

16 应用斜面和浮雕样式

选择最下方的图层，单击添加图层样式按钮(fx.)，选择Bevel and Emboss（斜面和浮雕）选项。

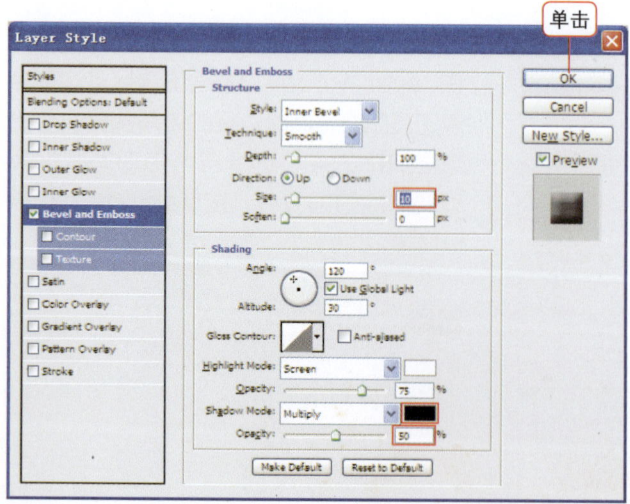

17 设置选项

将Size（大小）设置为10，将Shadow Mode（阴影模式）颜色设置为#330000，将Opacity（不透明度）设置为50%，单击“OK”按钮。

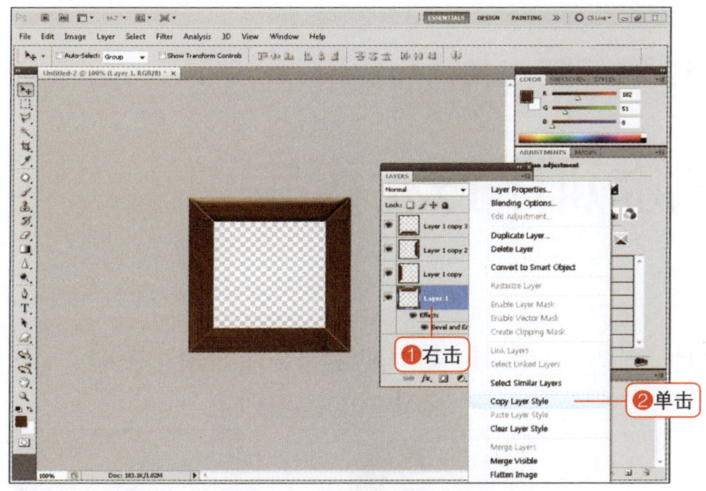

18 复制图层样式

在应用样式的图层中单击鼠标右键，在弹出的菜单中选择Copy Layer Style（拷贝图层样式）选项。

拷贝图层样式\粘贴图层样式

可以将图层样式效果复制并粘贴到其他图层上。

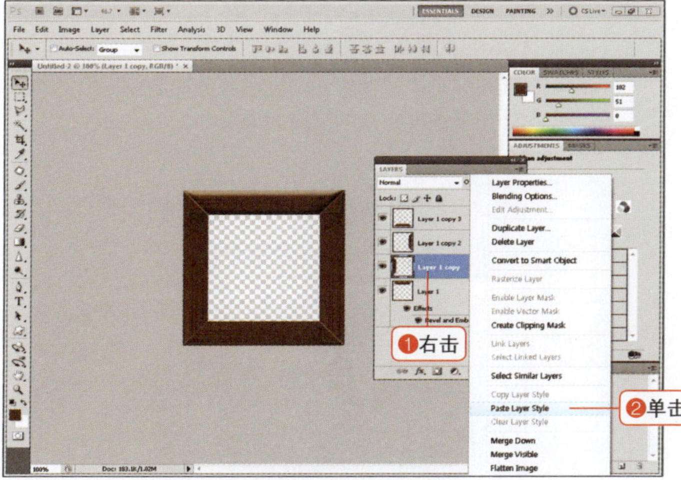

19 粘贴图层样式

分别在其他3个图层上右击，在弹出的菜单中选择Paste Layer Style（复制图层样式）选项，粘贴样式。这样，如图所示，在四个边角上应用了相同的斜面和浮雕效果。

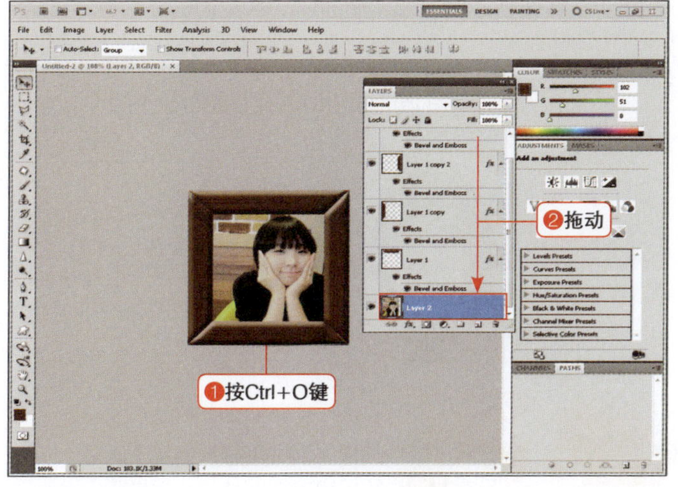

20 在相框中粘贴图像

按快捷键Ctrl+O，打开04-6.jpg图像，将图层拖动到最下方，完成相框的制作。

网络生活中必不可少的05 Photoshop

为背景平淡的照片添加特殊效果

05-1 创建为有味道的LOMO照片

这种情况下使用

1. 想要买LOMO相机但没有钱
2. 想要表现轮廓较暗的效果

05-2 集中视线的变焦效果和表现运动感的摇摄效果

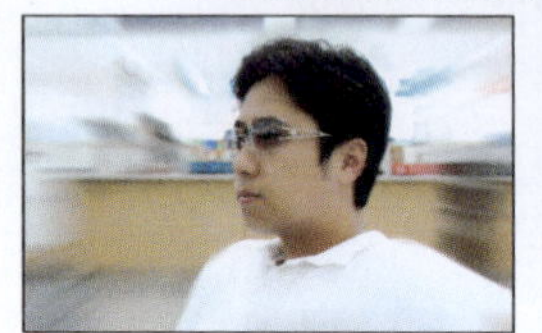

这种情况下使用

1. 在广告中或者想使产品照片更加清晰
2. 想要表现有趣的飞奔效果

05-3 创建与感性信件相符的图像1——水彩画

这种情况下使用

1. 想要表现好像自己绘制的水彩画效果
2. 想要创建和感性的音乐相符的图像

05-4 创建与感性信件相符的图像2——铅笔画

这种情况下使用

1. 想要表现抽象化效果
2. 修饰与直接书写的文字相符的图像

05-5 创建使人物突出的效果

这种情况下使用

1. 想要将背景处理得模糊，让人物变得清晰
2. 调整爱人的照片

05-6 将满意的照片创建为证件照

这种情况下使用

1. 在照相馆中拍摄了面试用照片但是不满意
2. 没有时间去照相馆拍摄照片

不买LOMO相机也可以得到LOMO照片效果！

跟我学 05-1 创建为有味道的LOMO照片

| 范例文件 | 附书DVD\Sample\05章\05- 1.jpg

01 打开图像

启动Photoshop软件，打开附书DVD中的图像（Sample\05章\05- 1.jpg）。

02 选择镜头校正命令

在菜单栏中执行Filter>Lens Correctiont（滤镜>镜头校正）命令。

滤镜——镜头校正

镜头校正滤镜可以有效地调整默认镜头拍摄的照片中的扭曲现象，还可以补正颜色扩散现象或者Ventting现象等。

03 解除网格显示

在对话框中取消勾选下方的Show Grid（显示网格）复选框，取消预览画面中的网格。

04 调节选项

在Vignette选项中将外侧部分的Amount（数值）设置为-100，将外侧图像调暗。将中间部分的Midpoint（中点）设置为+60，将中间的图像部分调亮，单击“OK”按钮，表现出图像周围部分较暗的效果。

05 添加新图层

下面我们来表现更强烈的效果。在图层面板中单击添加新图层按钮()添加图层，将前景色绘制为黑色。

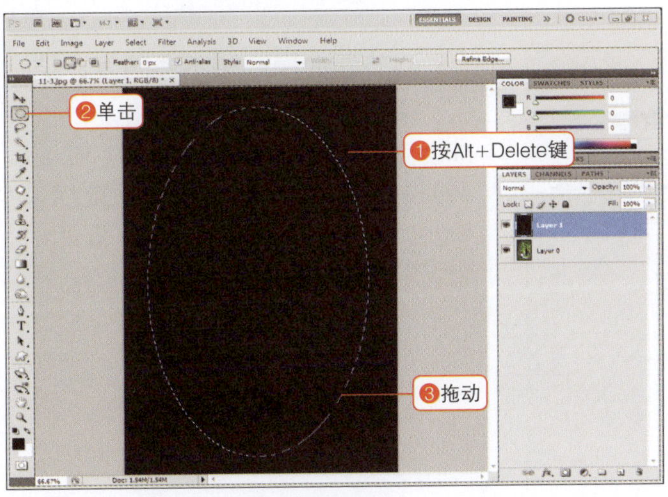

06 填充前景色，选择圆形

按快捷键Alt+Delete，将操作画面填充为黑色。选择椭圆选框工具()，拖动图像的中央部分，设置选区。

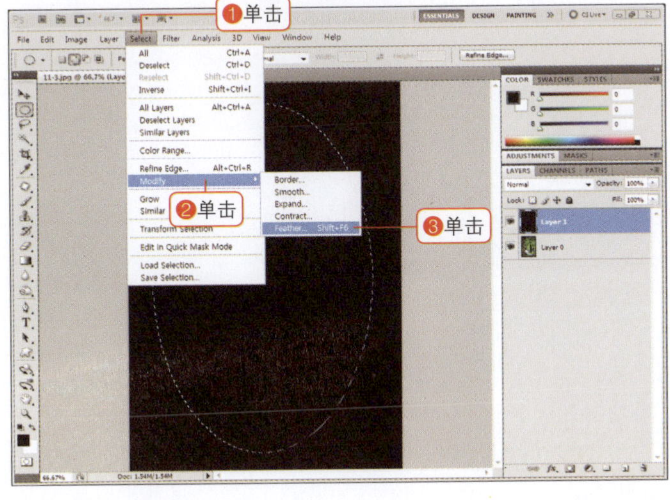

07 填充前景色

输入羽化值，以便将清除的部分表现得较模糊，在菜单栏中执行Select>Modify>Feather（选择>修改>羽化）命令。将Feather Radius（羽化半径）值设置为30，单击“OK”按钮。

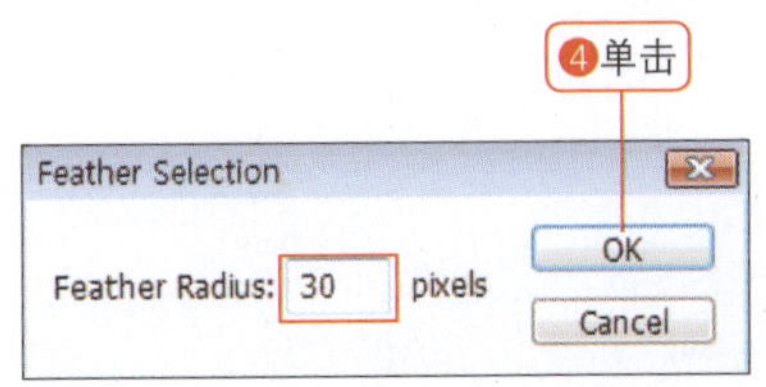

08 留下背景

按Delete键，中间部分的边界线变得模糊，将其清除。再按一次Delete键，再清除一些。按快捷键Ctrl+D取消选区。

09 调节混合模式和不透明度，结束操作

如果想要表现更加自然的效果，在图层面板中将Layer 1的混合模式设置为Soft Light（柔光），将Opacity（不透明度）值设置为70%即可。

表现动感的常用滤镜！

跟我学 05-2

集中视线的变焦效果和表现运动感的摇摄效果

| 范例文件 | 附书DVD\Sample\05章\05- 2- 1，05- 2- 2.jpg

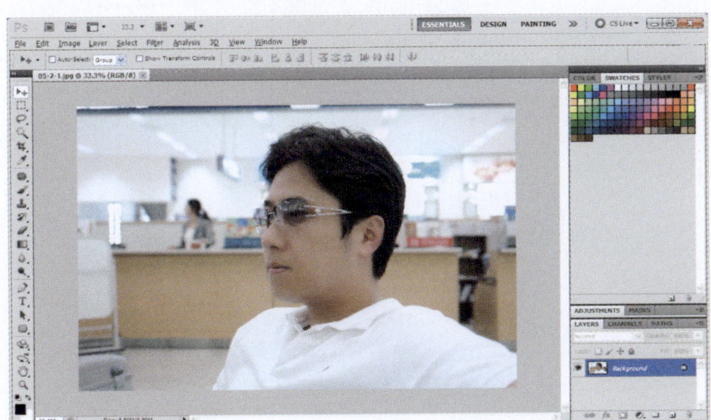

01 打开图像

启动Photoshop软件，打开附书DVD中的图像（Sample\05章\05- 2- 1.jpg）。

ZOOMING镜头可表现使用ZOOM镜头将较远的对象拉近拍摄的效果，使用这一技法，可以表现集中视线的效果。

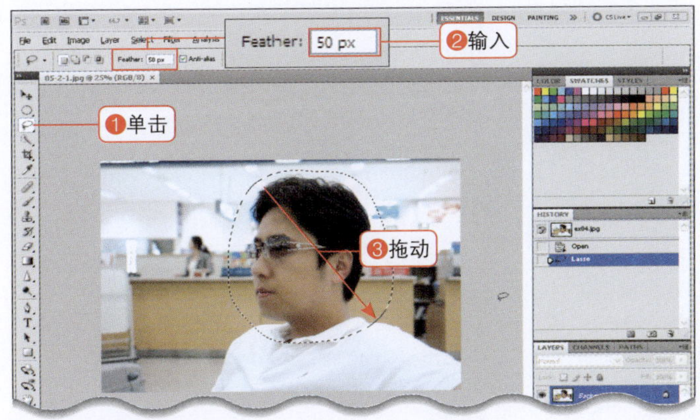

02 设置选区

选择套索工具()，在选项栏中将Feather（羽化）值设置为50，拖动选中要表现变焦效果的面部。

03 反转选区

由于要对背景部分应用效果，按Ctrl+Shift+I快捷键反转选区。

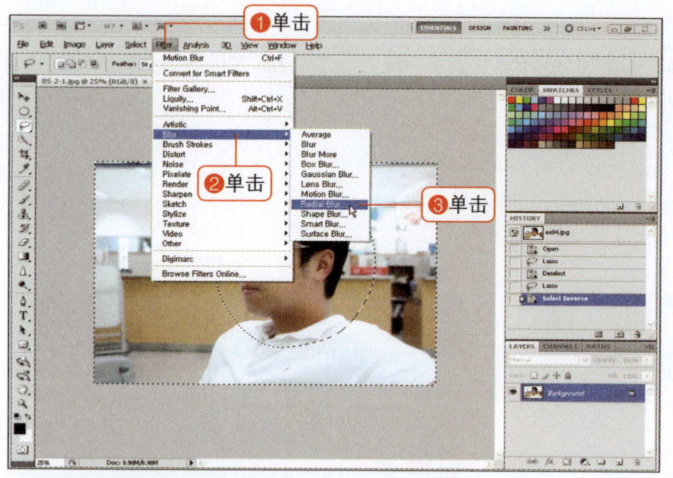

04 设置模糊值

在菜单栏中执行Filter>Blur>Radial Blur（滤镜>模糊>径向模糊）命令。在对话框中将Amount（数量）设置为54，将Blur Method（模糊方法）设置为Zoom（视图缩放），单击“OK”按钮。

滤镜——径向模糊

可以快速创建图像的旋转放大效果。如果在Blur Method中选择Spin而不是Zoom，会表现图像整体旋转的效果。在Amount选项中可以设置表现效果的程度。

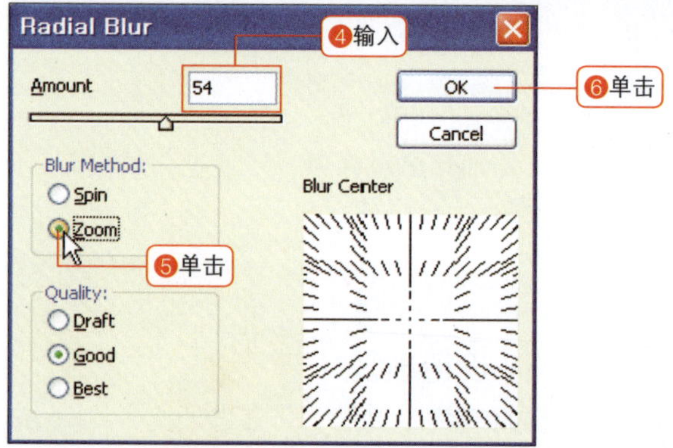

05 滤镜——径向模糊

按快捷键Ctrl+D取消选区，可以看到应用了变焦后的效果。

06 打开新图像

下面我们来创建表现速度感的摇摄效果。启动Photoshop软件，打开附书DVD中的图像（Sample\05章\05-2-2.jpg）。

摇摄效果是表现镜头跟随对象移动的具有速度感的技法，可以利用动感模糊创建。

07 设置选区

选择套索工具(![套索工具图标])，将Feather（羽化）值设置为50，然后拖动选择汽车部分。

利用套索工具选择的方法请参见第89和90页。

08 反转选区

按快捷键Ctrl+Shift+I反转选区，选择要应用模糊效果的背景部分。

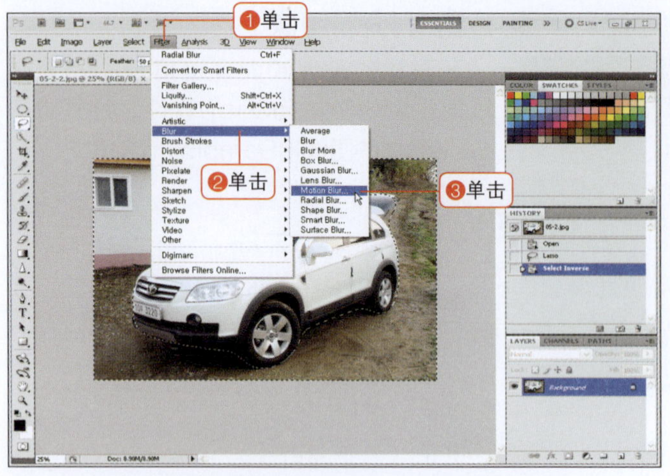

09 设置模糊值

在菜单栏中执行Filter>Blur>Motion Blur（滤镜>模糊>动感模糊）命令。在Motion Blur（动感模糊）对话框中将Distance（距离）设置为200，将Angle（角度）设置为30，与汽车的角度相符，单击“OK”按钮。

滤镜——动感模糊

模糊效果可以使图像变得模糊。Motion是运动、动作的意思，动感模糊就是设置角度将图像变得模糊，表现出运动感的滤镜。在Angle（角度）中可以设置角度，Distance（距离）的值越高，运动感越强。

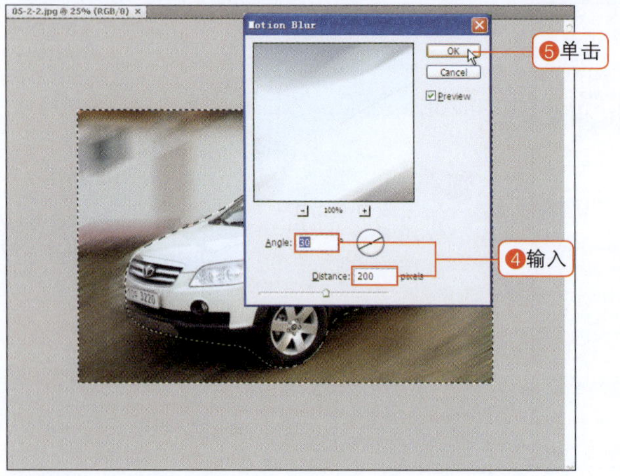

10 取消选区

按快捷键Ctrl+D取消选区，确认应用摇摄效果后的图像。

表现音乐流动的效果！

跟我学 05-3 创建与感性信件相符的图像1——水彩画

| 范例文件 | 附书DVD\Sample\05章\05-3.jpg

01 打开图像

启动Photoshop软件，打开附书DVD中的图像（Sample\05章\05-3.jpg）。

02 创建水彩画感觉

在菜单栏中执行Filter>Artistic>Watercolor（滤镜>艺术效果>水彩）命令，在打开的对话框中将Brush Detail（画笔细节）设置为9，将Shadow Intensity设置为0，将Texture设置为1。

滤镜——水彩

表现利用水彩绘制的效果。

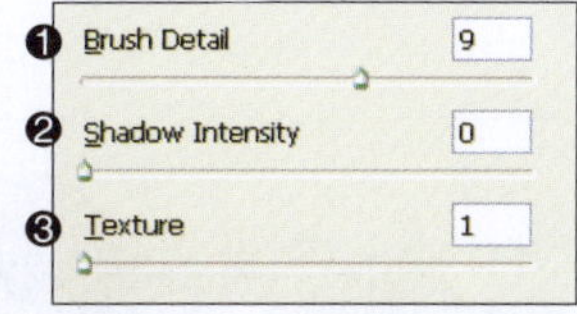

❶ Brush Detail（笔刷细腻度）：调节毛笔的细致描绘选项。

❷ Shadow Intensity（阴影强度）：调节暗调颜色的强度。

❸ Texture（质感）：调节质感的强度。

03 添加新图层1

单击对话框下方的创建新图层按钮(□)，添加要应用滤镜的图层，在Artistic（艺术效果）选项中选择Sponge（海绵）。将Brush Size（笔刷大小）设置为1，将Definition（清晰度）设置为0，将Smoothness（平滑度）设置为4。

滤镜——海绵

利用海绵表现图像的效果。

❶ Brush Size（笔刷大小）：调节海绵印记的大小。
❷ Definition（清晰度）：调节轮廓线的清晰度。
❸ Smoothness（平滑度）：调节轮廓线的柔和程度。

04 添加新图层2

再次单击创建新图层按钮(□)，添加要应用滤镜的图层，单击Brush Strokes（画笔描边）选项按钮(▽),选择Dark Strokes（深色笔触）。将Balance（平衡）设置为3，将Black Intensity（黑色强度）设置为0，将White Intensity（白色强度）设置为2，单击“OK”按钮。

滤镜——Dark Strokes

表现利用黑色画笔按照图像的轮廓线绘制的效果。

❶ Balance（平衡）：调节绘制的程度。
❷ Black Intensity（黑色强度）：调节黑色的浓度。
❸ White Intensity（白色强度）：调节白色的浓度。

05 完成照片

至此，完成了水彩画感觉的图像。

表现素描画像效果!

跟我学 05-4 创建与感性信件相符的图像2——铅笔画

| 范例文件 | 附书DVD\Sample\05章\05-4.jpg

01 打开图像

启动Photoshop软件，打开DVD中的图像（Sample\05章\05-4.jpg）。

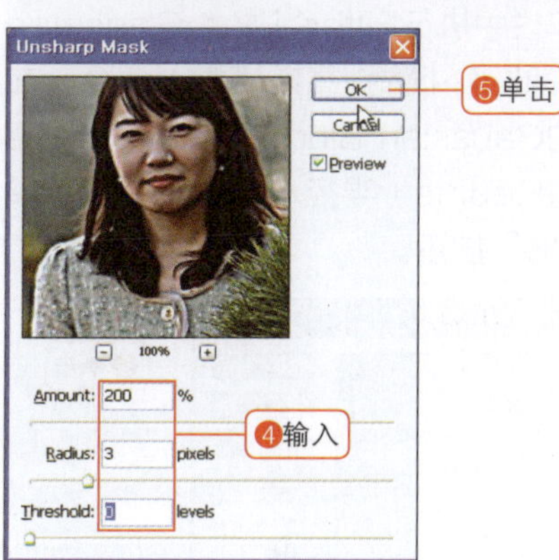

02 调整图像轮廓

在菜单栏中执行Filter>Sharpen>Unsharp Mask（滤镜>锐化>USM锐化）命令，将Amount（数量）设置为200，将Radius（半径）设置为3，将Threshold（阈值）设置为0，单击“OK”按钮。图像的轮廓是不是变得清晰了?

滤镜——USM滤镜

将清晰的图像创建得更细致。

❶ Amount（数量）：调节图像的鲜艳程度。

❷ Radius（半径）：调节清晰化的半径。

❸ Threshold（阈值）：调节图像周围和清晰像素之间的边界。

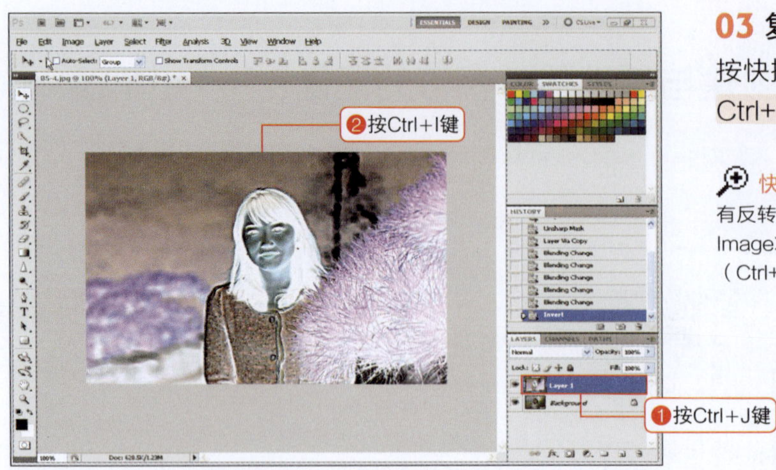

03 复制图层，反转颜色

按快捷键Ctrl+J，复制图层，按快捷键Ctrl+I反转颜色。

快捷键Ctrl+I

有反转图像整体颜色的功能，也可以在菜单栏中执行Image>Adjustments>Invert（图像>调整>反相）命令（Ctrl+I）。

04 更改混合模式

将图层混合模式更改为Color Dodge（颜色减淡）。

混合模式——颜色减淡

颜色整体变得明亮，与应用减淡工具效果相似。

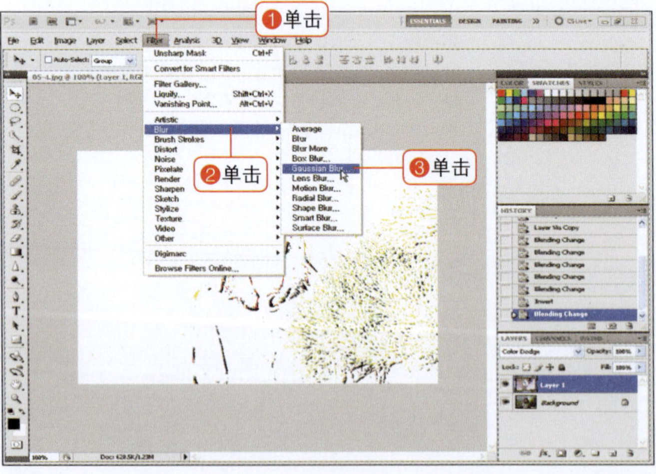

05 设置模糊值

在菜单栏中执行Filter>Blur>Gaussian Blur（滤镜>模糊>高斯模糊）命令，在打开的Gaussian Blur（高斯模糊）对话框中将Radius（半径）值设置为20，单击“OK”按钮。

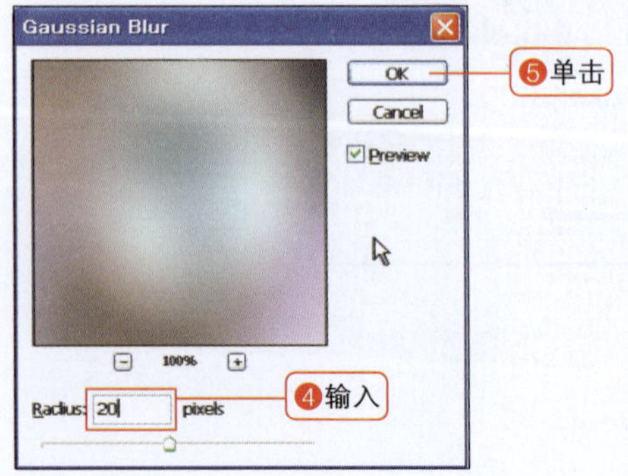

06 添加图层

单击创建新图层按钮( )添加一个新图层，将背景色设置为白色。

07 选择色相\饱和度

单击调整图层按钮( ),选择Hue\Saturation（色相\饱和度）选项。

08 调节颜色

将Saturation（饱和度）设置为-100。

09 完成照片

单击图层面板扩展按钮( )，选择Flatten Image（合并图层）命令。完成制作铅笔绘制效果的图像。

设必要购买昂贵的DSLR相机！

跟我学 05-5 创建使人物突出的效果

| 范例文件 | 附书DVD\Sample\05章\05-5.jpg

01 打开图像

启动Photoshop软件，打开附书DVD中的图像（Sample\05章\05-5.jpg）。

我们来表现照片的背景部分较为模糊，但人物突出显示的效果。

02 设置选区

在工具箱中选择套索工具( )，在人物部分拖动，将其设置为选区。

可利用快速蒙版模式进行细致选择。

03 反转选区

要选择的部分不是人物，而是背景，反转选区的快捷键是Ctrl+Shift+I。

04 应用快速蒙版模式

为了进行更加细致的操作，下面我们来应用快速蒙版模式。单击快速蒙版模式按钮( )，没有选择的人物部分变为了红色。

快速蒙版模式

在选择利用套索工具很难选择的头发或者树枝部分的时候，可以选择快速蒙版模式，利用画笔进行涂抹。在使用之前一定要将前景色设置为黑色，将背景色设置为白色。利用橡皮擦工具可以清除选区，利用画笔工具可以绘制选区。再按一次快速蒙版模式按钮可以转换为标准模式，选择的红色部分不会直接成为选区，会成为未选择的区域。

05 整理选区

选择橡皮擦工具( )，将Brush（画笔）设置为32，清除未选择的部分。

06 修正漏掉的部分

如果有漏掉的部分，利用画笔工具( )进行润饰，仔细地整理选区。

07 转换为标准模式

再次按快速蒙版模式按钮( )，转换为标准模式。在快速蒙版模式中显示为红色的部分再次更改为选区。

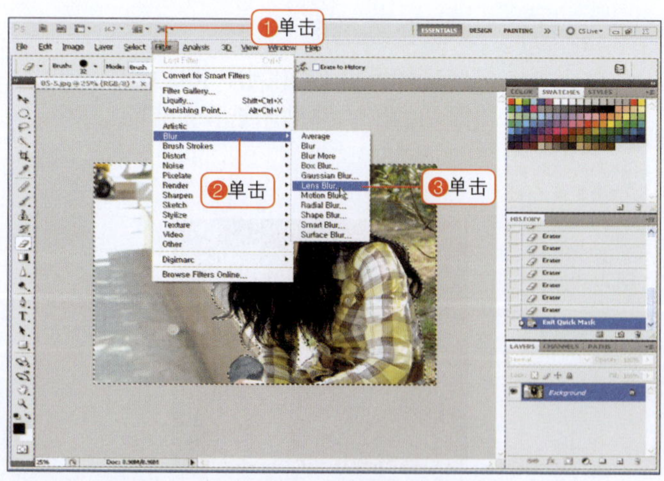

08 选择镜头模糊

调整照片的亮度，表现闪耀的效果。在菜单栏中执行Filter>Blur>Lens Blur（滤镜>模糊>镜头模糊）命令。

滤镜——镜头模糊

该滤镜根据相机焦点表现模糊的效果。根据选项的设置可以表现出多种效果，最好边在预览窗口中确认边调整数值。

❶ Iris（光圈）：根据光圈关闭的形状，模糊显示的状态有所不同。

❷ Specular Highlights（高光曲线区）：将模糊的部分调整得更亮。

❸ Noise（杂点）：在模糊的部分出现杂点。

❹ Distribution（分布）：设置杂点的分布。

09 调节照片亮度

将Shape（形状）设置为Hexagon(6)，将Radius（半径）设置为30，将Blade Curvature（弯曲度）设置为100，将Rotation设置为100，然后单击“OK”按钮。各数值设置根据不同照片有所不同，在预览窗口中确认，输入适当的数值。

10 取消选区

按快捷键Ctrl+D取消选区。背景模糊，人物更加清晰。

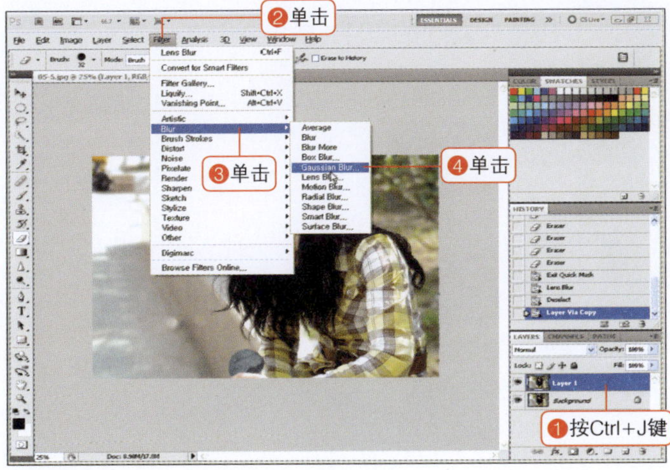

11 表现灿烂的效果

下面我们将利用模糊功能表现灿烂的效果。在选择图层的状态下按复制图层的快捷键Ctrl+J。然后在选择复制图层的状态下执行Filter>Blur>Gaussian Blur（滤镜>模糊>高斯模糊）命令。

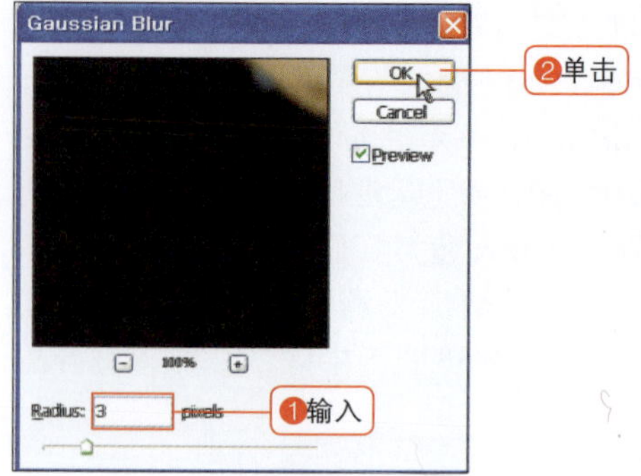

12 应用高斯模糊效果

将Radius（半径）设置为3，单击"OK"按钮。

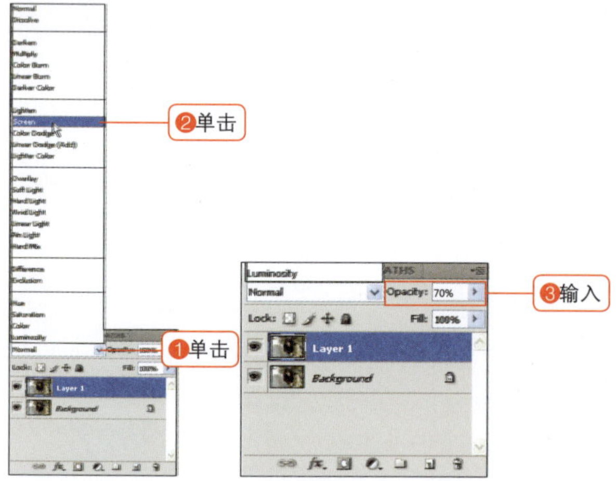

13 设置混合模式，调节透明度

在图层面板中将Layer 1的混合模式设置为Screen（滤色）。如果效果过于灿烂，将Opacity（不透明度）设置为70%。

14 完成照片

模糊的照片转变为吸引眼球的灿烂照片。将这种效果应用于爱人的照片或者孩子的照片，效果会加倍。

最重要的照片，自己动手制作！

跟我学 05-6 将满意的照片创建为证件照

| 范例文件 | 附书DVD\Sample\05章\05-6.jpg

01 打开图像

按打开文件的快捷键Ctrl+O，打开附书DVD中的图像（Sample\05章\05-6.jpg）。

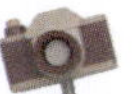

要制作证件照，在拍摄的时候，需使背景尽量干净。

02 裁剪图像

在工具箱中选择裁剪工具（![]），拖动选择要作为证件照使用的部分。按Enter键，会裁剪为设置部分的图像。

03 将画面放大到300%，确认前景色和背景色

为了清除混乱的背景，我们需要放大画面。选择缩放工具( )，在面部单击三次放大到300%。确认前景色为黑色，背景色为白色，如果不是的话，单击默认前景色和背景色按钮( )，更改颜色。

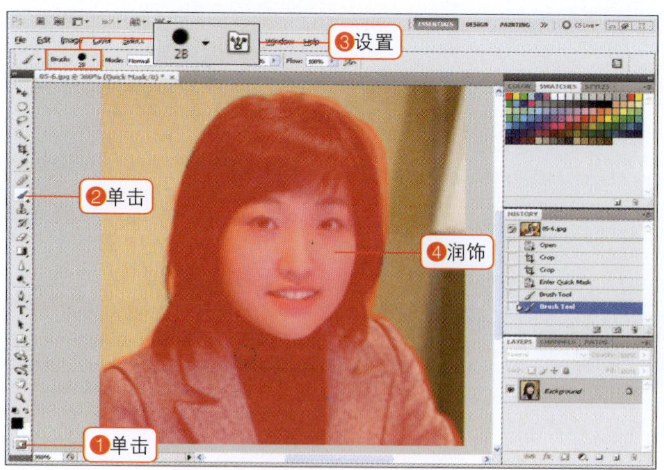

04 在快速蒙版模式下操作

单击快速蒙版模式按钮( )，选择画笔工具( )，将画笔大小设置为28，在面部进行润色。

按照之前介绍的方法利用橡皮擦工具进行修改，进行更加细致的操作。

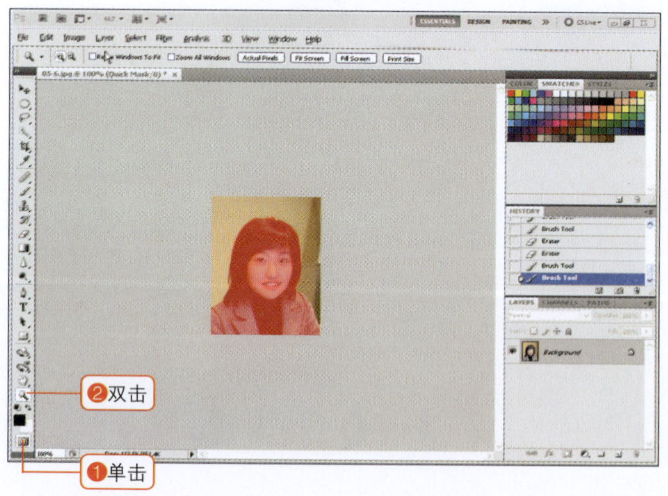

05 更改为标准模式，将画面更改为100%

操作结束后再次单击快速蒙版模式按钮( )，转换为标准模式。为了使操作更加方便，双击缩放工具( )，将画面更改为100%大小。

06 将背景图层更改为普通图层

在图层面板中双击Background图层，将其更改为普通图层。如果是普通图层，可省略这一步骤。

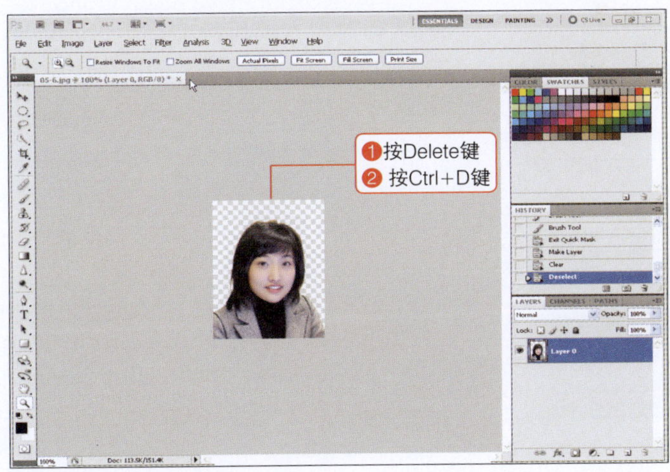

07 删除背景，取消选区

按Delete键删除背景部分，按快捷键Ctrl+D取消选区。

08 整理图像周边部分

如果图像周围有没有清除干净的部分，再次利用缩放(🔍)工具放大，用橡皮擦工具(◪)清除干净即可。

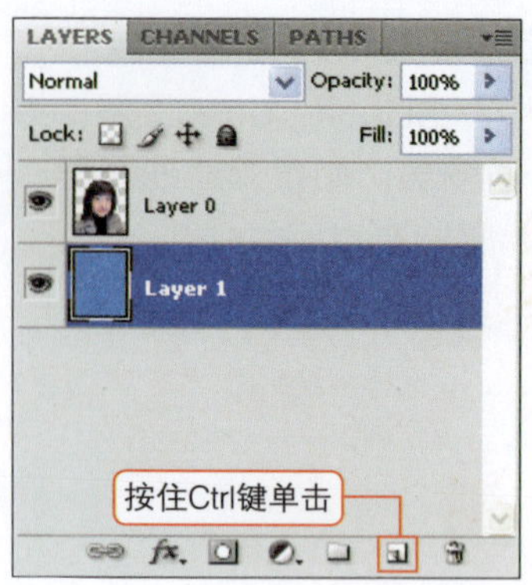

09 添加新图层

创建新图层添加背景色时，如果在上方新建图层，背景色会位于人物上方。这就需要更改图层的顺序，这时按住Ctrl键单击创建新图层按钮( )。

按Ctrl键单击“创建新图层”按钮

在当前图层下方添加图层。可以减去创建图层后移动图层位置的麻烦。在本例中背景色应位于人物照片下方，因此最好使用该方法。

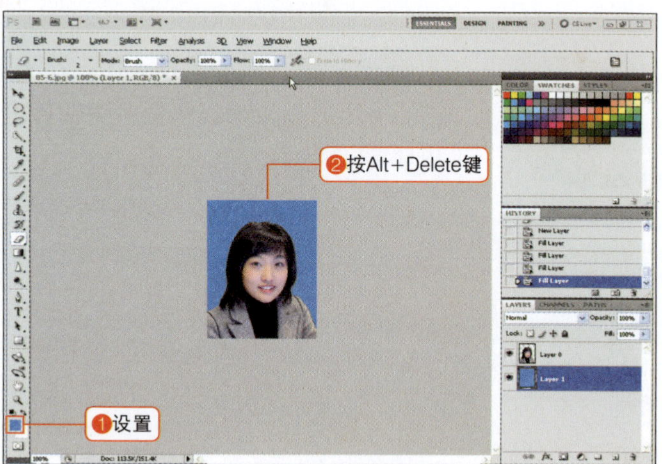

10 填充前景色

将前景色设置为蓝色系的颜色（颜色值为#448ccb），按快捷键Alt+Delete填充前景色。

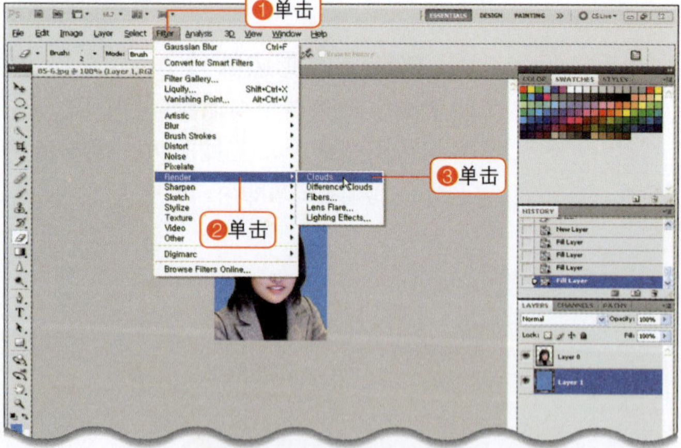

11 添加云彩效果

如果填充颜色后仍觉得有些别扭，我们可在背景中加入云彩效果。在菜单栏中执行Filter>Render>Clouds（滤镜>渲染>云彩）命令。

滤镜——云彩

这是将前景色和背景色混合表现云彩效果的滤镜。在实际操作中，除了创建云彩，常用于表现自然或梦幻的背景。

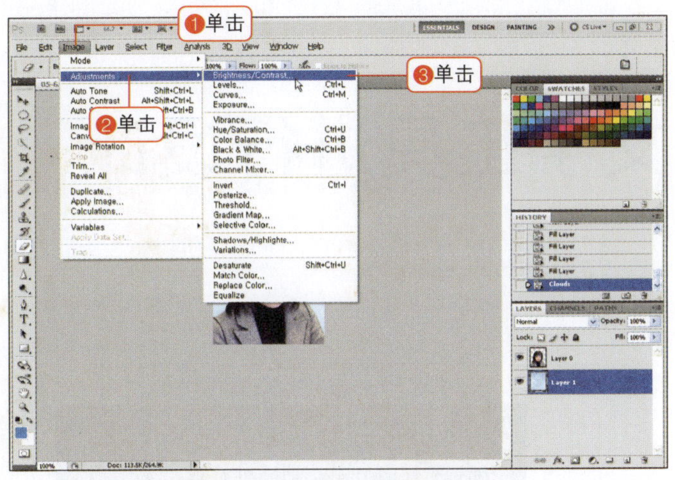

12 设置亮度\对比度

如果想要使人物更加清晰，在菜单栏中执行Image>Adjustments> Brightness\Contrast（图像>调整>亮度\对比度）命令，将Brightness（亮度）设置为-30，将Contrast（对比度）设置为25，单击“OK”按钮。

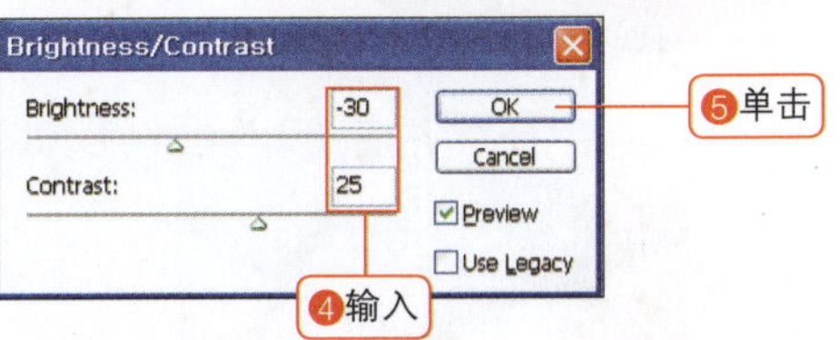

亮度\对比度

具有调节图像的亮度和对比度的功能。

13 结束操作

保存完成的图像，呵呵，不花钱就可以得到效果很好的证件照了。

将证件照调整为印刷尺寸

在Photoshop中有将证件照片设置为打印用照片的命令，即Picture Package（图片包）命令，设置分辨率后，在Layout中设置照片的张数和大小即可。括号内是张数，后面的数值是照片的大小。

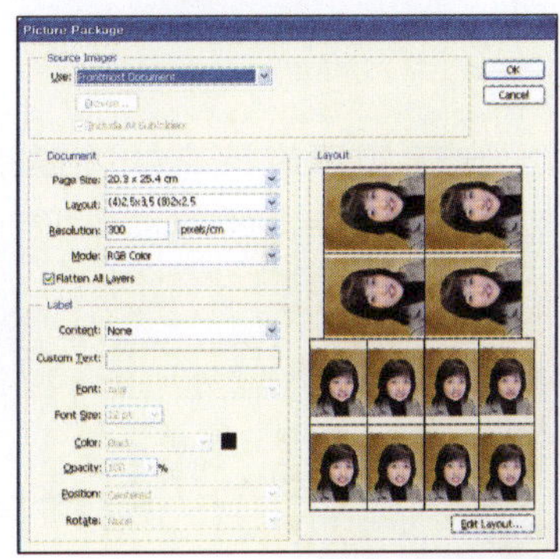

网络生活中必不可少的 06 Photoshop

利用文字工具进行设计

06-1 在照片中加入著作权标识

加入著作权标识

这种情况下使用

1. 不让别人随意使用自己的照片
2. 上传商品照片

06-2 利用图层样式创建霓虹文字

这种情况下使用

1. 在较暗感觉的设计中想要使文字突出显示
2. 设计网页Banner

06-3 创建应用度很高的简单阴影文字

这种情况下使用

1. 在网页中创建主图像

06-4 利用路径输入文字

利用路径输入文字

这种情况下使用

1. 想要设计生动的文字
2. 输入多种样式的文字

保护自己的作品！

跟我学 06-1 在照片中加入著作权标识

| 范例文件 | 附书DVD\Sample\06章\06-1.jpg

01 打开图像，添加新图层

启动Photoshop软件，打开附书DVD中的图像（Sample\06章\06-1.jpg），单击创建新图层按钮( )添加新的图层。

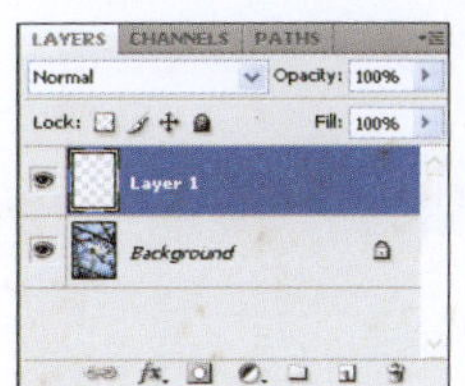

02 设置著作权标识空间

单击选择工具( )，在照片下方部分拖动，设置插入著作权信息的空间。

如果著作权输入框过大，会影响图像效果，因此要在照片下方指定适当的大小。

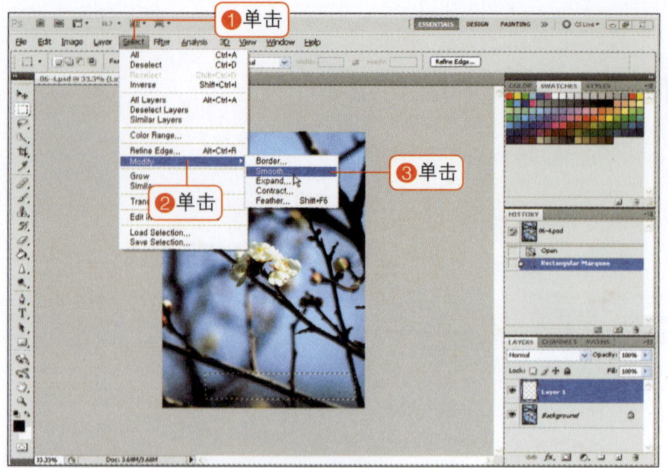

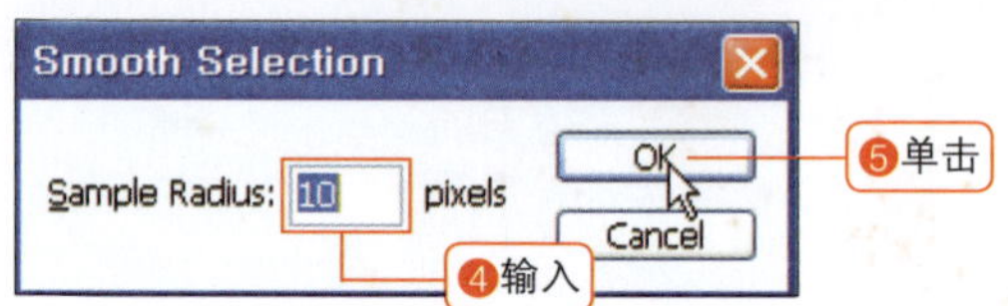

03 选择平滑命令

在菜单栏中执行Select>Modify>Smooth（选择>修改>平滑）命令，在打开的对话框中将Sample Radius设置为10，单击“OK”按钮，可以看到变为了圆角。

平滑

该功能用于将选区设置得柔和，利用这一功能，矩形边角可以变为圆角。如果想得到更加强烈的圆角效果，将数值设置得较高即可。

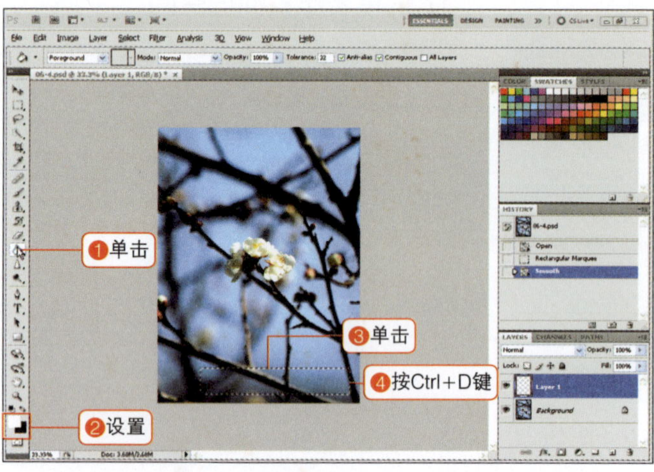

04 设置颜色

下面我们利用油漆桶工具填充颜色。选择油漆桶工具( )，将前景色更改为白色。在选区单击，设置颜色。按快捷键Ctrl+D取消选区。

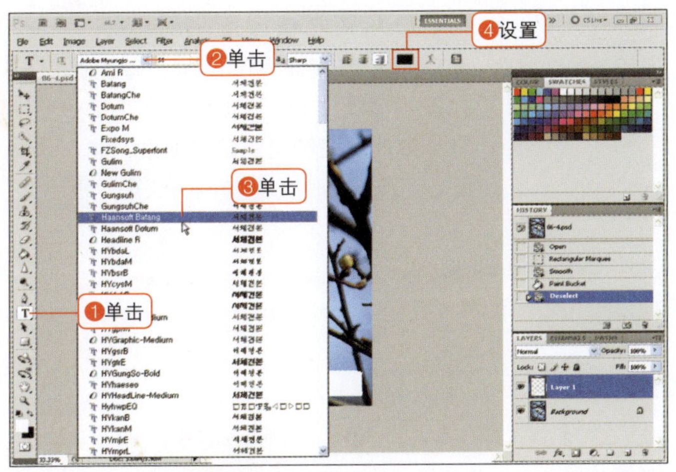

05 选择文字工具

单击文字工具（T），选择所需的字体，单击文字工具选项栏末端的颜色调节按钮，更改为黑色。

06 输入文字

在文本框中所需的位置单击，输入文字，输入文字后如果想要再次调整位置，将鼠标移动到一边，当光标转换为移动工具的时候进行移动。

输入文字后移动

利用文字工具输入文字后如果想要调整位置，即使不使用移动工具也可以。在输入文字的区域将鼠标稍稍向外移动，可以更改为移动工具。如果想要再次输入文字，在所需位置再次单击即可。

07 输入英文缩写

为了更加明确，输入自己的英文缩写。设置字体、大小和颜色，在所需的位置再次单击输入文字。

考虑到照片效果，输入英文缩写比设置文本框的效果更好。

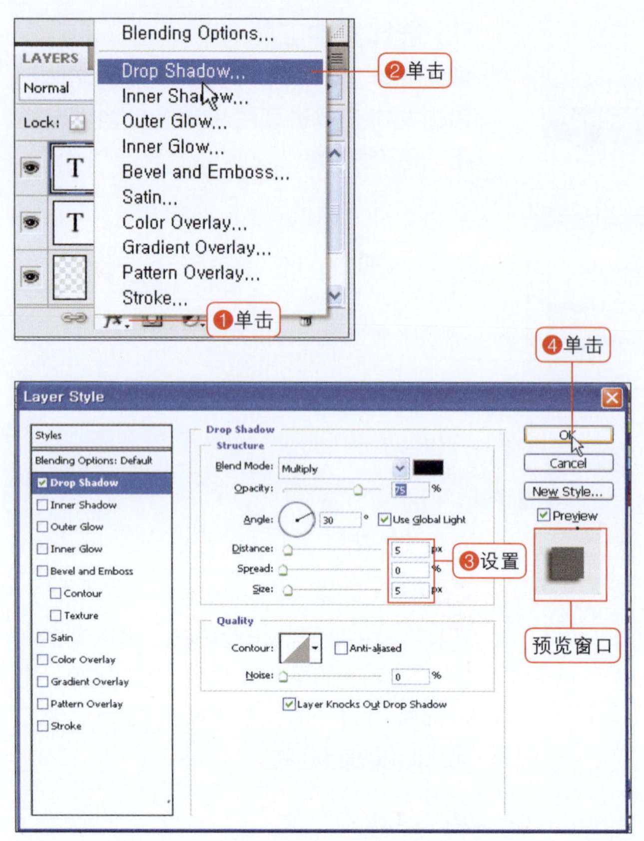

08 为英文缩写设置阴影效果

选择输入英文缩写的图层，单击图层样式按钮(fx.)，选择Drop Shadow（投影）选项。在预览窗口中观察，输入选项值。可以调节阴影的方向、长短、程度。

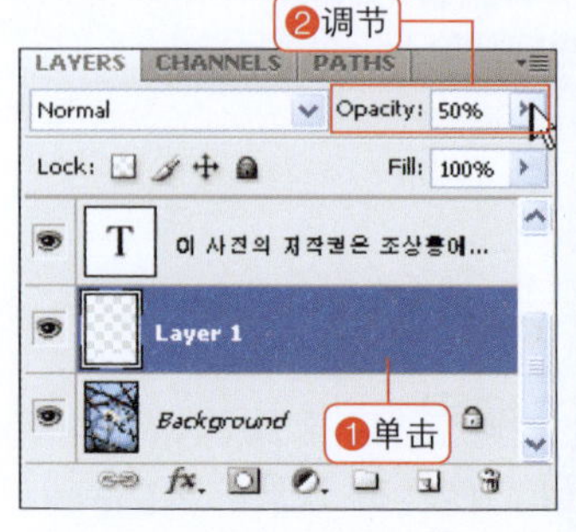

09 调节不透明度

如果觉得文本框看起来比较碍事，可降低图层的Opacity（不透明度）。选择输入文字的图层，将Opacity（不透明度）设置为50%，表现更加自然的感觉。

本范例在将图像缩小为33%的状态下输入文字，文字虽然看起来有些破裂，但是保存在电脑中再打开图像的时候，可以看到合适的图像效果。

用在较暗的照片中，文字会发光！

跟我学 06-2 利用图层样式创建霓虹文字

| 范例文件 | 附书DVD\Sample\06章\06-2.jpg

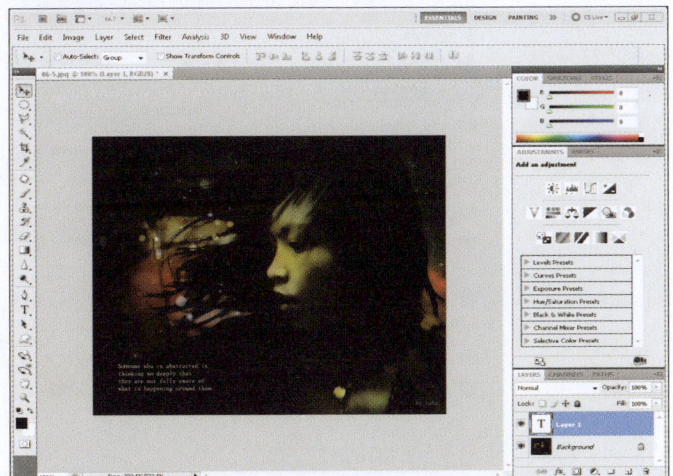

01 打开图像

按快捷键Ctrl+O，打开要进行文字设计的图像（Sample\06章\06-2.jpg）。

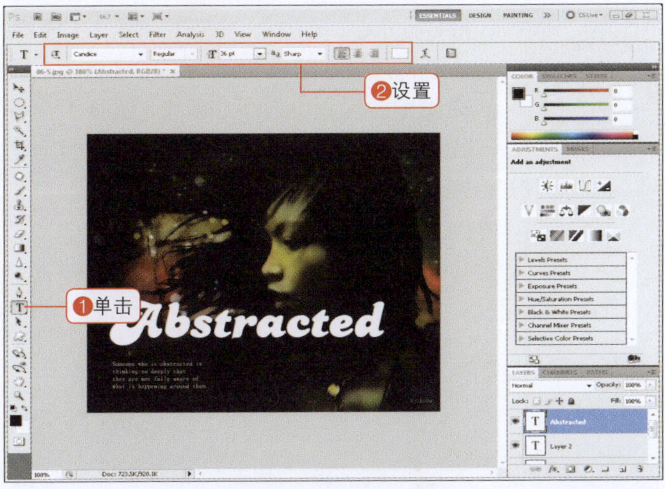

02 选择文字工具

单击文字工具(T)，在选项栏中将字体设置为Candice，将文字大小设置为35。

与霓虹效果相符的字体

各种效果都有与其相符的字体，在下面将要学习的霓虹灯效果中，最好设置为柔和的字体。即使不是使用上面介绍的字体，只要使用柔和的字体进行操作即可。

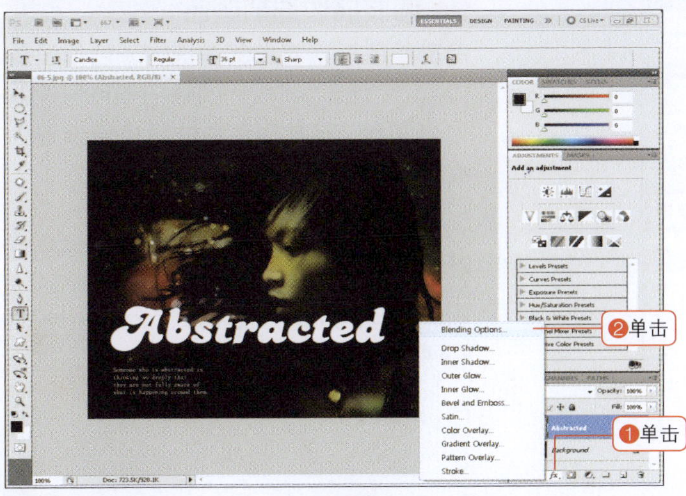

03 选择混合选项

在图层面板中单击图层样式按钮(fx.)，选择Blending Options（混合选项）选项。

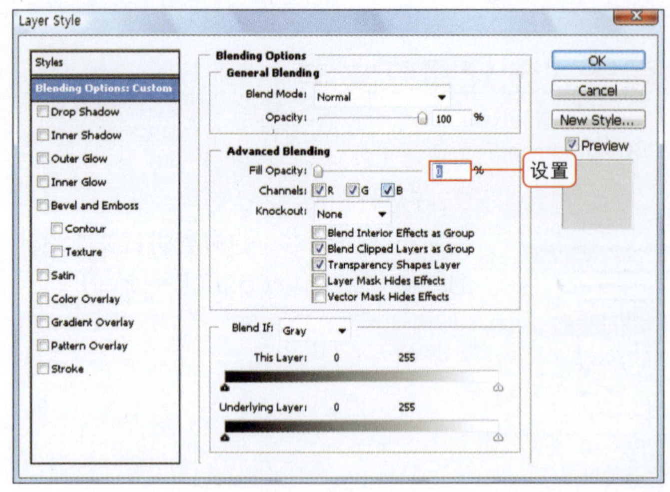

04 清除字体颜色

如图所示将Fill（填充）设置为0%，将文字设置为不显示。

混合选项默认值

可以综合设置利用图层样式功能制作的阴影或者浮雕、斜面等样式的混合选项。

❶ General Blending（普通混合模式）：像图层面板一样设置混合模式和不透明度。

❷ Fill Opacity（选择填充透明度）：与图层面板中的Opacity（不透明度）不同，保留原状，只调整原图层中像素的透明度。

❸ Channels（通道）：选择一部分通道进行合成的功能。

❹ Knockout（推出）：调节填充透明度的时候，由于部分变得透明，最下方的背景图层可见。

❺ Blend If（混合效果）：选择特定通道，调节Blending选项。

❻ This Layer（本图层）：调节操作图层的合成状态。

❼ Underlying Layer（底层）：调节下图层合成状态。

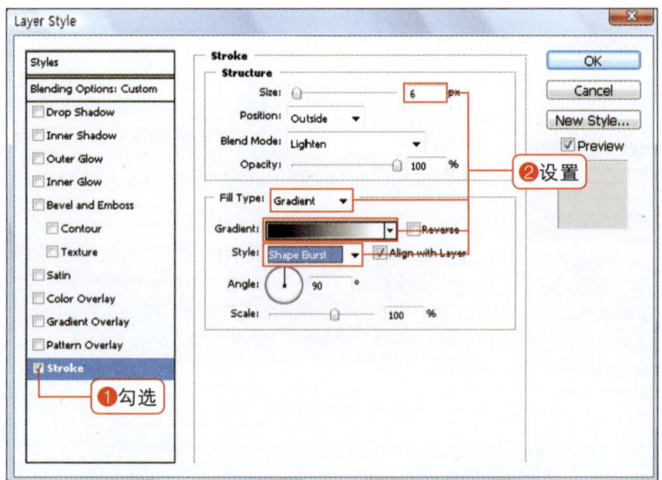

05 添加描边效果

在Layer Style（图层样式）对话框中选择Stroke（描边）。将Structure Size（结构尺寸）设置为6，将Fill Type（填充类型）设置为Gradient（坡度），将Style（风格）设置为Shape Blrst（笔刷形状）。

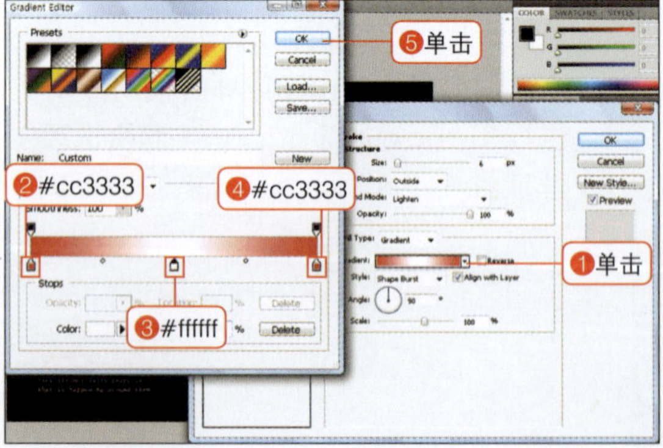

06 调节描边选项颜色

单击颜色框，将左侧滑块的颜色值设置为#cc3333，将中间滑块的颜色值设置为#ffffff，将右侧滑块的颜色值设置为#cc3333，单击“OK”按钮。

添加滑块

在想要添加滑块的位置单击，即可轻松添加滑块。添加滑块没有个数的限制，双击滑块，可以调节为所需的颜色。

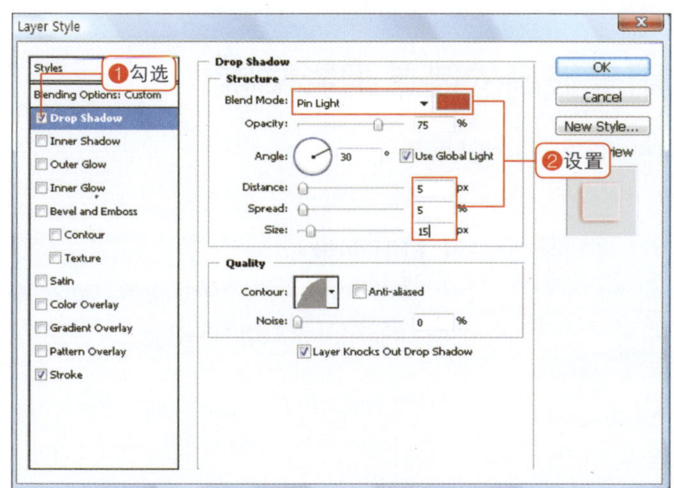

07 添加投影效果

在Styles（样式）中选择Drop Shadow（投影）。将Structure Blend Mode（样式）设置为Pin Light，将颜色设置为#cc3333，其他选项按如图所示进行设置。

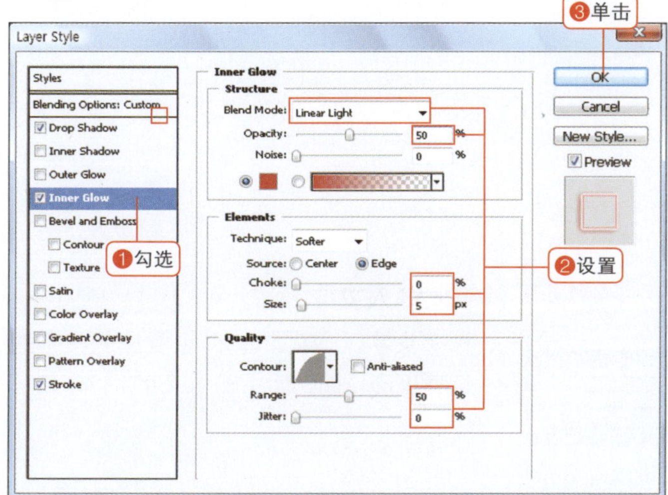

08 添加内发光效果

这次在Styles中选择Inner Grow（内发光）。将Blend Mode（混合模式）设置为Linear Light，将颜色设置为#cc3333，对其他选项按如图所示进行设置。单击“OK”按钮，完成霓虹灯效果文字的创建。

内发光

在图层内部创建阴影，表现好像有一个洞的效果。Choke选项用于设置创建阴影前的距离，其他选项与投影的选项相似。

09 结束操作

其他选项也通过预览窗口，边确认边设置为与文字相符的数值。这里虽然应用了红色，但其实蓝色或者绿色能够表现出更加美观的霓虹灯效果。希望读者可以进行多种尝试。

立体阴影文字使图像更简练！

跟我学 06-3 创建应用度很高的简单阴影文字

| 范例文件 | 附书DVD\Sample\06章\06-3.jpg

01 打开图像

按快捷键Ctrl+O，打开创建阴影文字的图像（Sample\06章\06-3.jpg）。

02 输入文字

选择文字工具(T)，在想要输入文字的位置单击，如图所示输入文字。

03 设置文字属性

利用鼠标拖动设置文本块，在选项中单击字符面板按钮(▤)，如图所示设置文字的属性。

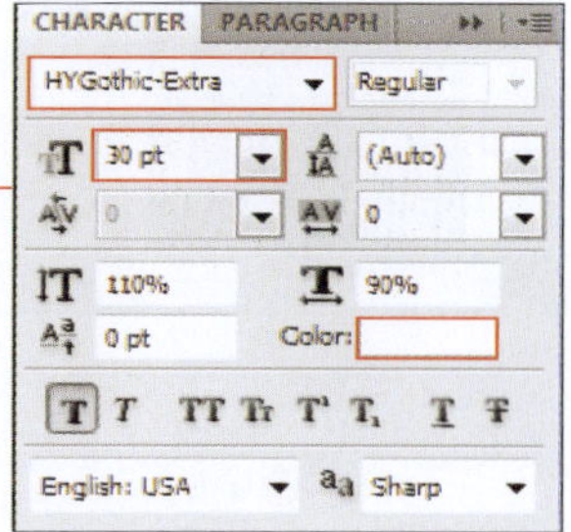

如果您的PHOTOSHOP中没有本书中指定的字体，选择自己满意的字体使用即可。

04 设置渐变图层样式

选择移动工具(▶+)，设置的文本块消失。在图层面板中单击添加图层样式按钮(fx.)，选择Gradient Overlay（渐变叠加）选项。

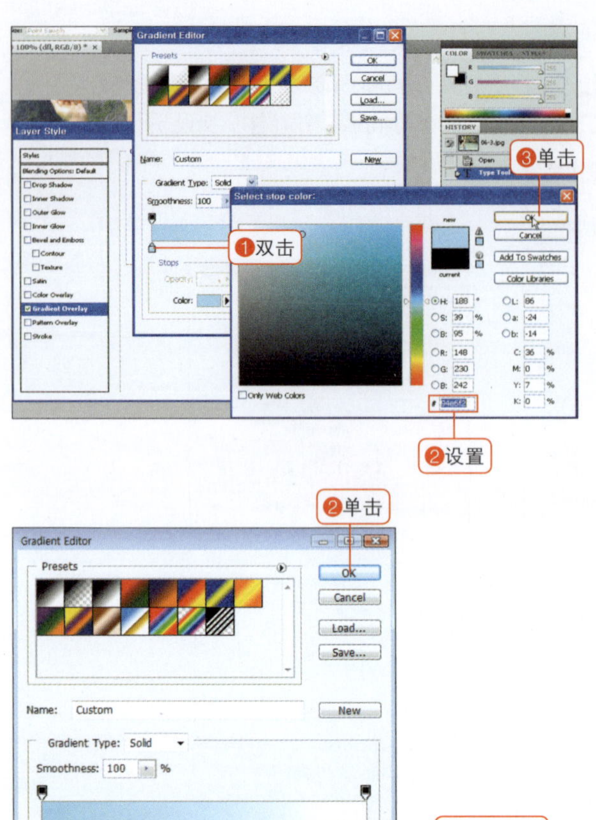

05 应用渐变颜色1

下面我们来添加与图像相符的渐变颜色。双击对话框中的渐变部分，打开Gradient Editor（渐变编辑器）对话框。双击左侧滑块的调节点，出现颜色表，设置颜色为#94e6f2，单击“OK”按钮。

06 应用渐变颜色2

双击右侧的调节点，在颜色表中选择白色，设置完两个颜色后，单击“OK”按钮。

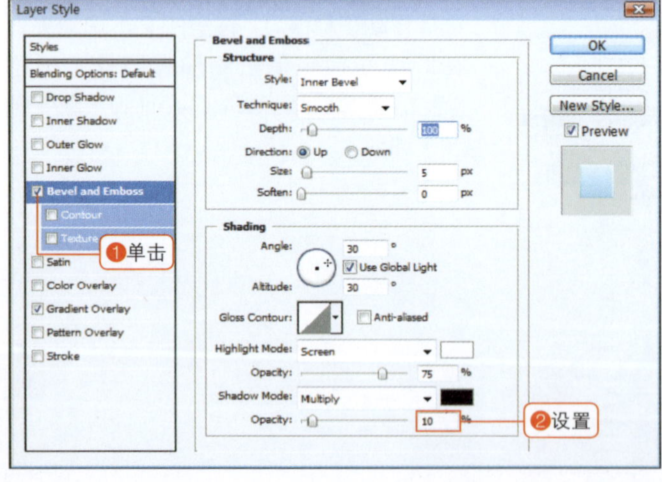

07 应用斜面和浮雕效果

为了表现得更有立体感，在Layer Style（图层样式）对话框中选择Bevel and Emboss（斜面和浮雕）选项。在打开的选项窗口中将Opacity（不透明度）设置为10%。

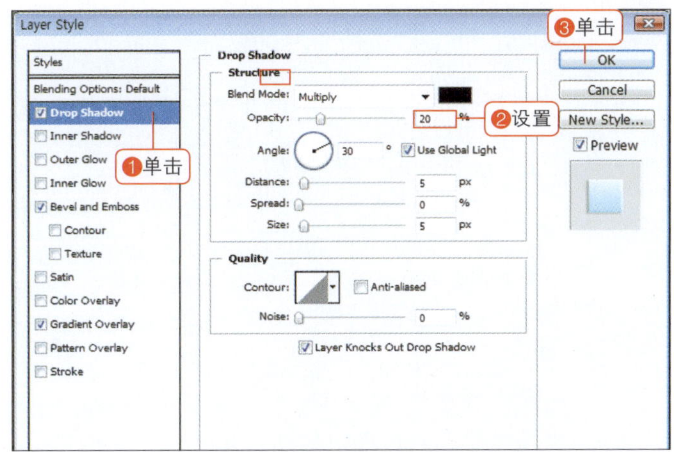

08 添加投影效果

为了添加投影的感觉，选择Drop Shadow（投影），将Opacity（不透明度）设置为20%，单击“OK”按钮。

09 复制图层

按快捷键Ctrl+J复制文字图层。在图层面板中添加了SUMMER copy图层。

10 移动文字

选择移动工具()，向下拖动文字对象，复制的文字改到了下方。如果想要准确地移动，按住Shift键拖动即可。

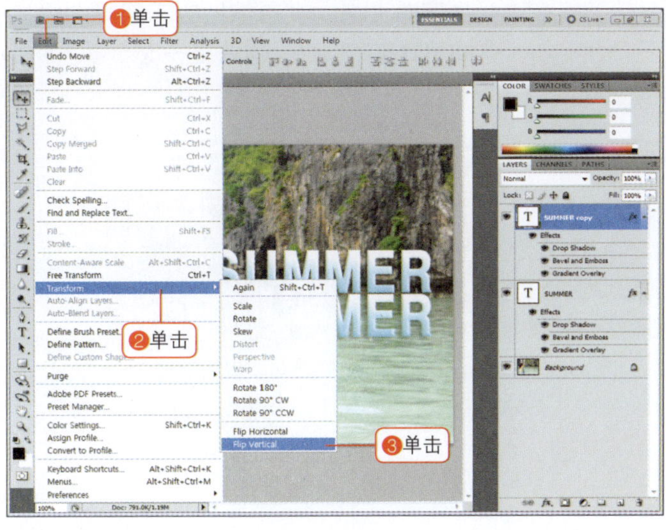

11 反转文字

为了反转文字，在菜单栏中执行Edit>Transform>Flip Vertical（编辑>变换>垂直反转）命令。文字反转了。

变形菜单

用于调节选区的大小或者方向。

❶ Scale（比例）：调节图像的大小。
❷ Rotate（旋转）：调节图像的方向。
❸ Skew（倾斜）：调节图像的倾斜。
❹ Distort（扭曲）：扭曲图像的形状。
❺ Perspective（透视）：为图像添加透视感。
❻ Wrap（缠绕）：对图像进行三维扭曲。
❼ Rotate 180°：将图像旋转180°。
❽ Rotate 90° CW：将图像顺时针旋转90°。
❾ Rotate 90° CCW：将图像逆时针旋转90°。
❿ Flip Horizontal（水平反转）：更改左右方向。
⓫ Flip Vertical（垂直反转）：更改上下方向。

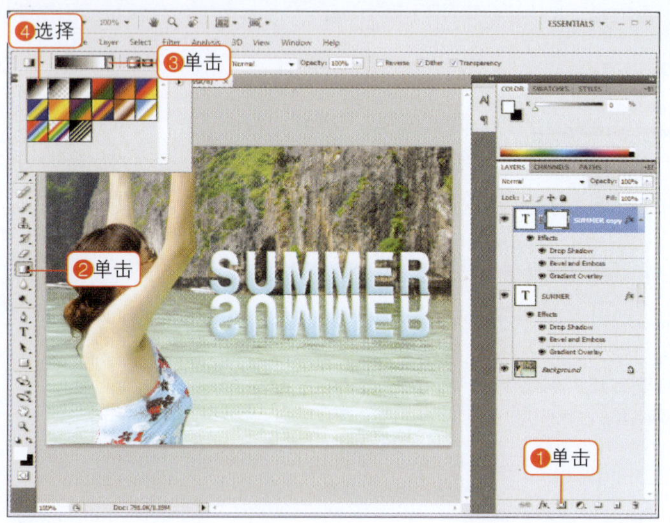

12 应用蒙版效果

在图层面板中单击图层蒙版按钮(◻)。在工具箱中选择渐变工具(◻)，单击下拉按钮(▾)，选择前景色\背景色选项。

13 应用渐变效果

从下向上拖动，自然地应用阴影效果。如果效果不自然，再重复一次。

按路径随意输入文字！

跟我学 06-4 利用路径输入文字

| 范例文件 | 附书DVD\Sample\06章\06-4.jpg

01 打开图像

按快捷键Ctrl+O，打开附书DVD中要进行输入文字的图像（Sample\06章\06-4.jpg）。

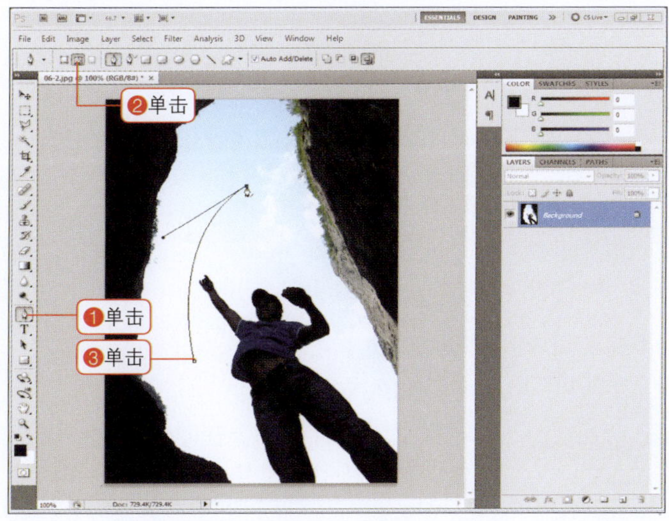

02 选择钢笔工具

在工具箱中单击钢笔工具()，在选项栏中选择Paths（路径）选项按钮()，然后在想要输入路径的位置单击。

钢笔工具选项

❶ Shape layer（图层形状）：将利用钢笔工具创建形状图层。

❷ Paths（路径）：不应用样式或者前景色，创建为路径线条。
图层中没有任何变化，在路径面板中显示路径区域。

❸ Fill pixels（填充像素）：以一般图层创建形状。

03 创建曲线路径

为了创建曲线的路径，单击节点，不释放鼠标进行拖动，创建曲线。

根据拖动的位置和方向，可能会出现和画面不同的效果，即使绘制为不相同的效果也没有关系。

04 完成路径线条的绘制

按住Alt键在最后一次单击的节点上单击，结束路径线条的绘制。

如果熟悉了绘制路径线条，可以输入更加多样形状的文字，要多加练习。

05 输入文字

选择文字工具(T)，在路径的起点上单击，输入所需的文字，按照路径线条输入文字。

06 设置文字选项

利用鼠标拖动文字设置为文本块。单击字符面板按钮( )，如图所示设置选项，然后关闭面板。

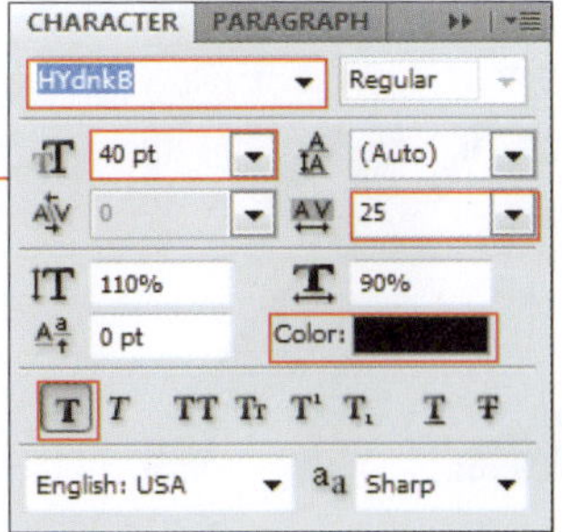

07 应用描边图层样式

在图层面板中单击添加图层样式按钮( )，选择Stroke（描边）。将轮廓大小设置为3pt，将Color（颜色）设置为黑色，单击“OK”按钮，创建黑色轮廓。

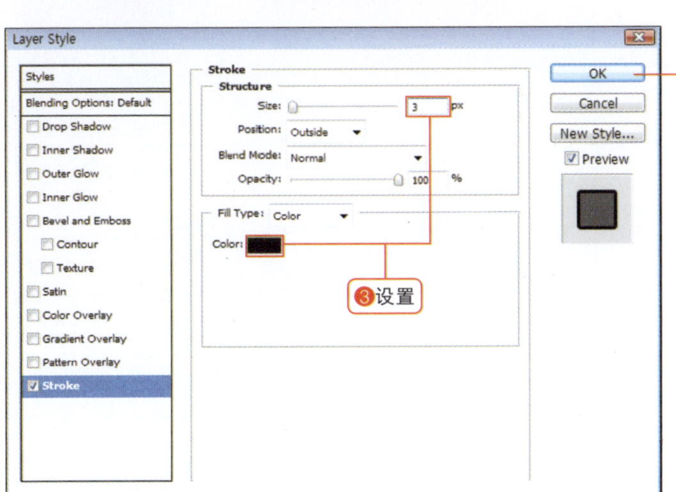

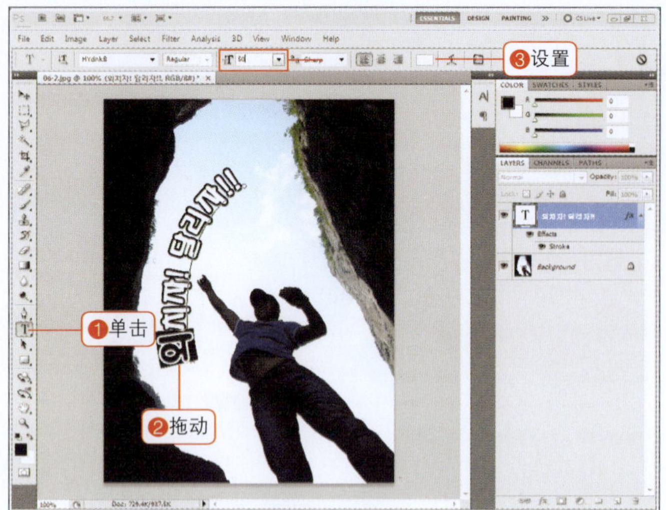

08 修饰文字

再次选择文字工具(T)，用鼠标只拖动前面的文字，将大小设置为50pt，表现得较大。

即使是相同的文字，通过更改大小或颜色，可以表现得更有生动感。

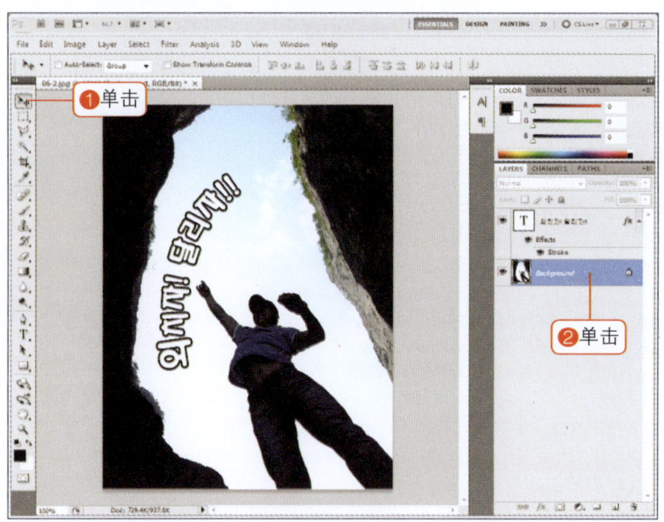

09 整理路径，结束操作

选择移动工具()，选择Background图层，隐藏路径形状，这样就完成了与图像相符的自然的文字设计。

动脑思考一下！

练习问题 利用下面的素材进行练习。

Q1 利用剪贴蒙版功能加入如下所示的图像。这一功能常用于封面设计等专业设计领域。剪贴蒙版功能可以应用于文字图层，使用起来非常方便。

使用的图像 附书DVD\Sample\练习问题\06-1.jpg，06-2.jpg

‣首先选择较粗较胖的字体，将文字大小设置得较大，输入文字。将图像放置于文字上方，同时选择图像所在的两个图层，单击鼠标右键，选择Create Clipping Mask（创建剪贴蒙版）。在文字图层中应用描边或者投影样式。

Q2 大家都知道利用形状工具也可以创建路径线条。利用路径可以输入自由形状的文字，希望用户可以利用形状工具的多种图形，创建如下图所示的文字效果。

使用的图像 附书DVD\Sample\练习问题\06-3.jpg

‣在形状工具选项栏中选择的工具可以绘制三种类型。第一个是我们在范例中学习的形状图层，第二个是将创建的图形转变为路径线条的选项，第三个是创建为普通图层的功能。在练习问题中需要用到的是第二项。单击创建路径线条按钮，绘制所需的形状，然后利用文字工具在路径内单击，可以按照形状输入文字。

这些一定要牢记

- 创建柔和的轮廓：平滑
- 在输入文字的状态下移动
- 了解混合选项
- 添加滑块
- 应用图层样式：内发光、渐变叠加、斜面和浮雕
- 熟悉变换选项
- 理解路径概念：钢笔工具

网络生活中必不可少的07 Photoshop

合成神奇而有趣的图像

07-1 轻松复制照片

这种情况下使用

1. 存在多个相同图像
2. 要创建多个很难创建的作品

07-2 创建双胞胎照片

这种情况下使用

1. 想要在个人主页或者博客中上传有趣的照片

07-3 利用渐变自然合成图像

这种情况下使用

1. 合成边界自然连接的图像

07-4 利用蒙版功能自然合成图像

这种情况下使用

1. 在特定区域合成图像

07-5 将连续照片创建为全景照片

这种情况下使用

1. 自己的相机没有拍摄全景照片的功能
2. 想要自然地连接连续照片

07-6 自然拉长背景，表现爽快的效果

这种情况下使用

1. 想要呈现在草地或者大海等背景中凉爽的感觉

没有钱也可以把想要的东西变成很多个^^

跟我学 07-1 轻松复制照片

| 范例文件 | 附书DVD\Sample\07章\07-1.jpg

01 打开图像并放大

按快捷键Ctrl+O，打开图像（Sample\07章\07-1.jpg）。为了复制面包图像部分，在工具箱中选择缩放工具(🔍)。如果想要放大特定的部分，拖动放大即可。

02 选择图像

在工具箱中选择多边形套索工具(⊻)，按照特定部分的轮廓线单击选择图像。

多边形套索工具

利用多边形套索工具进行选择后，如果想要返回上一步，按向上方向键。如果中间操作失误，双击更改为选区，按快捷键Ctrl+D取消后从头开始操作即可。

03 再次缩小图像

双击缩放工具( )，再次缩小画面。

04 复制选区，利用移动工具拖动

按快捷键Ctrl+J复制选择的部分，添加到图层面板中。

在工具箱中选择移动工具( )进行拖动。在旁边出现复制的面包图像。

05 利用移动工具轻松复制

为了使复制更加轻松，按住Alt键拖动面板。鼠标光标的形状改变，自动复制图像，创建为图层。

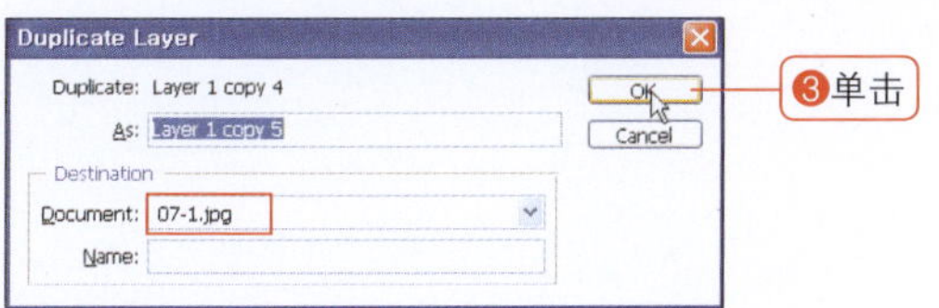

06 复制为图层

除了可用移动工具进行复制，还可以利用图层进行复制。

在要复制的图层中单击鼠标右键，选择Duplicate Layer（复制图层）选项，打开对话框。在打开的对话框中将Document（文件）设置为07-1.jpg，单击“OK”按钮。

复制图层

复制当前选择的图层，单击图层面板的扩展按钮，或者在菜单栏中执行Layer>Duplicate Layer命令。

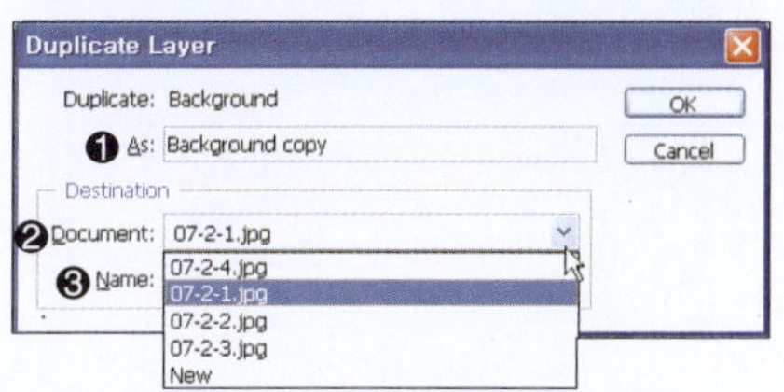

❶ As（作为）：输入要复制的图层的名称。

❷ Document（文件）：选择复制粘贴的图层。New为复制到新建的图层中。

❸ Name（名称）：选择New的时候，输入新文件的名称。

07 排列复制的图像

自动生成了Layer 1 copy 5图层。利用移动工具排列复制的图层。

我中有我！神奇的双胞胎！

跟我学 07-2 创建双胞胎照片

| 范例文件 | 附书DVD\Sample\07章\07- 2- 1.jpg，07- 2- 2.jpg，07- 2- 3.jpg，07- 2- 4.jpg

01 打开图像

按快捷键Ctrl+O，打开附书DVD中的图像Sample\07章\07-2-1.jpg，07-2-2.jpg，07-2-3.jpg，07-2-4.jpg。

02 选择复制图层功能

选择07-2-2.jpg图像，单击图层面板扩展按钮(▤)，选择Duplicate Layer（复制图层）命令。

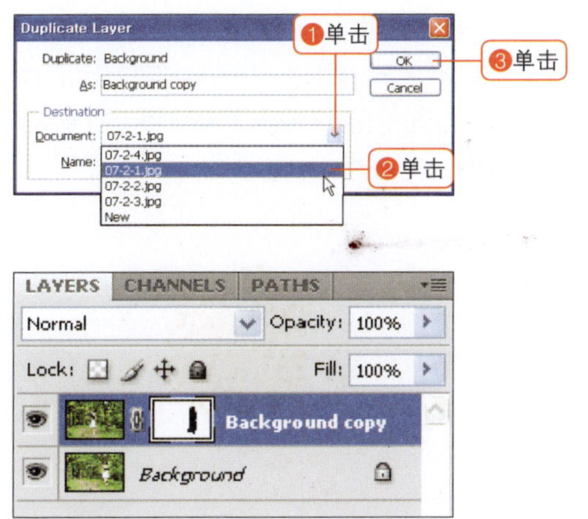

03 指定复制图层的位置

将Document（文件）设置为07-2-1.jpg，然后单击“OK”按钮。确认07-2-1.jpg图层面板，可以看到更改为两个图层。

04 利用图层蒙版效果显示人物

单击图层面板的添加图层蒙版按钮( )。确认前景色为黑色，单击画笔工具( )，将Brush设置为28。

拖动清除下方图层中人物所在的部分。

05 利用图层蒙版效果恢复背景

背景部分清除得过多，轮廓部分会显得有些别扭，单击橡皮擦工具( )，将Brush设置为32，拖动将其表现得更自然。

06 复制其他 3 个图层

对07-2-3.jpg和07-2-4.jpg图层也同样利用Duplicate Layer（复制图层）命令复制到07-2-1.jpg图层。

07 合并图层

选择之前操作的图层（Background copy图层），单击鼠标右键，选择Merge Down（向下合并），与Background图层合并。

合并图层的快捷键是CTRL+E。

08 更改为普通图层

再次双击Background图层，将其转换为普通图层。

09 移动图层

为了操作更加方便，单击Background copy 3图层的眼睛按钮( )将其隐藏，拖动Background copy2图层，移动到最下方。

眼睛按钮

眼睛按钮用于显示图层。图层较多的时候，可以隐藏适当的图层后进行操作，非常方便。

10 应用图层蒙版效果

选择Layer 0图层，单击图层蒙版按钮( )，按照前面学习的方法，在图像所在的部分利用画笔工具( )和橡皮擦工具( )进行自然地擦除。

11 合并图层并移动

选择Layer 0图层，按快捷键Ctrl+E合并图层。然后拖动Background copy3图层，移动到下方，显示眼睛图标。

12 利用图层蒙版效果显示人物

选择Background copy 2图层，单击添加图层蒙版按钮(▣)，利用相同的方法显示人物。

13 合并图层，结束操作

所有操作结束后按快捷键Ctrl+E合并图层，结束操作。

创建合成照片的基本操作！

跟我学 07-3 利用渐变自然合成图像

| 范例文件 | 附书DVD\Sample\07章\07-3.jpg，07-3（2）.jpg，07-3（3）.jpg，07-3（4）.jpg

01 打开图像

启动Photoshop软件，打开附书DVD中的图像07-3.jpg，07-3（2）.jpg。在画面上同时打开两个图像窗口。

同时出现图像窗口

如果想要同时显示图像窗口，在画面中将文件名称07-3.jpg标签拖动到画面中央，窗口即在画面上分离显示。

原操作窗口

分离的操作窗口

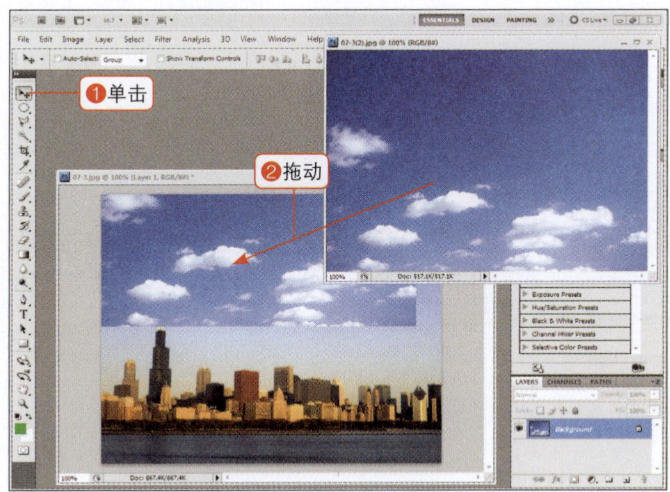

02 移动图像

在工具箱中选择移动工具( )，拖动云彩图像，拖动到都市所在的部分。将云彩图像如图所示放置到合适的位置。

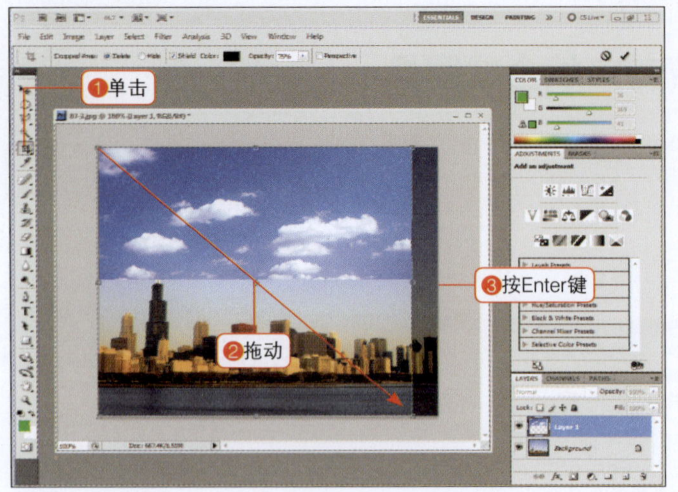

03 裁剪图像

在工具箱中选择裁剪工具(![]), 拖动选择有云彩的部分，设置选区。按Enter键保留所需的部分，裁剪掉其他部分。

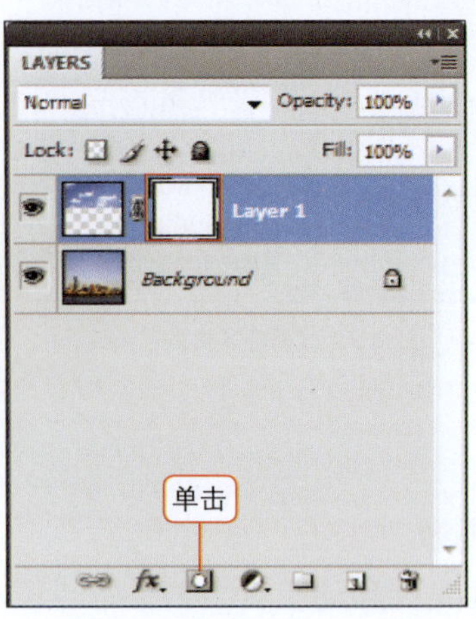

04 插入图层蒙版

在图层面板中确认选择了Layer 1图层。单击图层面板下方的添加图层蒙版按钮(![])。在图层面板中云彩图像旁边显示了白色蒙版。

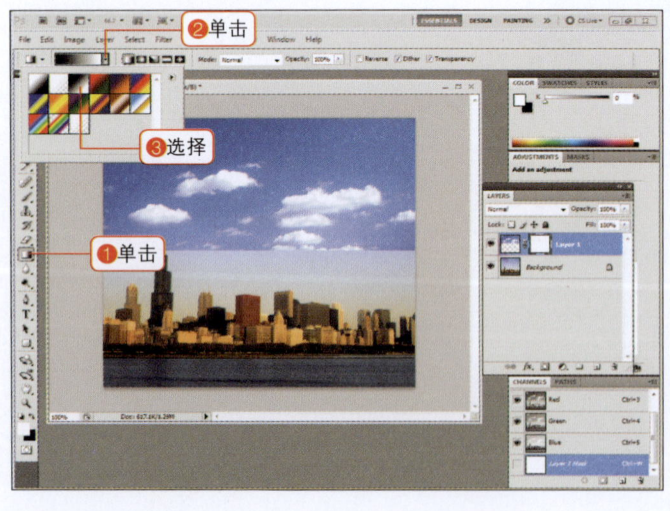

05 使用渐变工具

在工具箱中选择渐变工具(![]), 在选项栏中单击渐变编辑按钮(![]), 选择背景色到前景色渐变。

06 自然更改图像边界

利用鼠标拖动两个图像重叠的边界。可以看到柔和地处理了边界。再拖动几次，使边界更加自然。

07 导入新图像

下面我们来学习合成图像的其他方法。关闭之前操作的图像窗口。打开附书DVD中的Sample\07章\07-3（3）.jpg，07-3（4）.jpg。

本操作也分离窗口，同时在画面上显示。

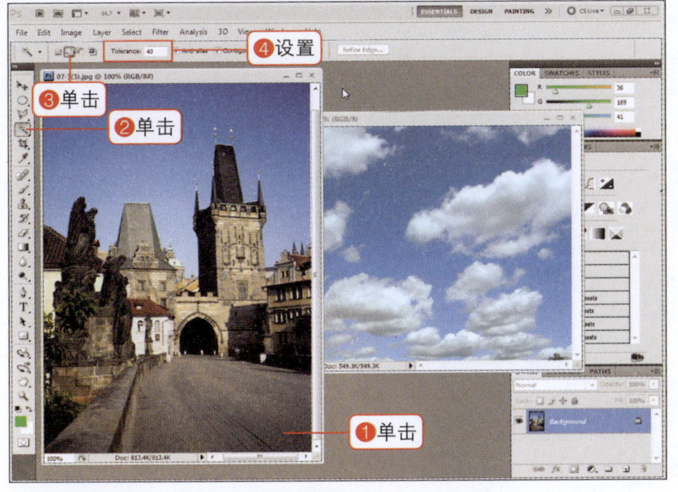

08 设置魔棒工具

利用鼠标单击建筑物图像，在工具箱中选择魔棒工具( )。在选项栏中单击选区添加按钮( )，将Tolerance（容差）设置为40。

选择区域选项按钮

利用选择工具选项中的按钮，可以添加或删减选区。

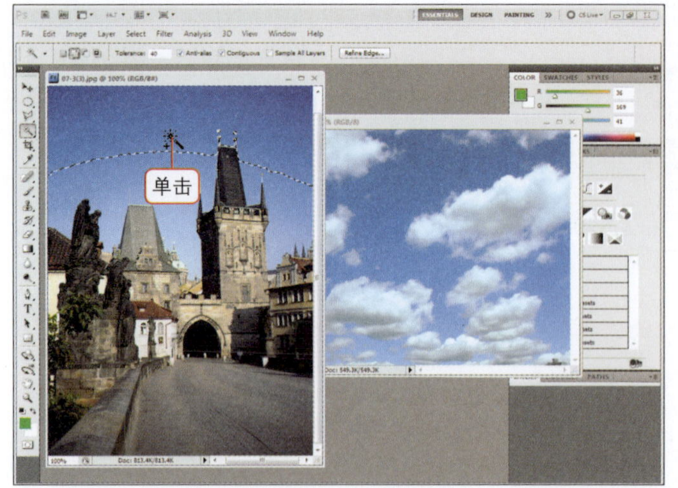

09 利用魔棒工具选择区域

选择蓝色部分，可以看到显示为虚线。对未选择的蓝色部分也按顺序单击，将其全部选中。

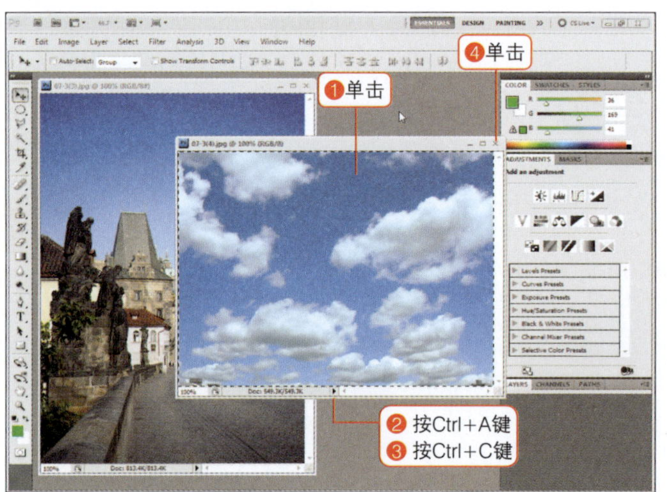

10 复制图像

选择云彩图像。按快捷键Ctrl+A全选，再按快捷键Ctrl+C复制，操作结束后关闭07-3（4）.jpg图像窗口。

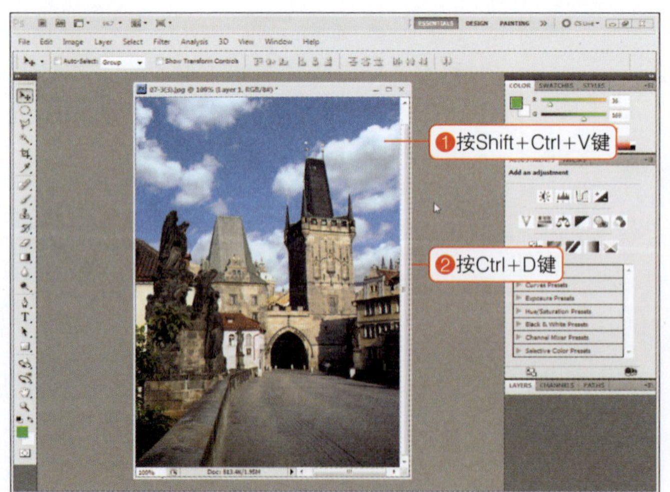

11 将图像粘贴到选区

在设置建筑物图像选区的状态下按快捷键Shift+Ctrl+V，在选区内粘贴云彩图像，按快捷键Ctrl+D，取消选区。自然地排列选区内的云彩图像。

快捷键Shift+Ctrl+V

功能是将复制的图像在当前图像设置为选区的部分打开。

想要合成得更细致吗？

跟我学 07-4 利用蒙版功能自然合成图像

| 范例文件 | 附书DVD\Sample\07章\07-4-1.jpg，07-4-2.jpg

01 打开图像

按快捷键Ctrl+O，打开附书DVD中的图像（Sample\07章\07-4-1.jpg）。

用相机拍摄的时候，纵向拍摄的照片在画面上显示为如图所示样式，方向旋转了。

02 更改图像方向

由于图像向右旋转了，因此需要将其调正，在菜单栏中执行Image>Image Rotation>90° CCW（图像>图像旋转>逆时针旋转90°）命令。

03 选择Image Size命令

此图像由于合成显得过大。为了减小尺寸，在菜单栏中执行Image>Image Size（图像>图像大小）命令。

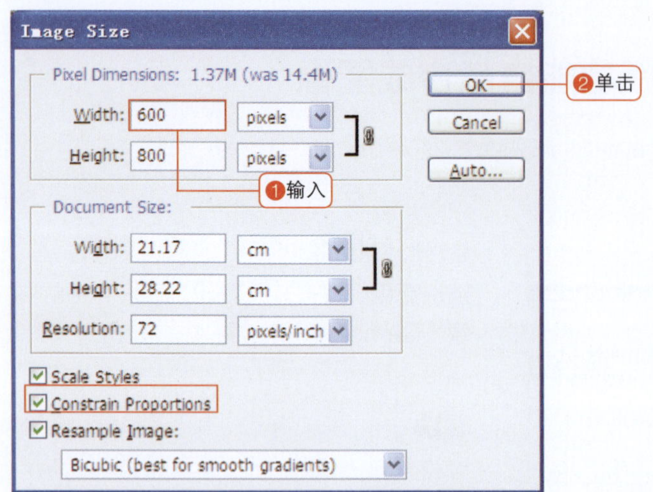

04 减小图像大小

在打开的对话框中将Width（高度）设置为600，单击“OK”按钮。高度自动按照相同的比例缩小，注意勾选Constrain Proportions（约束比例）复选框。

05 导入并移动背景图像

按快捷键Ctrl+O，打开要应用蒙版的背景图像。在工具箱中选择移动工具()，从女孩图像的背景上拖动复制。

不再需要女孩图像，关闭其窗口。

06 对齐图像大小

为了减小尺寸，按快捷键Ctrl+T，显示调节大小的调节点，按Shift键按照对角线方向拖动。然后按Enter键清除调节点。

自由变形工具（Ctrl+T）

更改图像的大小或者进行旋转操作的时候，可以在菜单栏中执行Edit>Transform（编辑>变换）命令，但是无法进行细致地操作。这时，执行Edit>Free Transform（编辑>自由变换）命令。快捷键是Ctrl+T，会经常用到，最好要记牢。操作结束后一定要按Enter键。

❶ 旋转：将鼠标光标脱离调节点一点，鼠标光标变形，可以旋转图像，按住Shift键可以以15°为单位进行旋转。

❷ 倾斜\扭曲\显示透视感：将鼠标光标靠近调节点，鼠标光标变形。这时按Ctrl+Shift键倾斜变形，按Ctrl键可以扭曲，按Ctrl+Alt+Shift键可以显示透视感。

07 添加蒙版效果

在图层面板中选择女子图层，单击添加图层蒙版按钮( )，添加蒙版。

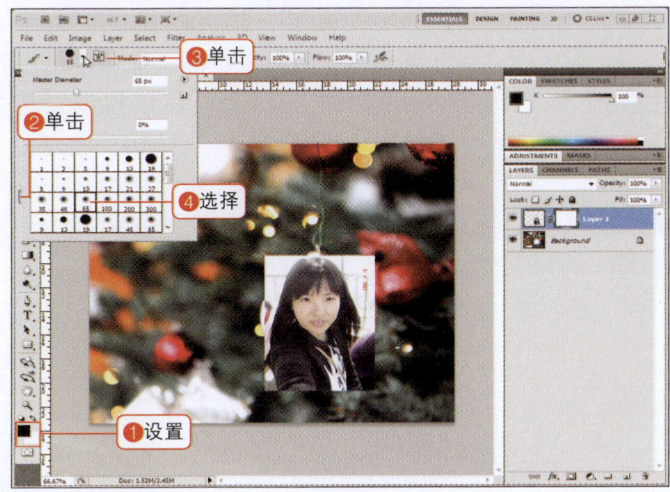

08 选择画笔

在工具箱中将前景色设置为黑色，然后选择画笔工具( )，单击扩展按钮( )，选择65大小的画笔。

09 按照蒙版区域清除

拖动清除超出书上装饰物的部分。如果有想要再次显示的部分，将前景色更改为白色即可。

10 调节透明度

为了表现得更加自然，在图层面板中将Opacity（不透明度）设置为70%。

11 创建新图层，填充颜色

为了表现渐晕效果，在图层面板中单击创建新图层按钮（□），将前景色设置为黑色，按快捷键Alt+Delete，填充为黑色。

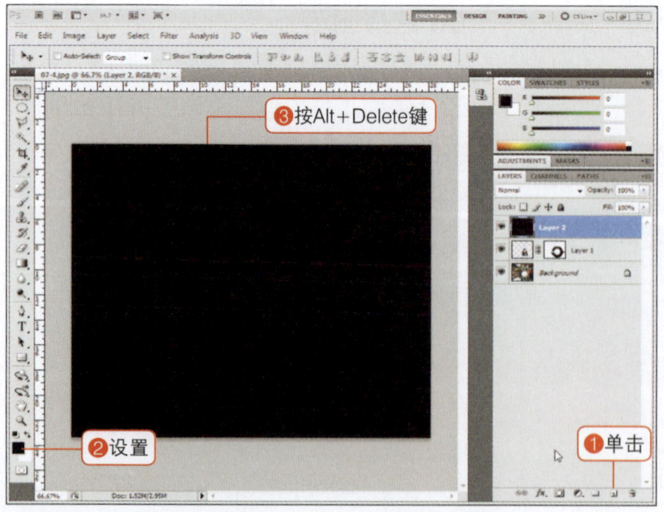

渐晕效果

指拍摄照片时边角部分出现较暗的现象，为了表现有氛围的照片，在Photoshop中可以创建渐晕效果。

12 表现渐晕效果

将混合模式设置为Overlay（叠加），将Opacity（不透明度）设置为50%。图像整体变暗了。为了只使中间位置变亮，在工具箱中选择橡皮擦工具( )，选择柔角画笔，在图像中央部分拖动。

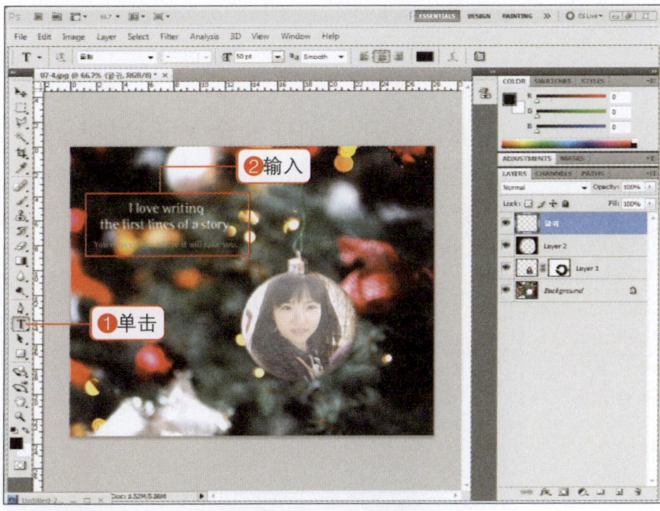

13 输入文字，完成操作

在图像中选择文字工具(T)，输入合适的文字，完成操作。

有连续照片的话，可以通过单击创建全景照片！

跟我学 07-5 将连续照片创建为全景照片

| 范例文件 | 附书DVD\Sample\07章\全景照片文件夹

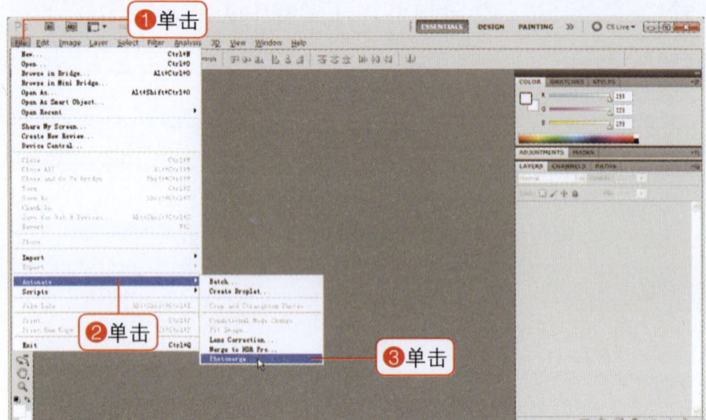

01 选择图像合并命令

首先在菜单栏中执行File>Automate>Photomerge（文件>自动化>图像合并）命令。

图像合并

功能在于打开将广阔的背景分开拍摄的多张照片，将多张照片连接为全景照片，表现出自然的效果。

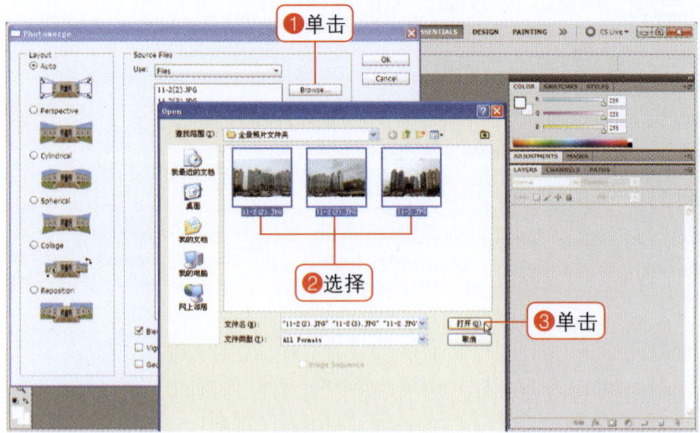

02 打开要创建为全景照片的图像

在对话框中单击Browse（浏览）按钮，打开图像。拖动选择文件中的所有图像，单击“OK”按钮。

03 连接图像

单击“OK”按钮。显示在Photoshop中自动合并的Progress画面，自动将3张图像连接到一起。

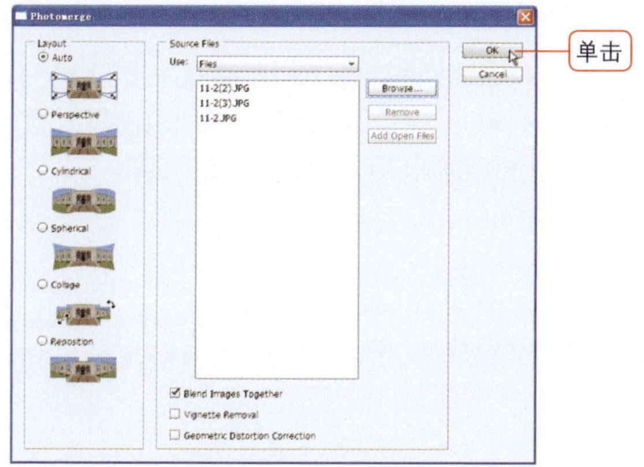

04 裁剪图像

在工具箱中选择裁剪工具(⌗)，拖动要裁剪的部分，按Enter键裁剪照片。

❶单击
❷拖动
❸按Enter键

05 合并图层

在Photoshop中自动合并图像后，要将亮度调节均匀，才能表现自然的效果。在图层面板中按住Shift键选择所有图层，单击鼠标右键，选择Merge Layers，合并图层。

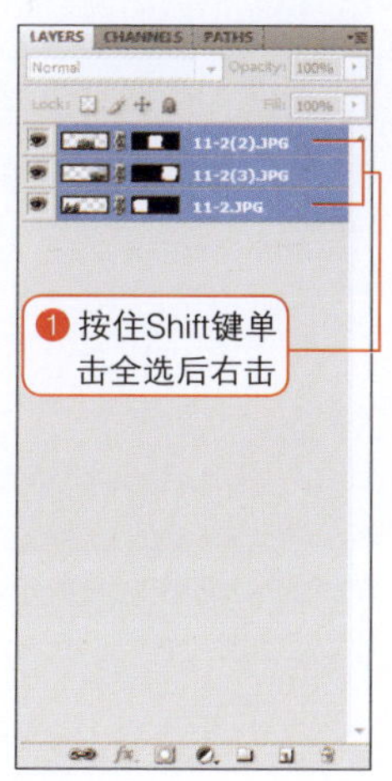

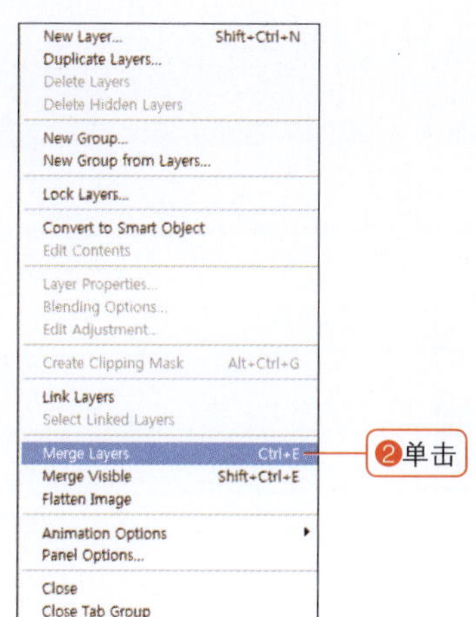

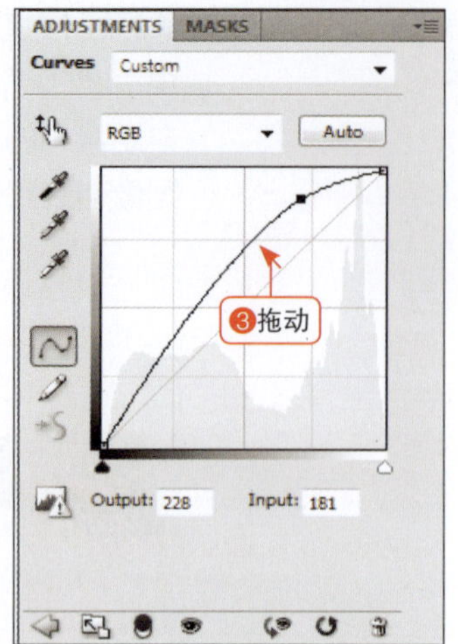

06 应用曲线

单击图层面板的添加调整图层按钮(◐.)，选择Curves（曲线）。弹出对话框，向上拖动调节点，调节照片的亮度。

07 降低透明度

在图层面板中将Curves 1图层的Opacity（不透明度）设置为70%。完成全景照片创建。

不需要广角镜头！扩大背景即可！

跟我学 07-6 自然拉长背景，表现爽快的效果

| 范例文件 | 附书DVD\Sample\07章\07-6.jpg

01 打开图像，更改为普通图层

按快捷键Ctrl+O，打开附书DVD中的图像（Sample\07章\07-6.jpg）。在图层面板中双击Background图层，将其更改为普通图层。

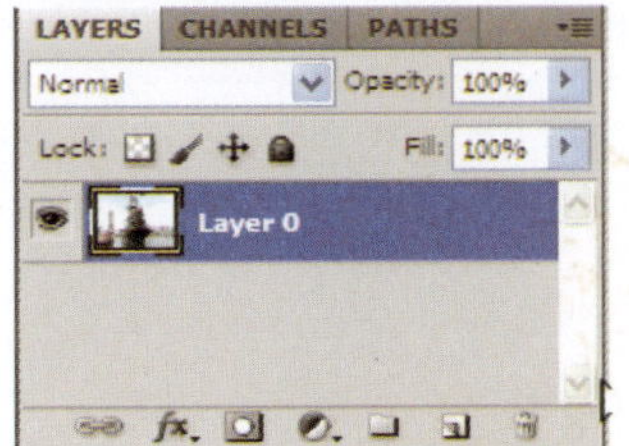

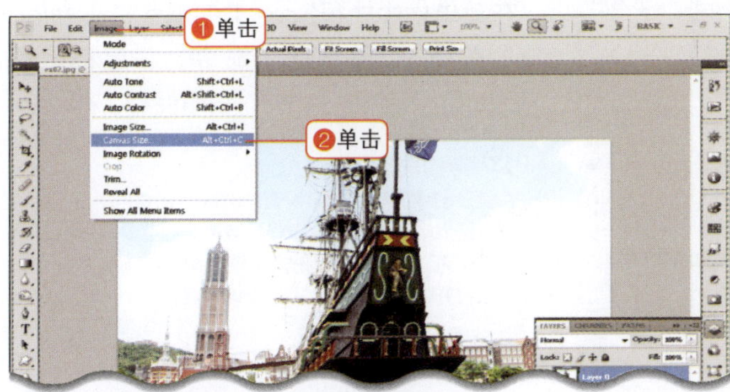

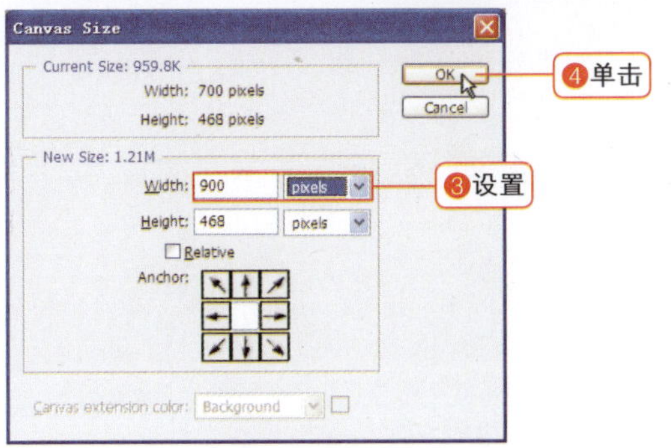

02 选择画布大小命令

在菜单栏中执行Image>Canvas Size（图像>画布大小）命令，将Width（宽度）设置为900px，保留画布方向，单击“OK”按钮。

快捷键Ctrl+T的缺点

为了在Photoshop中调节图像的大小，可按快捷键Ctrl+T应用自由变换功能。但是利用这一功能，不能保持纵横比，有可能创建出不自然的图像。CS5版本中完善了这一功能，出现了根据内容调节大小的功能。放大图像的时候，固定重要的部分，只放大或者缩小背景。

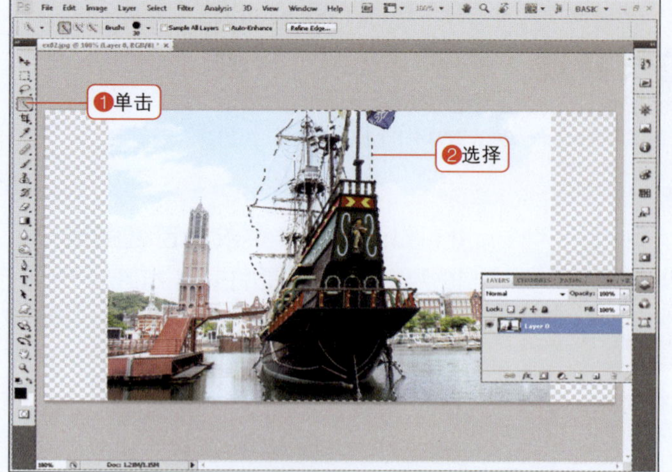

03 利用快速选择工具选择船体部分

单击快速选择工具( )，选择不要放大的部分。在选项栏中单击添加选区工具( )或者减去选区工具( )，选择船体部分。

快速选择工具

快速选择工具用于想要自动选择所需区域的情况。

❶ Selection（选择）：用于添加或者减去新的选区。
❷ Brush（笔刷）：将颜色的使用范围设置为画笔大小。
❸ Sample All Layers（所有图层取样）：勾选该复选框后选择的颜色应用于全部图层，取消勾选的话只应用于当前图层。
❹ Auto-Enhance（自动增强）：自动处理选区。
❺ Refine Edge（优化边缘）：柔和处理选择范围的边界或放大、缩小。

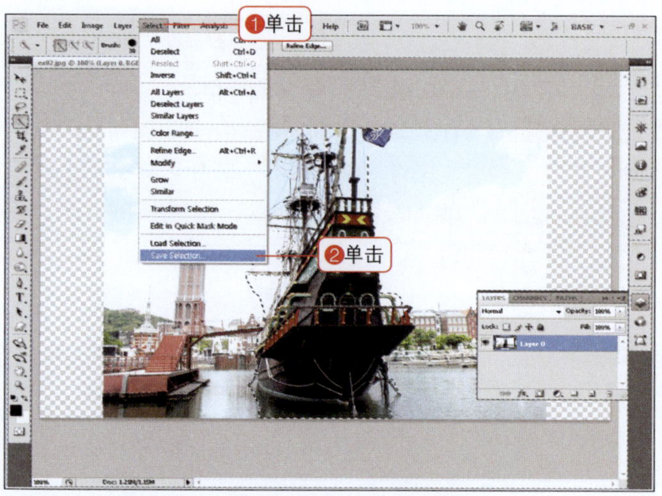

04 保存选区

在菜单栏中执行Select>Save Selection（选择>存储选区）命令，将名称设置为ship，单击“OK”按钮保存。

存储选区

将复杂图像的特定部分设置为选区，需要再次操作的时候，选择相同的部分，操作的效率会很低。Photoshop提供了可以保存指定为选区部分的功能。利用这一功能可以打开保存的选取，进行重复选择。

05 选择内容识别比例命令

按快捷键Ctrl+D取消选区。在菜单栏中执行Edit>Content-Aware Scale（编辑>内容识别比例）命令。

内容识别比例功能

放大图像的时候重要的部分保存在Save Selection中，或者在Alpha通道中固定选区，其他部分可以自由放大。

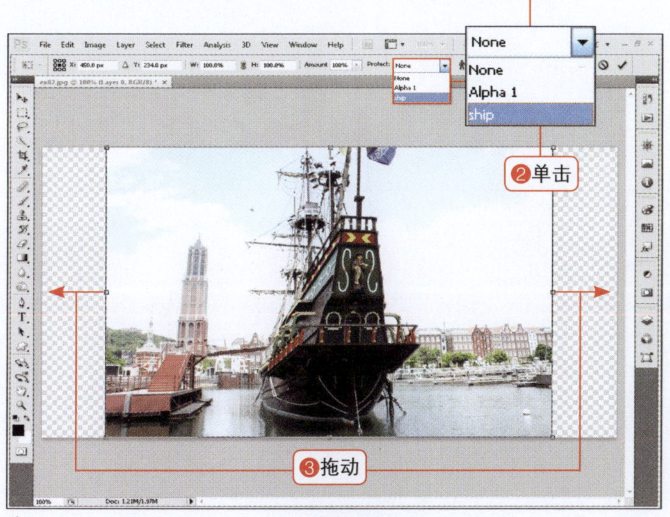

06 放大选区其余部分

在选项栏的Protect（保护）选项中选择之前保存的ship选区，拖动两边放大图像，保存区域外的其他部分被放大了。

作品05

作品06

作品07

作品08

以上作品被选为玫瑰论坛的BEST作品

02 Photoshop 修饰的乐趣

第二部分

在第一部分中我们已经熟悉了Photoshop的使用方法，下面我们要来正式学习用Photoshop制作有趣的实例。这里要介绍的实例在实际生活中非常常用，即使觉得有些难，希望大家也不要放弃，要跟着介绍操作到最后，创建出只属于自己的作品。

08章 创建有趣而实用的作品

09章 创建动画作品

10章 设计购物网站及兴趣论坛

创建有趣而实用的作品 08-1

无需额外学习Illustrator手绘

这种情况下使用

应用调节画笔面板中的多个选项，可以得到类似应用Illustrator设计的自然感觉的手绘作品效果。越来越多的设计人员开始使用Photoshop来绘制作品。漂亮的手绘效果常用于设计直接创建的明信片中，效果非常好。

200%应用范例

❶ 绘制轮廓
画笔工具

❷ 填充颜色
在轮廓图层下方添加图层

创建个性有趣的作品！

跟我学

绘制插画底图

| 范例文件 | 附书DVD\Sample\08章\08-1.jpg
| 完成文件 | 附书DVD\Sample\08章\08-1(1).jpg

01 打开图像，添加图层

按快捷键Ctrl+O，打开附书DVD中的图像（Sample\08章\08-1.jpg）。单击创建新图层按钮（ ），添加新的图层。

02 选择画笔工具

将前景色设置为#006699，单击画笔工具（ ），选择5px大小的画笔。画笔的类型设置为轮廓清晰的画笔。

 画笔工具选项

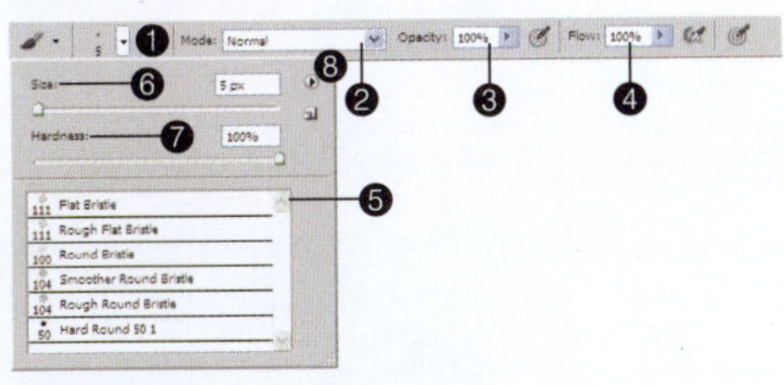

❶ 调节画笔的形状、大小和强度。
❷ 设置混合模式。
❸ 调节画笔的透明度。
❹ 调节画笔的压力。
❺ 可以在画笔形状列表中进行选择。
❻ 输入数值调节画笔大小。
❼ 输入数值设置画笔强度。
❽ 单击列表按钮，可将列表设置为初始状态，用于打开画笔列表，或更改保存。

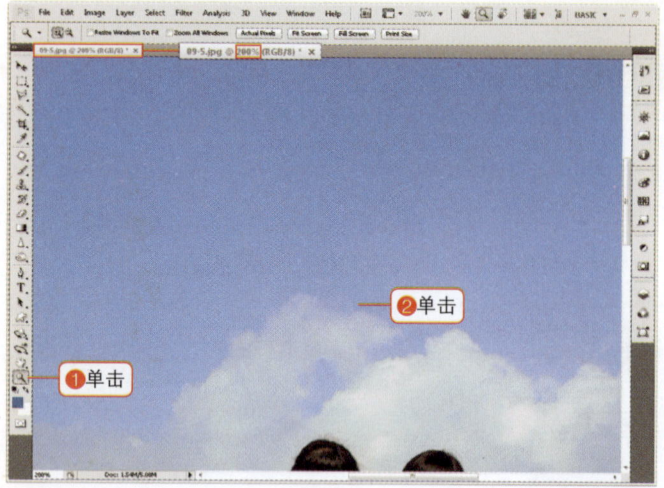

03 放大图像窗口

利用放大镜工具（🔍）将要进行手绘的上方部分放大为200%。

04 绘制小熊

开始绘制小熊，在图像上方绘制小熊面孔，再将小熊的胳膊绘制成漂亮的心形。双击放大镜工具（🔍），显示为整体画面，确认图像效果。

一开始绘制得会不太好，但是通过不断的练习，可以掌握绘制自然感觉的技巧。反复地进行绘制和清除，可以得到意料之外的效果。

创建个性有趣的作品！

跟我学

对插画着色，利用语句修饰

05 添加新图层，重新设置画笔大小

按住Ctrl键单击创建新图层按钮（），在手绘图层下方创建新的图层。选择画笔工具（），在选项栏中将画笔大小设置为19px。

向下移动将要着色图层的理由

如果要使新建图层位于现有图层下方，创建新图层的时候，按住Ctrl键创建即可。这里要在下方显示的原因是在小熊图像线条内填充颜色的时候，避免侵犯线条。将着色的图层放置于线条图层下方，不会影响开始绘制的线条。

06 在插画内着色

将前景色设置为白色，要小心地润色，不要将颜色绘制到轮廓外侧。将前景色设置为#ff98ff，对耳朵内侧进行填充。

洁净的着色方法

利用选择工具设置选区填充，注意不要让颜色超出区域。在线条内侧填充时，利用魔棒工具单击线条设置为选区然后进行着色，可绘制到线条外侧，非常方便。

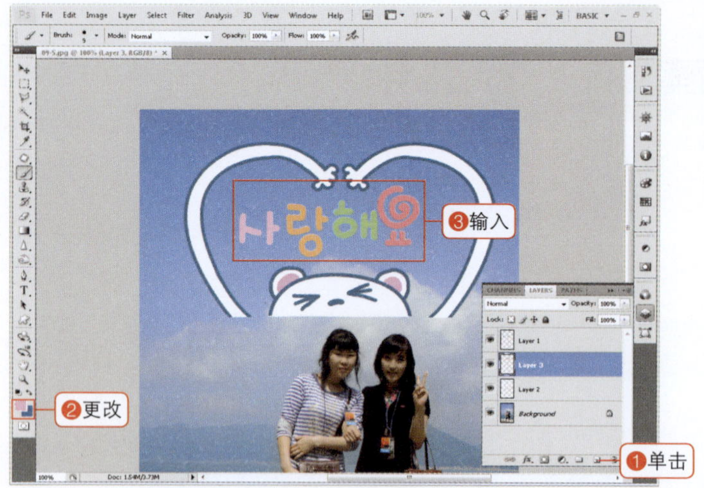

07 添加图层，修饰文字

单击创建新图层按钮（），更改不同的前景色输入文字并进行修饰。

画笔大小：9px
颜色：#faabea，#fbad67，#80f48b，#f4808e

08 添加新图层，绘制装饰

单击创建新图层按钮（），再次添加新的图层，将画笔大小设置为3px，绘制多种小装饰物。

像涂鸦一样随意绘制形状和文字。

创建个性有趣的作品！

跟我学

在插画图像上应用效果

09 添加图层，设置选择工具

选择输入文字的Layer 3图层，单击创建新图层按钮（▣）添加新的图层。单击选择工具（⬚），将Feather（羽化）值设置为5px。

由于要在LAYER 3图层创建添加效果的图层，创建新图层之前先选择LAYER 3图层。

10 为选区应用颜色

下面我们在文字中央部分应用颜色，表现出特殊的效果。首先在文字中央拖动选择选区，将前景色设置为白色，按Alt+Delete快捷键填充颜色。按快捷键Ctrl+D取消选区。

是不是疑惑为什么设置为白色？这是为了轻松创建在文字中间填充渐变的效果。进行文字设计的时候，这是非常有用的技巧，后面也会经常使用。

11 表现剪贴蒙版效果

在填充白色的图层（Layer 5）中单击鼠标右键，选择Create Clipping Mask（创建剪贴蒙版），可以看到在文字内出现了白色渐变。

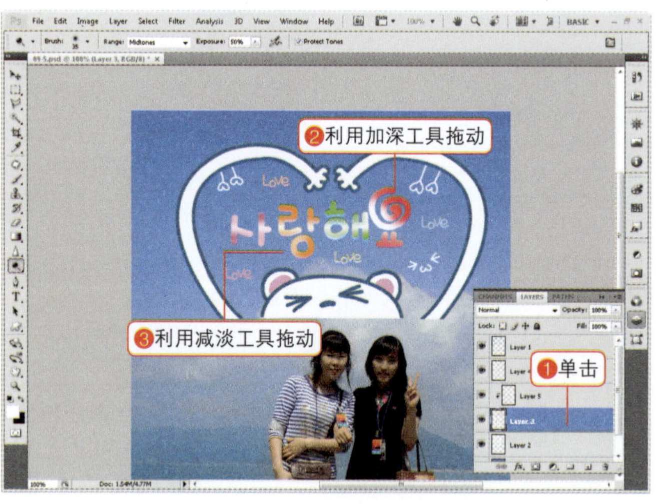

12 利用加深工具、减淡工具表现亮点

再次选择文字所在的Layer 3图层。在工具箱中选择加深工具，在文字上要表现亮点的部分拖动，可以看到颜色更改得比原来更深一些了。

选择减淡工具（ ），拖动想要表现得较浅的部分。可以看到自然地更改为比原来更浅一些的颜色。

利用加深工具和减淡工具调整颜色

加深工具可以使颜色更深更暗，减淡工具可以使颜色更浅更亮。这样，即使不用在颜色面板中逐个设置颜色，也可以在相同的颜色中自然地调节亮度和浓度。

13 添加图层样式

最后单击添加图层样式按钮（fx.），选择Drop Shadow（投影）。在对话框中将颜色设置为#166387，将Size（大小）设置为0，单击“OK”按钮。

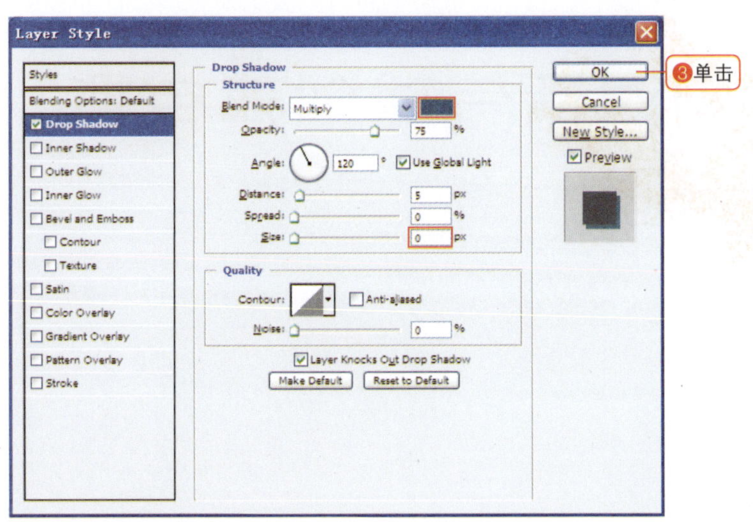

14 结束操作

这样在文字下方出现了隐约的阴影效果，表现得更有立体感。完成使用插画修饰照片的操作。绘制和照片氛围相符的文字和插画，可以得到更好的效果。

15 应用

利用画笔工具首先绘制图像的轮廓，在下方添加图层，填充颜色，完成操作。

创建有趣而实用的作品 08-2

利用对话气球创建有趣的漫画

这种情况下使用

想要将平淡的旅行照片表现得更有生动感的时候，可以使用对话气球的形式，特别是将照片按照漫画形式排列。为每个人物加上对话气球，可以表现出好像在看漫画书的有趣感觉。在上方加入旅行的标题，放到自己的博客中，您也可以成为旅行书的作者。

200%应用范例

❶ **修饰照片标题**
应用形状工具

❷ **使用形状工具**
对话气球、圆形、圆角矩形

创建个性有趣的作品！

跟我学

创建照片中的边框，加入照片

| 范例文件 | 附书DVD\Sample\08章\对话气球文件夹
| 完成文件 | 附书DVD\Sample\08章\08-2(1).jpg

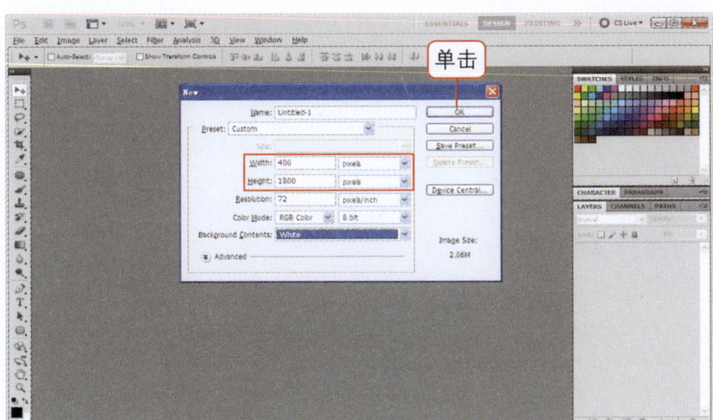

01 创建新窗口

下面我们要将多张照片表现为漫画一样的有趣故事板。按快捷键Ctrl+N创建400px×1800px的新窗口。

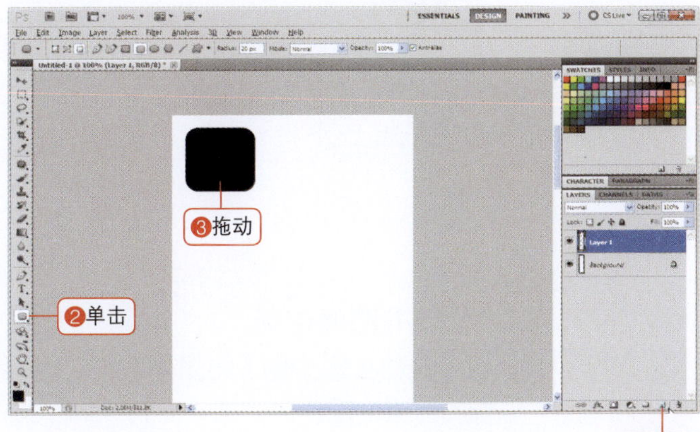

02 创建图像的边框

单击创建新图层按钮（ ），添加新的图层，选择圆角矩形工具（ ），拖动绘制适合放入图像大小的框。

之前已经学习了将照片放到美观的边框中的方法。利用形状工具和剪贴蒙版效果即可。

03 打开图像并移动

按快捷键Ctrl+O，打开要放入框中的图像（Sample\08章\对话气球文件夹\1.jpg）。选择移动工具（![]），移动到绘制矩形框的操作窗口中。

04 表现剪贴蒙版效果

选择图像图层，单击鼠标右键，选择Create Clipping Mask（创建剪贴蒙版）。

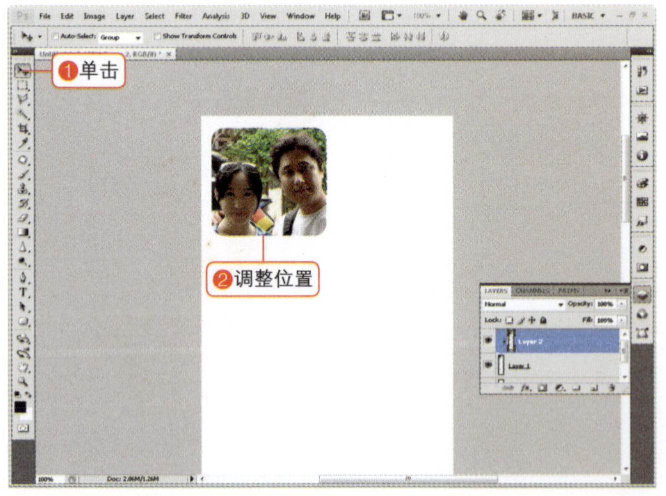

05 调节图像位置

利用移动工具（![]）将图像调整到边框内的合适位置。

利用剪贴蒙版调节图像大小

如果应用剪贴蒙版效果后的图像比边框大，需要调节图像大小，按快捷键Ctrl+T，利用调节点调节大小，然后利用移动工具再次调整位置。

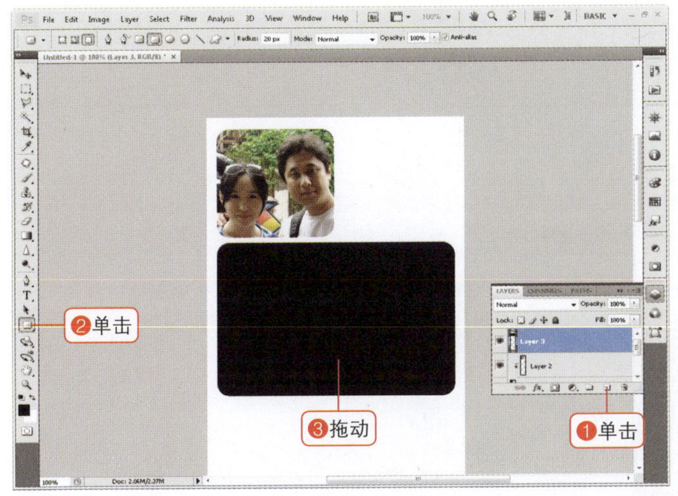

06 添加新图层，创建其他图框

单击创建新图层按钮（ ），添加新的图层，利用与之前相同的方法，用圆角矩形工具（ ）创建放置到下方的较大框。

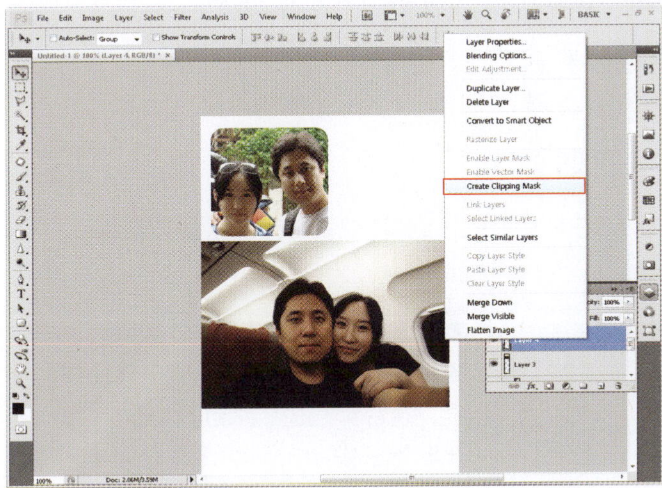

07 为图像添加剪贴蒙版效果

再次按快捷键Ctrl+O，在画面上打开第二个图像（Sample\08章\对话气球文件夹\2.jpg），利用相同的方法应用剪贴蒙版效果。

08 排列其他图像

利用相同的方法将其他图像排列到下方。

修饰标题

09 利用文字工具输入标题

单击文字工具（T），在选项栏中设置字体、大小和颜色，输入与照片相符的标题。

10 选择自定形状工具

单击创建新图层按钮（![]）添加新的图层，然后单击选择自定形状工具（![]）。在选项栏中单击形状选择按钮（▶），选择All（全部），然后单击Append（添加）按钮。

在自定形状工具中选择多样的形状

如果自定形状工具列表中没有所需的形状，在单击列表显示的菜单中选择All（全部），然后再次查找。All（全部）可以显示Photoshop程序中带有的所有形状。

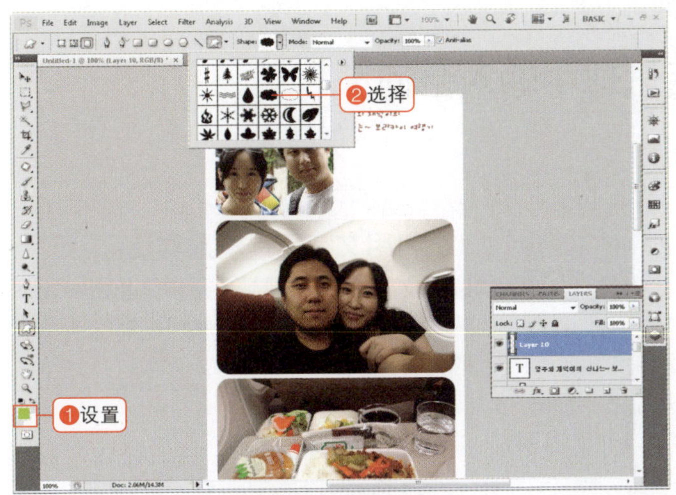

11 利用云彩形状修饰，输入标题

在工具箱中将前景色设置为#99cc33，选择云彩形状，进行拖动绘制。单击文字工具（T），在字符面板中设置文字选项，输入适合的标题。

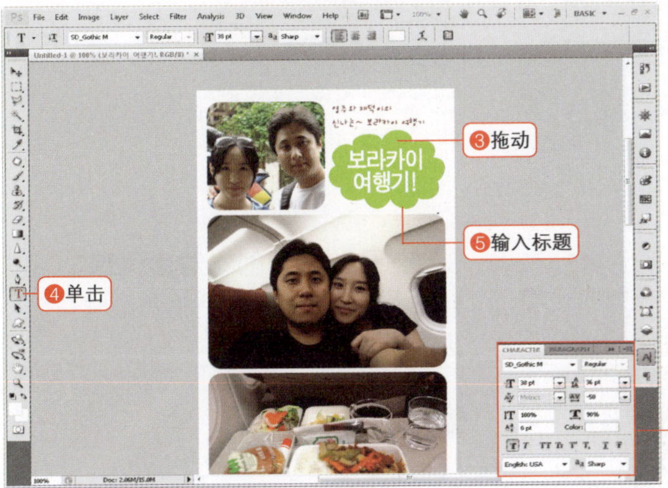

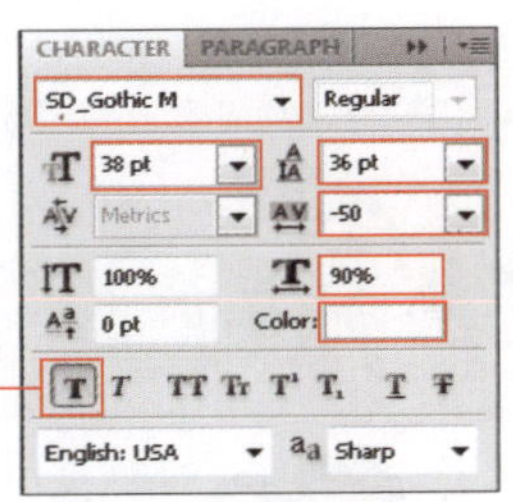

12 绘制对话气球形状

下面来创建对话气球。单击创建新图层按钮（）添加新的图层。再次在自定形状工具选项中选择对话气球形状进行绘制。

创建个性有趣的作品！

跟我学

在对话气球中输入台词

13 利用文字工具输入对话

选择文字工具（T），在字符面板中如下图所示设置文字选项，然后在对话气球内输入有趣的台词。

14 在另外一侧创建对话气球

利用与步骤12相同的方法再绘制一个对话气球。

如果利用其他图像进行练习，可以为照片中出现的每一个人物添加对话气球。

15 更改对话气球方向

这时需要更改对话气球的尾巴。在菜单栏中执行Edit>Transform>Flip Horizontal（编辑>变换>水平翻转）命令，翻转图像。

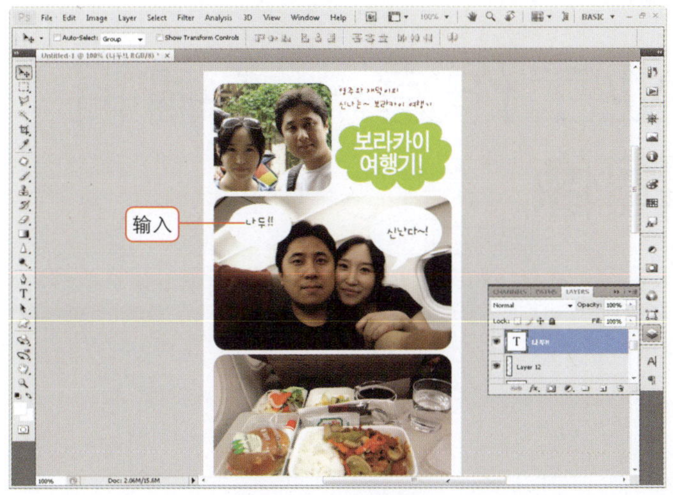

16 利用文字工具输入台词

利用相同的方法在相反一侧的对话气球中也输入文字。为每张照片输入适合的文字，设计有趣的图片故事。

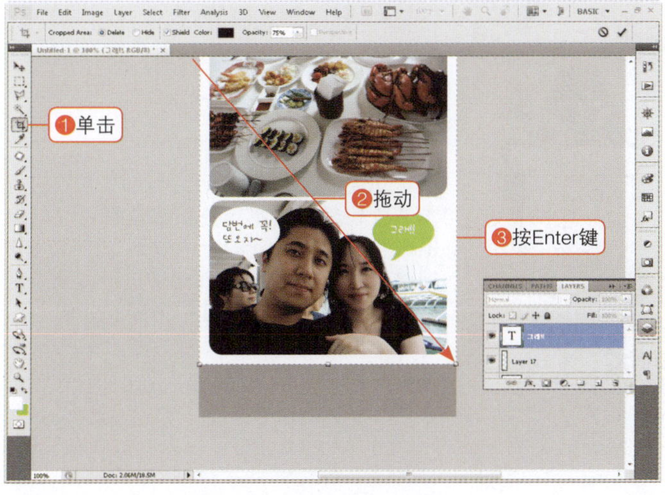

17 裁剪不需要的空间

单击裁剪工具（⌗），拖动不需要的部分进行选择，然后按Enter键裁剪。

18 应用

利用形状工具创建多种对话气球样式进行应用。还可利用形状工具修饰照片的标题。

创建有趣而实用的作品 08-3

像专业工作室一样编辑处理图像

这种情况下使用

随着DSLR技术和Photoshop技术的日益发展，现在的满岁照片和结婚照片可以拍摄出平时很难看到的出色效果。将DSLR拍摄的照片在Photoshop中进行调整，可以达到专业摄影工作室中拍摄的效果。您可以利用调整好的漂亮照片装饰婴儿房或者是新房。

200%应用范例

❶ **调整整体颜色**
表现柔和色调感觉

❷ **输入文字**
使用英文

❸ **利用画笔表现绘制效果**
画笔工具、剪贴蒙版效果

创建个性有趣的作品！

跟我学

调整小孩的眼睛和脸颊

| 范例文件 | 附书DVD\Sample\08章\08- 3.jpg
| 完成文件 | 附书DVD\Sample\08章\08- 3(1).jpg

01 打开图像，裁剪调整的部分

在画面上打开范例文件（Sample\08章\08- 3.jpg）。选择裁剪工具（ ）拖动图像，设置儿童主体区域大小，按Enter键裁剪。

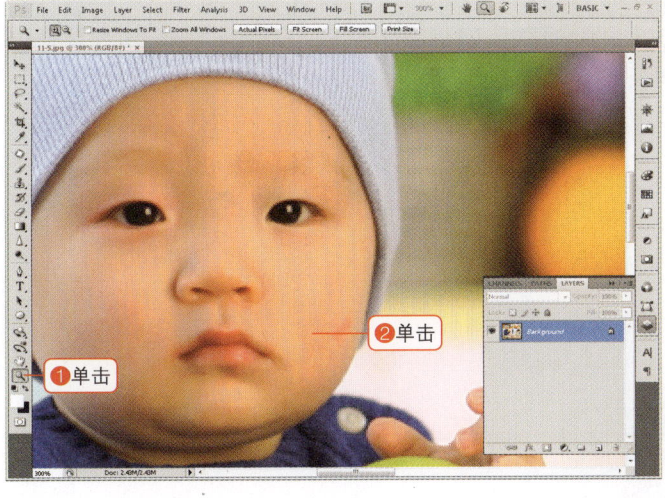

02 放大画面

在工具箱中选择放大镜工具（ ），单击小孩的面部将其放大。

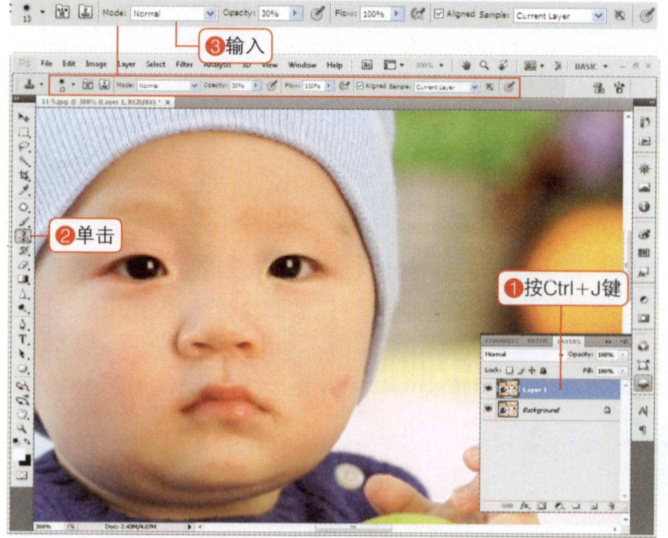

03 复制图层

图像中的孩子右眼有些发红，左侧面颊上有粉红色的伤口，下面我们来进行调整。

按快捷键Ctrl+J，复制图层，在工具箱中选择图章工具（ ），在选项栏中如图所示进行设置。

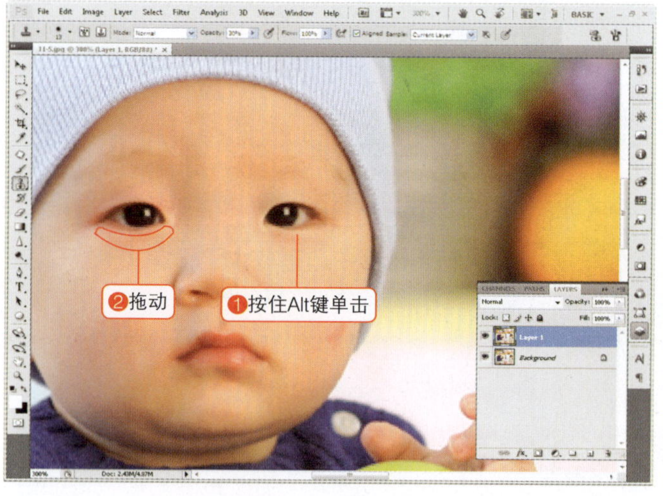

04 调整右眼

按住Alt键单击左眼下方进行复制，在右眼下方部分拖动，补正皮肤。按住Alt键单击小孩面颊部分进行复制，对右眼上部也拖动进行补正。

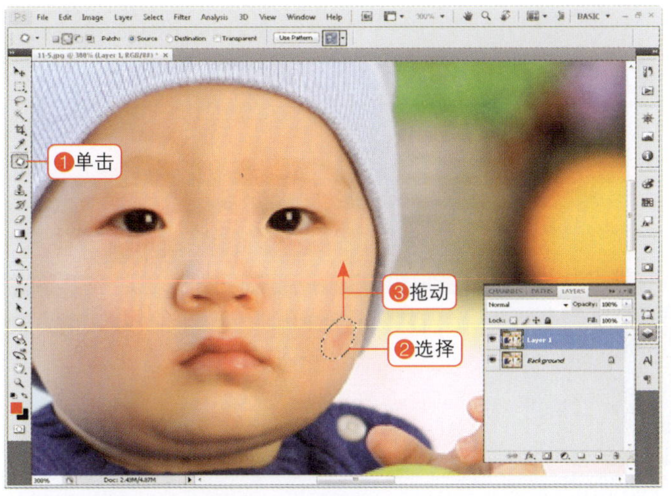

05 补正脸颊部分

下面单击修补（）工具，拖动小孩左侧面颊的伤口进行选择，利用鼠标拖动干净的部分。补正结束后按快捷键Ctrl+D取消选区。

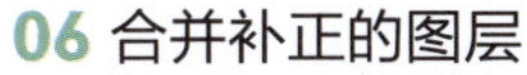

06 合并补正的图层

补正结束后，按快捷键Ctrl+E合并图层。

创建个性有趣的作品!

跟我学 **补正合适的皮肤色调**

07 复制图层，选择Median命令

按快捷键Ctrl+J复制图层，然后在菜单栏中执行Filter>Noise>Median（滤镜>杂色>中间值）命令。

滤镜——中间值

在指定的像素区域中找到颜色和亮度的平均值，表现杂色效果。

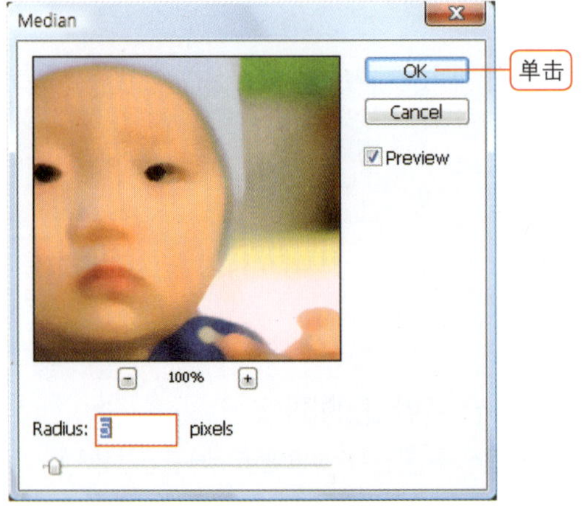

08 设置选项值

将Radius（半径）值设置为5，单击“OK”按钮。

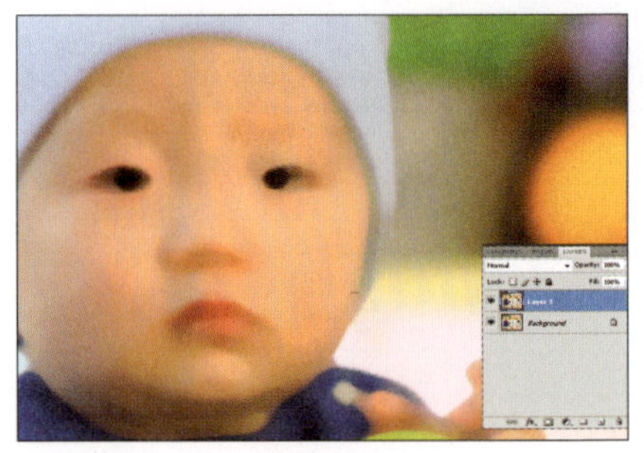

09 添加高斯模糊效果

下面在菜单栏中执行Filter>Blur> Gaussian Blur（滤镜>模糊>高斯模糊）命令，将Radius（半径）值设置为4，单击“OK”按钮。

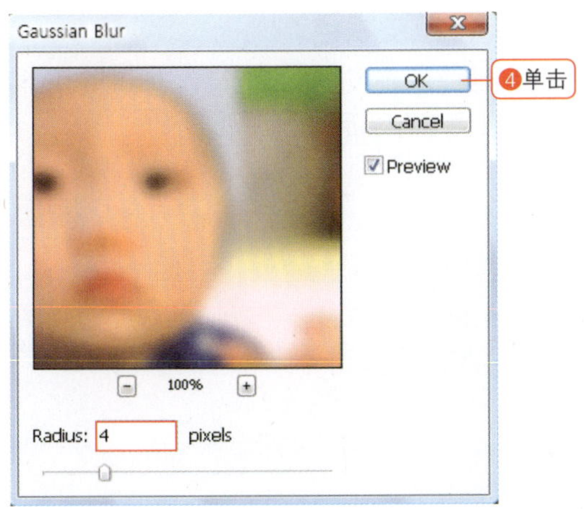

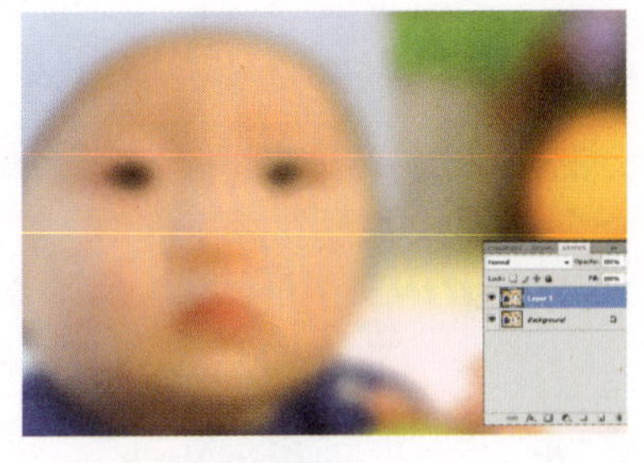

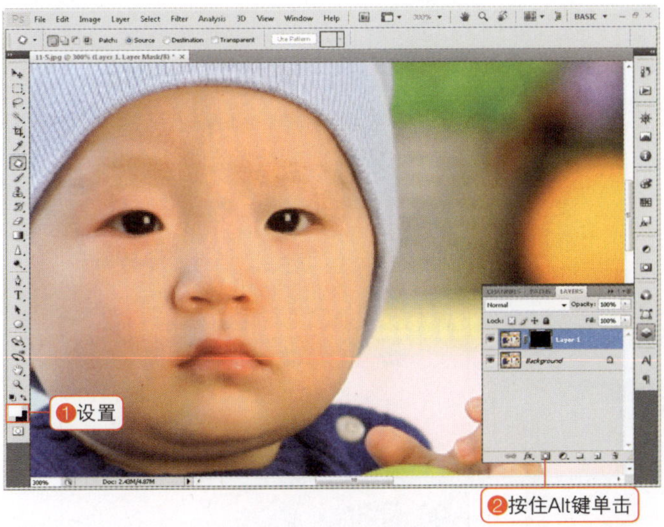

10 添加图层蒙版效果

将前景色设为白色，背景色设为黑色，按住Alt键单击添加图层蒙版按钮（ ）。

按住Alt键单击图层蒙版按钮

在Photoshop中Shift键是添加的概念，Alt键是减去或者设置为反向的概念。在图层蒙版中Alt键有相同的作用。例如，有背景图层Layer 1的时候，单击图层蒙版按钮，显示Layer 1图像。若按住Alt键单击图层蒙版按钮，可以显示背景图层。

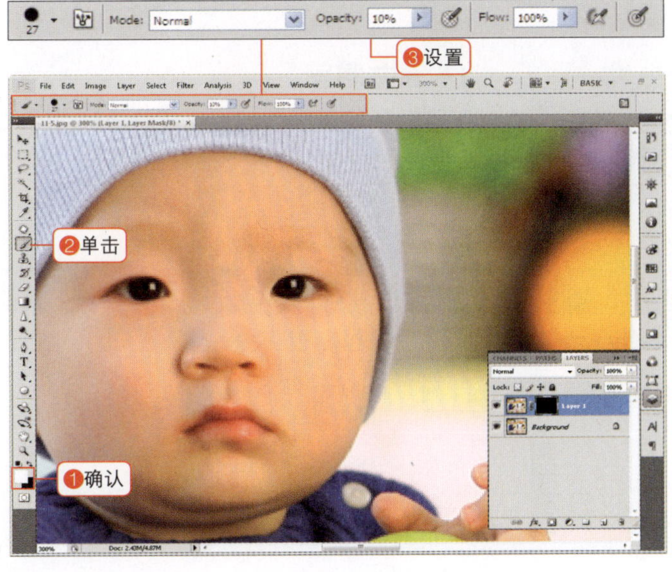

11 选择画笔工具

确认前景色为白色，单击画笔工具（ ）。在选项栏中将Opacity（不透明度）设置为10%，选择柔角画笔。

12 补正皮肤色调

如图所示拖动蒙版部分，补正除了眼睛、鼻子和嘴唇以外的面部皮肤。

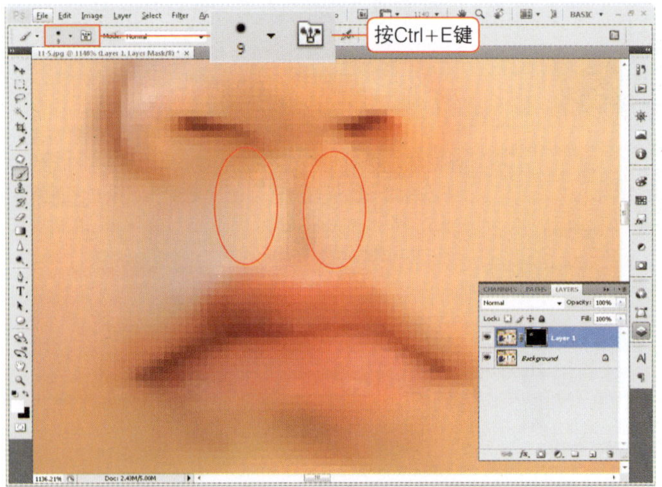

13 补正细节部分

选择更小的画笔，在鼻子下面受光照较多的部分以及嘴唇等部分拖动调整。

14 合并图层

皮肤色调补正操作结束后按快捷键Ctrl+E合并图层。

创建个性有趣的作品!

跟我学

调节柔光亮度

15 复制图层，设置柔光部分

按快捷键Ctrl+J，复制图层，然后单击套索工具（ ），在选项栏中将Feather（羽化）值设置为50。对集中受光部分进行拖动，设置为选区。

Screen Opacity: 30%

16 设置混合模式，降低透明度

在图层面板中将复制图层的混合模式设置为Screen（滤色），将Opacity（不透明度）设置为30%。

17 添加图层蒙版效果

在图层面板中单击添加图层蒙版按钮（ ）。以小孩为中心调节明亮的感觉。按快捷键Ctrl+E合并图层。

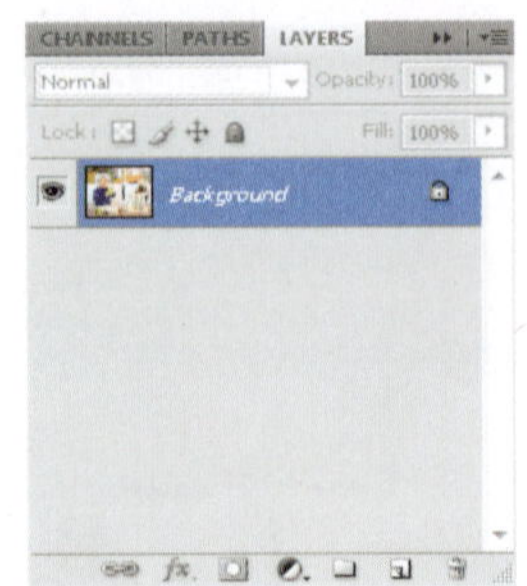

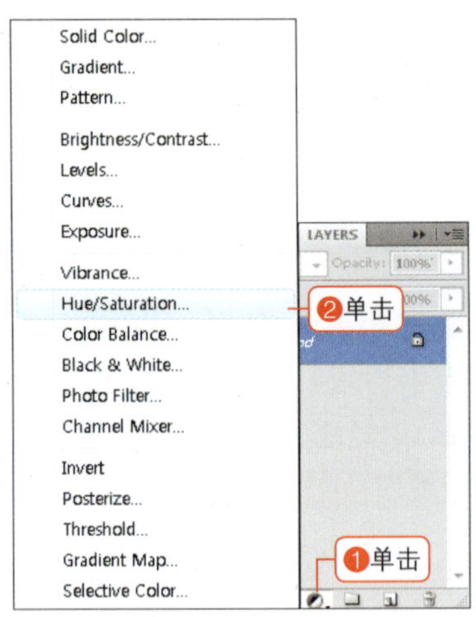

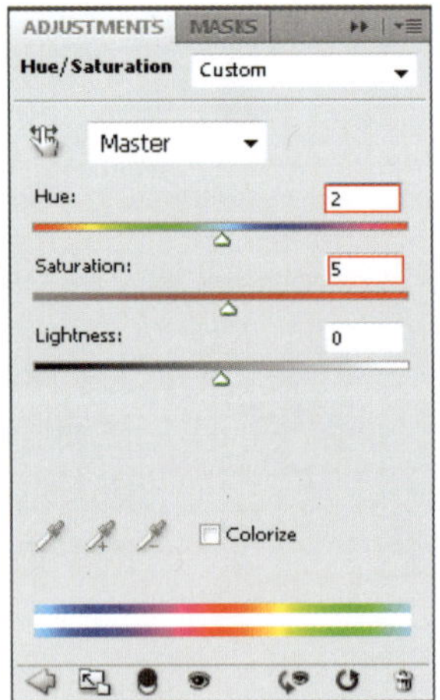

18 调节饱和度

在图层面板中单击调整图层按钮，选择Hue/Saturation（色相/饱和度），如图所示将Hue（色相）设置为2，将Saturation（饱和度）设置为5。调整后图像饱和度更高，表现出了灿烂的感觉。

创建个性有趣的作品！

跟我学

在通道面板中将轮廓表现得更清晰

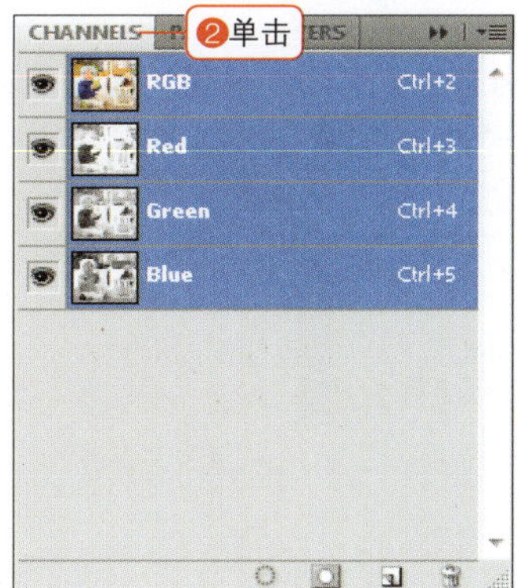

19 合并图层，选择通道面板

按快捷键Ctrl+E合并图层，选择通道面板。

如果没有显示通道面板，在菜单栏中执行WINDOW>CHANNELS（窗口>通道）命令。

20 选择Blue（蓝）通道

为了表现轮廓更加清晰的效果，按住Ctrl键单击Blue（蓝）通道。选择有蓝色的所有区域后按住Ctrl键单击。

通道面板可以一次性调节RGB颜色中相同系列的颜色。

21 反转选区，进行复制

按快捷键Ctrl+Shift+I反转选区，返回到图层面板。按快捷键Ctrl+J复制反转的选区。

22 选择USM锐化滤镜

在菜单栏中执行Filter>Sharpen>Unsharp Mask（滤镜>锐化>USM锐化）命令，如图所示将Radius（半径）设置为2，单击“OK”按钮。

滤镜——USM滤镜

用于表现细致的锐化效果。

❶ Amount（数量）：调节图像的鲜艳程度。

❷ Radius（半径）：调节更为鲜艳的背景。

❸ Threshold（阈值）：调节图像周围区域像素和要调节得更鲜艳的像素之间的边界。

23 结束操作

这样，所有操作就结束了。按快捷键Ctrl+E合并图层并保存。应用调整好的照片制作满岁用品，是不是很好?

24 应用

在补正的图像中利用美观的字体输入文字。将这样的照片集中到一起，可以制作出完美的成长相册。

创建有趣而实用的作品 08-4

将自己的作品设置为电脑桌面

这种情况下使用

如果你的计算机桌面经常是默认的画面或是艺人的照片，我们可以利用Photoshop创建自己的作品。我们还可以把爱人的面部照片设计为桌面，连工作都会开心起来。但是，在创建桌面之前，一定要了解自己计算机的分辨率，然后再进行操作。

200%应用范例

跟我学

确认分辨率，创建背景图案

| 范例文件 | 附书DVD\Sample\08章\08- 4.jpg
| 完成文件 | 附书DVD\Sample\08章\08- 4(1).jpg

01 确认电脑的分辨率1

如果想要修饰桌面，要先确认自己电脑桌面的分辨率。在桌面上单击鼠标右键，选择“属性”命令。

在Window XP中确认分辨率

如果你的计算机系统是Window XP，在桌面上单击鼠标右键，选择“属性”即可。然后单击“设置”标签，在“屏幕分辨率”选项中可以确认分辨率。

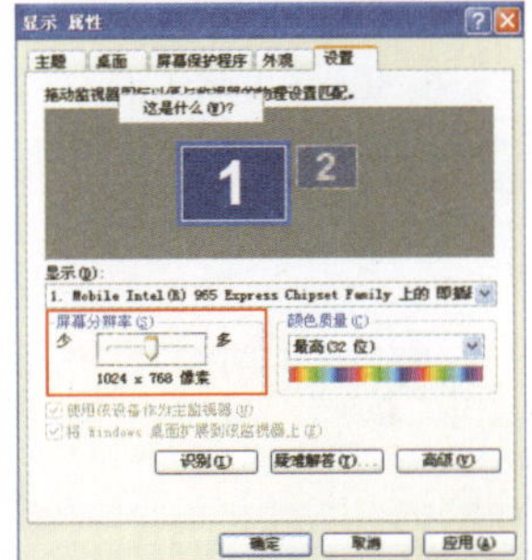

02 确认电脑的分辨率2

在“显示属性”对话框中从“主题”标签切换到“设置”标签，在分辨率选项中确认当前自己电脑的桌面分辨率，这里的大小是1024×768。

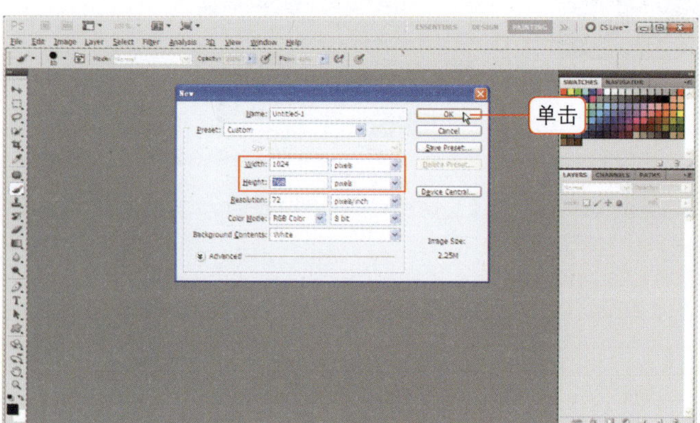

03 打开新窗口

按快捷键Ctrl+N，创建与设置分辨率相符大小的新窗口。

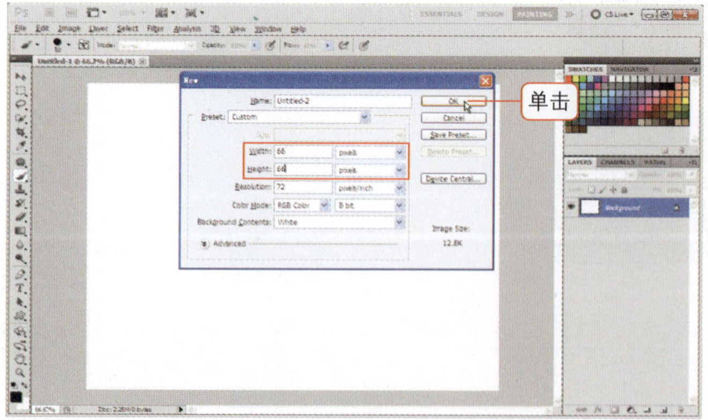

04 打开创建图案的新窗口

再次按快捷键Ctrl+N，创建要作为背景的图案窗口，这里创建为66px×66px。

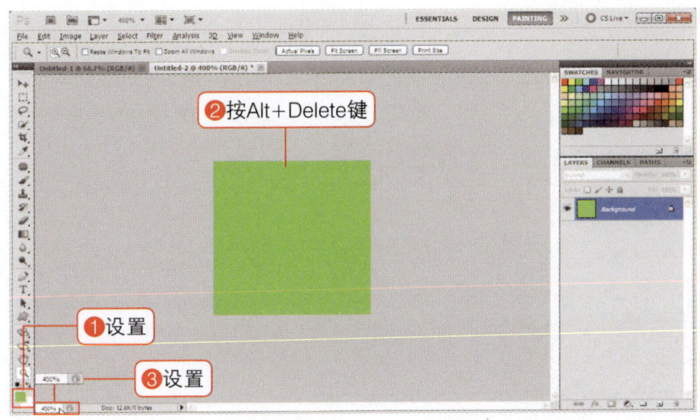

05 填充颜色，放大画面

将前景色设置为#69d932，按快捷键Alt+Delete填充颜色。用放大镜工具（ ）放大显示为400%。

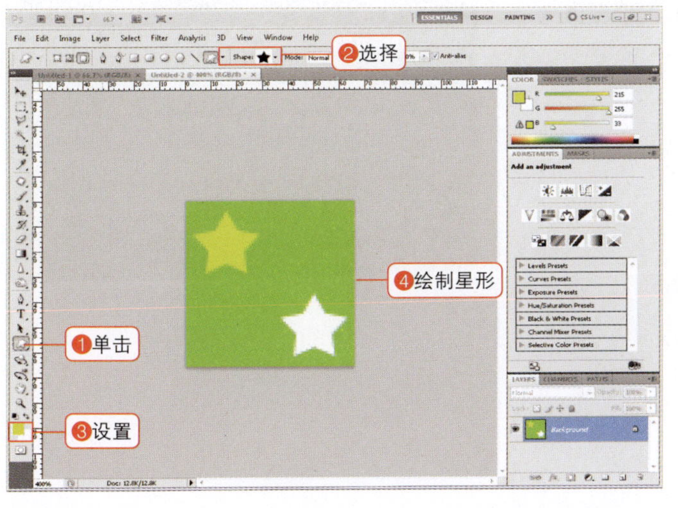

06 利用自定形状工具修饰图案

在自定形状工具（ ）中选择想要修饰的图形，设置颜色后绘制星形。

利用打开标尺的快捷键CTRL+R打开标尺，按照左右上下间距绘制图案，效果会更好。

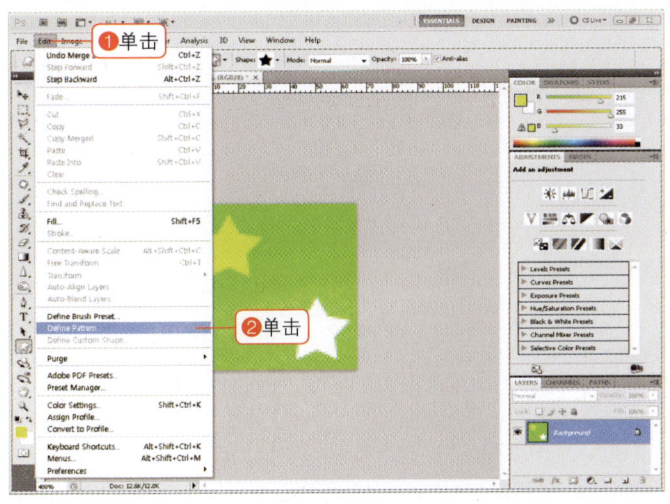

07 设置图案名称

在菜单栏中执行Edit>Define Pattern（编辑>自定义图案）命令。设置星形图案的名称，然后单击“OK”按钮。

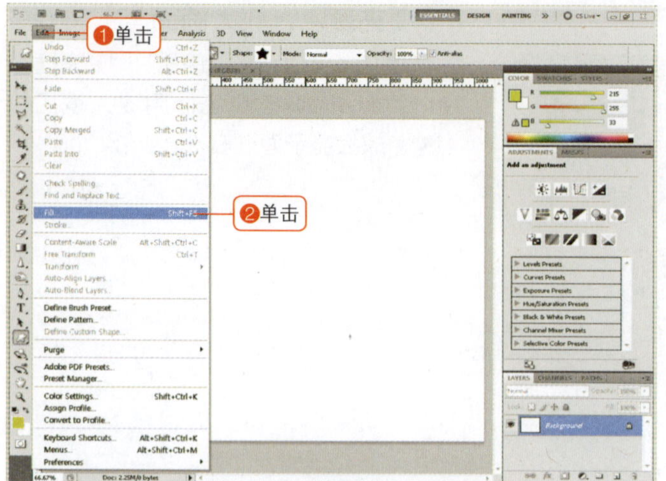

08 在原操作窗口中填充图案

返回到原操作窗口，在菜单栏中执行Edit > Fill（编辑>填充）命令，将之前创建的图案填充为背景。

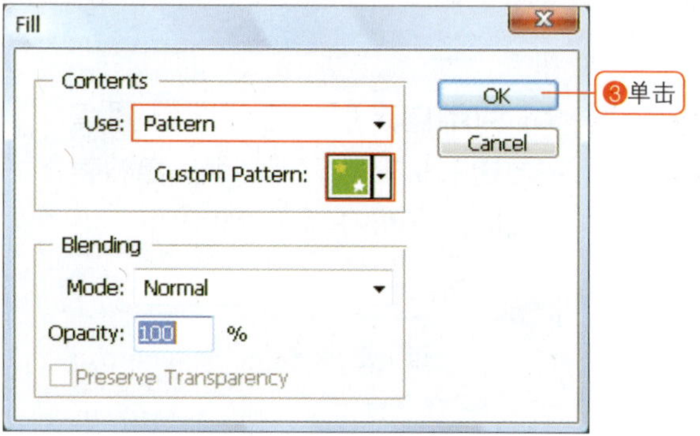

创建个性有趣的作品！

跟我学 插入照片，创建月历图像

09 打开图像，选择多边形套索工具

按快捷键Ctrl+O，打开要插入到桌面中的图像（Sample\08章\08-4.jpg）。为了选择小孩图像，单击多边形套索工具（），在选项栏中将Feather（羽化）值设置为1px。

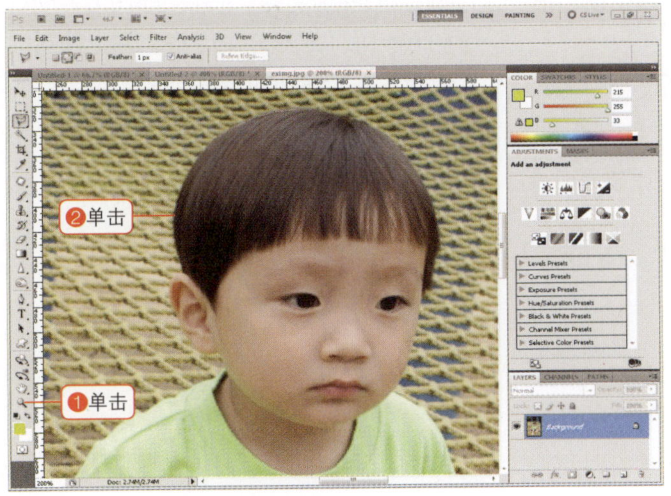

10 放大画面，设置选区

利用放大镜工具（）放大画面，创建适合操作的环境，以人物为中心，如图所示设置选区。

11 在图案操作窗口中复制并排列

选择移动工具（ ），拖动选区，移动到图案所在的操作窗口。

如果图案过大，按快捷键CTRL+T缩小尺寸。

12 应用曲线

为了调节图像亮度，按快捷键Ctrl+M打开Curves（曲线）对话框，向上拖动曲线调节点，图像更加明亮了。

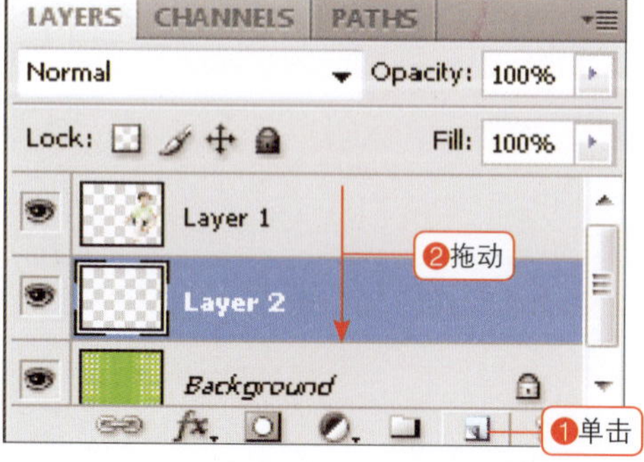

13 添加新图层

在图层面板中单击创建新图层按钮，添加新的图层，拖动该图层放置到Layer 1图层下方。

14 利用云彩形状修饰小孩图像

将前景色设置为白色，在自定形状工具（ ）中选择云彩形状，拖动进行绘制。利用移动工具（ ）将云彩形状拖动到小孩的下方。

15 重新设置画笔列表

再次单击创建新图层按钮（ ）添加新的图层，选择画笔工具（ ），单击扩展按钮，选择Drop Shadow Brushers（阴影笔刷）。如果弹出了警告对话框，单击Append（添加）按钮即可。

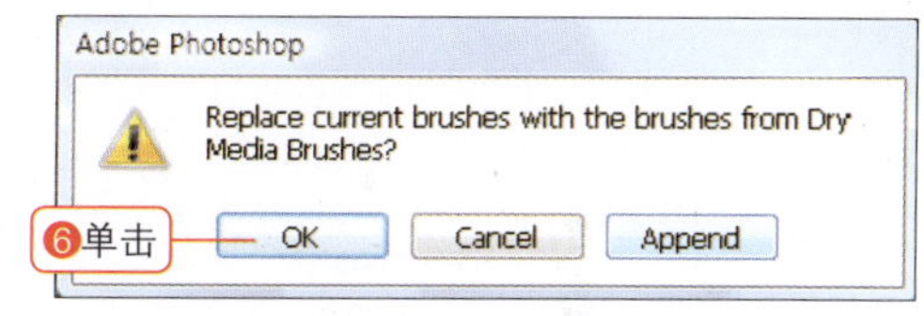

16 设置画笔细节选项1

选择21px大小的画笔，单击画笔标签按钮（ ），勾选Shape Dynamics（笔刷动态）。将Size Jigger（计量大小）设置为8%，将Minimum Diameter（最小直径）设置为25%，将Angel Jitter（抖动角度）设置为25%，将Roundness Jitter（抖动圆度）设置为30%，将Minimum Roundness（最小圆度）设置为30%。

画笔标签的具体说明请参见第101页。

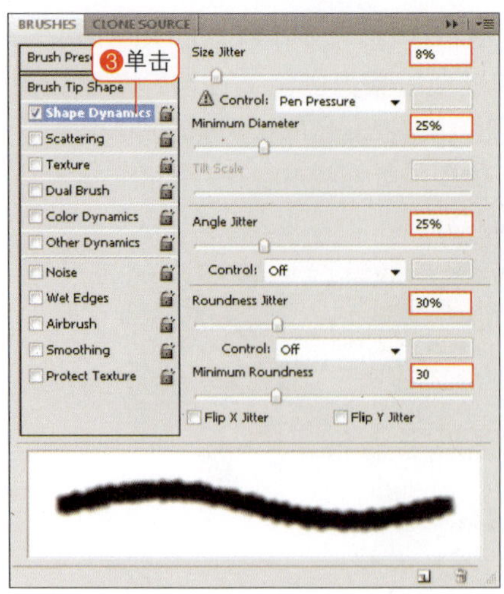

17 设置画笔细节选项2

在左侧面板中勾选Texture（质感），将Scale（比例）值设置为100%，关闭窗口。

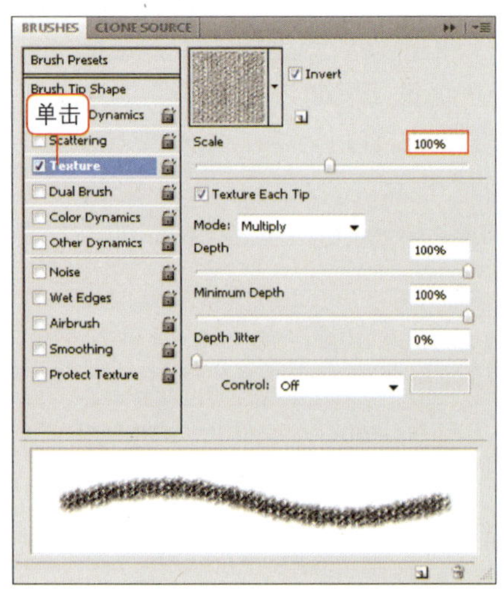

18 绘制翅膀形状

将前景色设置为白色，如图所示绘制翅膀形状。也可以设置为多种颜色绘制皇冠或者心形。

19 创建月历框

添加一个新图层，将前景色设置为#ffffcc。利用圆角矩形工具（ ），将Radius（半径）值设置为15，如图所示拖动绘制要加入月历的部分。将之前绘制的圆角矩形图层（Layer 4）拖动到最上方。

20 利用文字工具修饰月历1

如图所示输入月历数字和相应的月份，进行修饰。

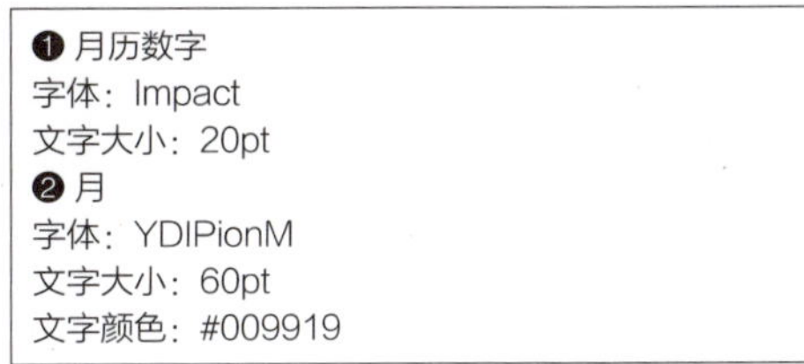
❶ 月历数字
字体：Impact
文字大小：20pt
❷ 月
字体：YDIPionM
文字大小：60pt
文字颜色：#009919

21 利用文字工具修饰月历2

将字体设置为YDIPionM，文字大小设置为60pt，文字颜色设置为#ffffff，输入年度后，单击添加图层样式按钮，选择Out Glow（外发光）。将颜色设置为#198600，混合模式设置为Normal（正常），单击“OK”按钮。

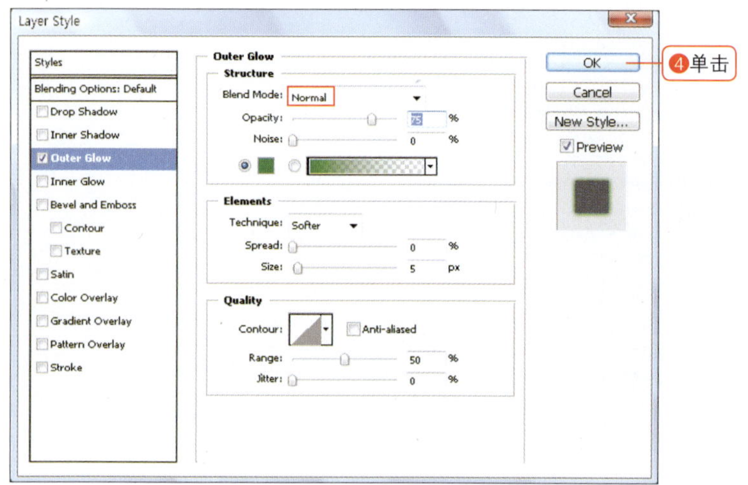

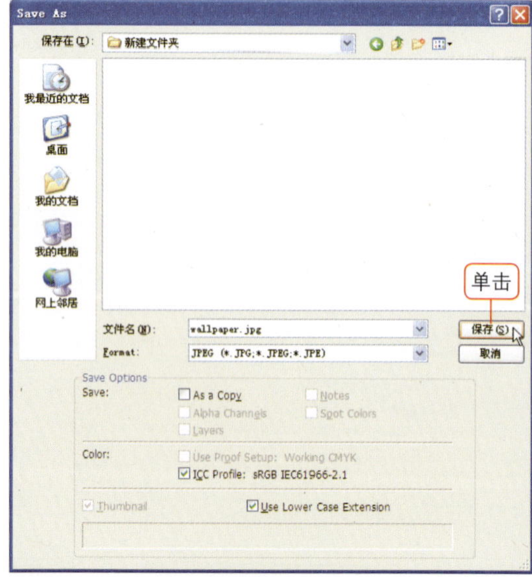

22 保存

至此，要在桌面上应用的图像全部制作完成。在菜单栏中执行File>Save As（文件>存储为）命令，将创建的图像以JPEG格式保存。

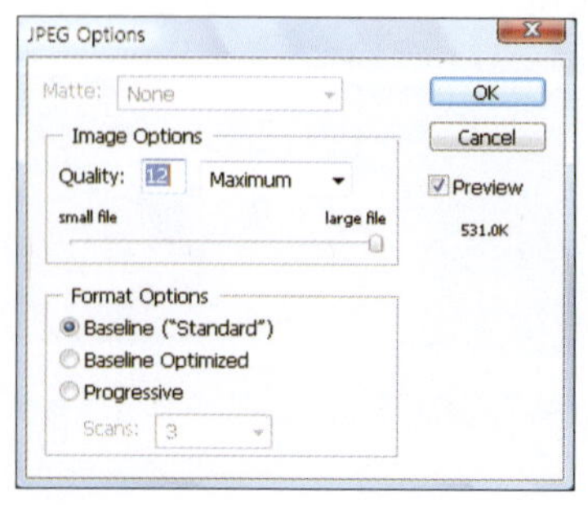

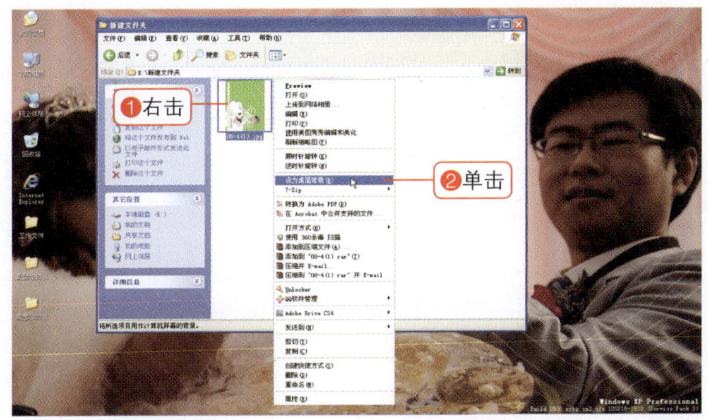

23 应用于桌面

进入保存创建图像的位置，选择图像文件，单击鼠标右键，在弹出的菜单中选择“设为桌面背景”。这样，电脑桌面就更改为了自己创建的图像。

24 应用

创建星形图案，添加新图层，选择要填充图案的区域。只在选区内填充图案并旋转。

创建有趣而实用的作品 08-5

创建可以在多种情况下使用的电影海报

这种情况下使用

模仿电影海报的作品常用于邀请函中。这类作品除了用于邀请函，还可以用于很多地方，左图所示作品经常用于政治讽刺或者幽默的网页中。要表现出漫画的氛围时，使用这类作品会不会得到很好的效果？

200%应用范例

❶ 用于其他海报
有多个主人公的海报

❷ 修饰照片标题
输入文字后，添加投影样式

❸ 创建文本
矩形工具

创建个性有趣的作品！

跟我学

合成电影海报和小孩面部图像

| 范例文件 | 附书DVD\Sample\08章\08- 5.jpg，蜜蜂大行动.jpg
| 完成文件 | 附书DVD\Sample\08章\08- 5(1).psd

01 打开图像，放大画面

下面我们模仿电影海报的效果，创建邀请函或者海报。首先按快捷键Ctrl+O，打开小孩图像（Sample\08章\08- 5.jpg）。利用放大镜工具（ ）单击小孩面部，将其放大。

02 选择小孩面部

选择多边形套索工具（ ），在选项栏中将Feather（羽化）值设置为0。选择面部的时候，要尽可能地单击多次，边界线会变得自然，要进行细致的选择。选择结束后，利用放大镜工具（ ）单击两次，缩小为原来的大小。

如果想要更仔细地选择，使用快速蒙版模式。这里我们介绍的是最简单的方法。

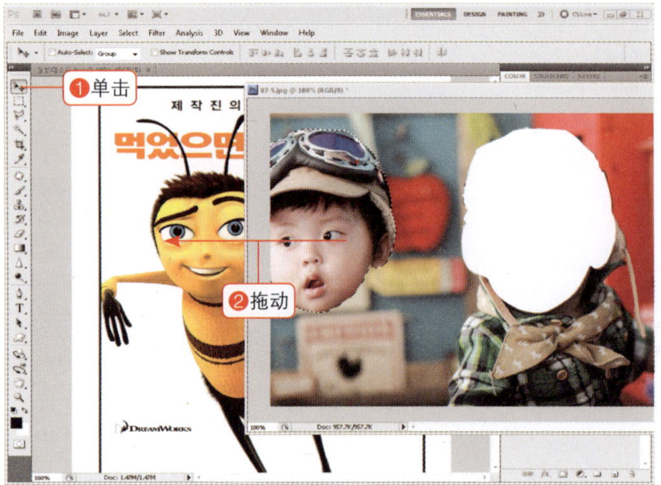

03 打开蜜蜂图像，移动图像

按快捷键Ctrl+O，打开蜜蜂图像（Sample\08章\蜜蜂大行动.jpg）。利用移动工具（ ）将小孩面部拖动到蜜蜂海报上。

04 缩小面部大小

按快捷键Ctrl+T调整小孩面部大小，使其与蜜蜂图像相符。操作结束后按Enter键确认。

创建个性有趣的作品！

跟我学

按照原海报修饰文字

05 输入文字1

下面我们在海报上添加合适的文字。单击文字工具（），在选项栏中将字体设置为HYHeadLine，将文字大小设置为20pt，输入文字。

将前面的文字和后面的文字设置为不同的大小，可以表现得更有生动感。

06 输入文字2

利用相同的方法，将字体设置为HYHeadLine，将文字大小设置为50pt，颜色设置为#f67823，输入文字。

07 为文字设置具体选项

下面我们为文字应用具体选项。单击打开字符面板的按钮，打开面板，拖动相应文字选择，如图所示进行设置。

08 输入文字3

下面我们在黄色多边形中输入文字。字体使用与之前相同的设置，颜色设置为黑色，输入文字。

09 旋转文字

按快捷键Ctrl+T，按照多边形方向旋转文字，按Enter键应用。

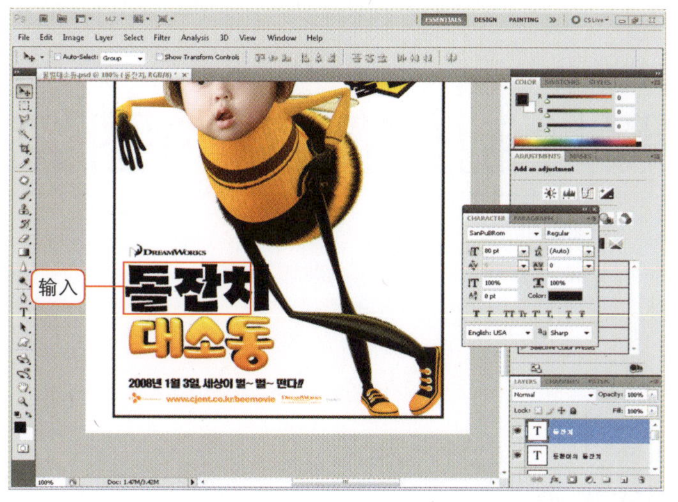

10 输入文字，选择渐变叠加样式

海报下方的标题要设置得较大，将字体设置为SanPuBRom，将字体大小设置为80pt，输入文字。

在图层面板中单击添加图层样式按钮（fx），选择Gradient Overlay（渐变叠加）。

在对话框中如图所示双击颜色部分，将颜色设置为#ee7522~#fbcf26进行应用。

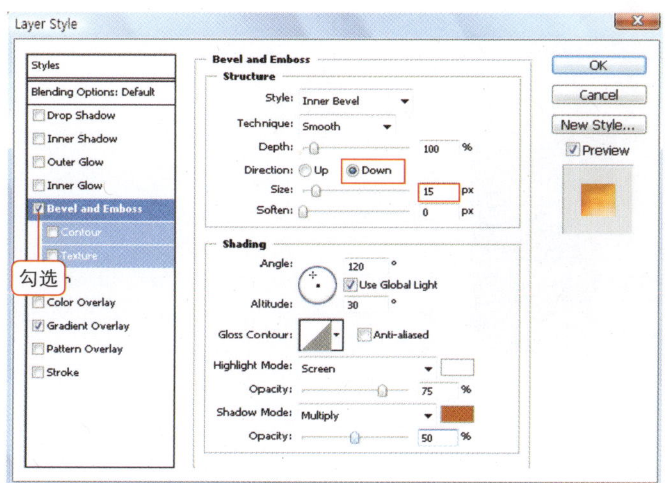

11 应用斜面、浮雕和投影样式

勾选Bevel and Emboss（斜面和浮雕），将Direction（方向）设置为Down，将Size（大小）设置为15px，将Shadow Mode（阴影模式）颜色设置为#c25a27，将Opacity（不透明度）设置为50%。

勾选Drop Shadow（投影），将Opacity（不透明度）设置为100%，将Size（大小）设置为0，单击“OK”按钮。

12 结束操作

至此，制作完成了模仿电影海报的邀请函。按照具体情况合成海报，可以表现得更加有趣。

13 应用

利用其他动画电影海报，在主人公头部添加小孩图像，应用与海报最相符的字体输入标题，应用投影样式。

创建有趣而实用的作品 08-6

重叠照片制作简练的图像

这种情况下使用

修饰简练的照片，特别是旅行照片的时候，经常会用到这一范例。它会给人一种就在此处拍摄的感觉，也可以用于表现多张商品照片。在常用的模特和郊外摄影的服装商品中，一定要使用一下这种方法。如果照片相框内的颜色不同，还可以应用于出色的网页设计作品中。

200%应用范例

❶ 修饰标题栏
描边样式，加深工具

❷ 将照片框设置为透明
添加白色图层——剪贴蒙版

❸ 修饰文字
文字工具，自定形状工具

创建个性有趣的作品！

跟我学

创建立拍得照片

| 范例文件 | 附书DVD\Sample\08章\08- 6.jpg
| 完成文件 | 附书DVD\Sample\08章\08- 6(1).jpg

01 打开图像，创建新图层

按快捷键Ctrl+O，打开范例图像（Sam-ple\08章\08- 6.jpg）。

在图层面板中单击创建新图层按钮（），创建新的图层。

02 创建立拍得胶片部分

利用矩形选框工具（）如图所示进行拖动，将前景色设置为黑色，按快捷键Alt+Delete填充颜色，按快捷键Ctrl+D取消选区。

03 创建立拍得边框

创建立拍得边框前，先单击创建新图层按钮（▣），添加新的图层，将新图层放置到Layer 1图层下方。利用矩形选框工具（⬚）选择一个大一些的矩形，将前景色设置为#e4e4e4，按快捷键Alt+Delete填充颜色，按快捷键Ctrl+D取消选区。

04 复制图层，组合透明的部分

为了创建阴影效果，按快捷键Ctrl+J复制图层。选择Layer 2图层，单击锁定透明像素按钮（▣），锁定透明的部分。将前景色设置为黑色，按快捷键Alt+Delete填充颜色。

锁定透明像素

只选择图层中操作的图像移动时使用该功能。选择一般图层，利用移动工具移动，可以连同图层的背景一起移动，如果想要只移动图像可以使用该方法。这里为了只更改立拍得相框，因此锁定了背景。

05 调节复制胶片部分图像大小1

按快捷键Ctrl+T，出现调节大小的调节点后，按住Ctrl键向右下方拖动调节点，调节大小。

有关自由变形工具的说明请参见第187页。按住CTRL键拖动调节点是为了扭曲图像。

06 调节复制胶片部分图像大小2

利用相同的方法如图所示将左下方的调节点他们向右下拖动，按Enter键。

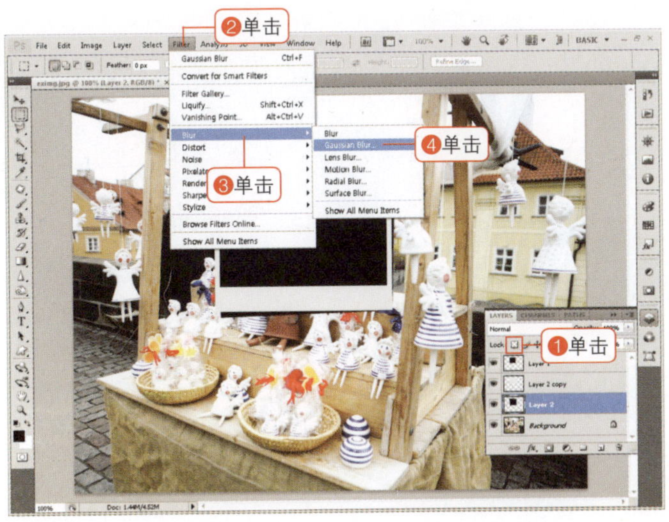

07 释放透明的部分，设置高斯模糊

再次单击锁定透明像素按钮（▣），释放锁定的透明像素，在菜单栏中执行Filter>Blur>Gaussian Blur（滤镜>模糊>高斯模糊）命令。

08 设置高斯模糊选项

在Gaussian Blur（高斯模糊）对话框中将Radius（半径）设置为3，单击“OK”按钮。

09 调节透明度

将图层的Opacity（不透明度）设置为60%，自然表现阴影效果。

创建个性有趣的作品！

跟我学

应用剪贴蒙版进行复制和修饰

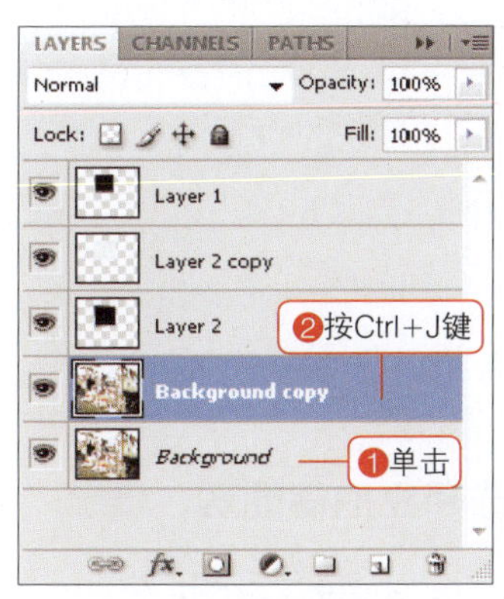

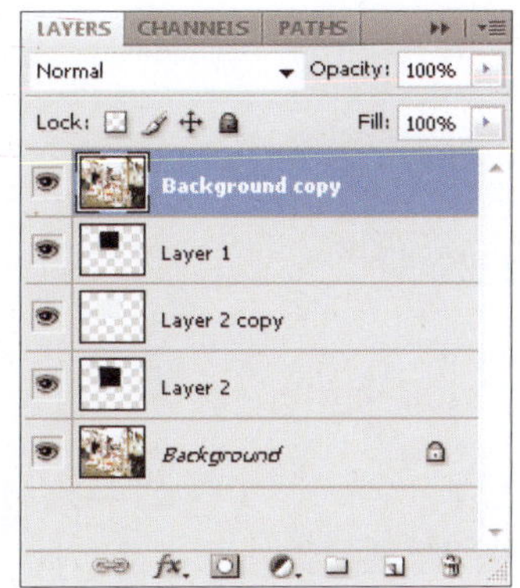

10 复制背景图像，应用剪贴蒙版

立拍得胶片全部创建完成后，选择Background图层，按快捷键Ctrl+J复制图层。

11 移动复制的图层，应用剪贴蒙版

拖动复制的图层将其放置到最上方，按快捷键Ctrl+Alt+G应用剪贴蒙版。

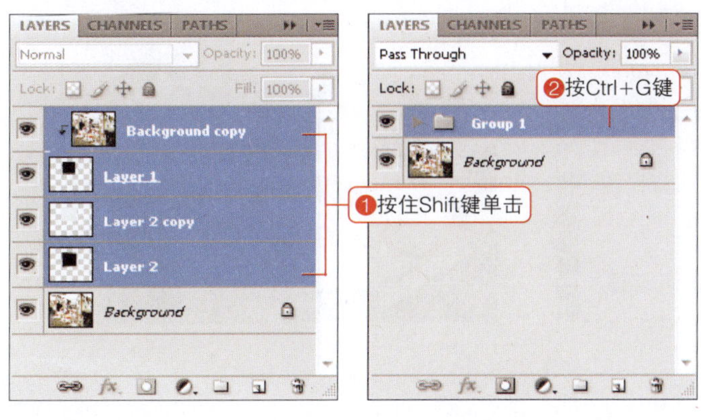

12 创建图层组

按住Shift键单击阴影图层，选择4个图层，按快捷键Ctrl+G创建为图层组。

将一个复杂的操作或要做为同一个图像的操作组合为图层组，之后修正或者更改的时候会更加方便。

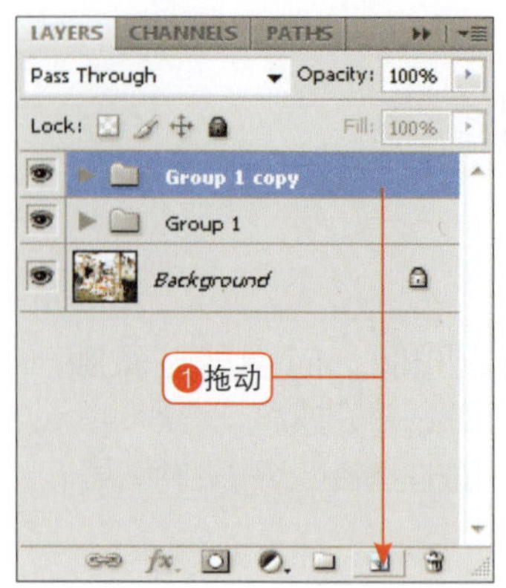

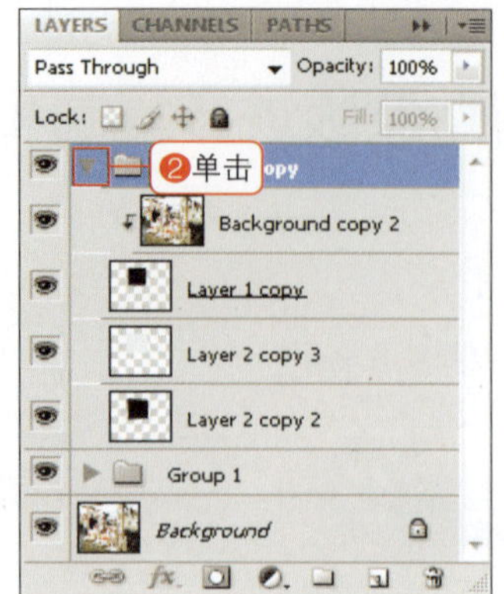

13 复制图层组，展开目录

将Group 1拖动到创建新图层按钮（）上复制。单击组合选项按钮（），展开组合的图层列表。

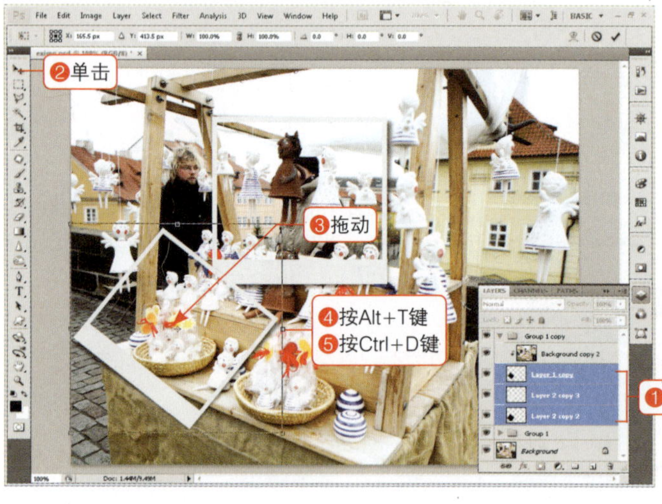

14 一次性选择立拍得图层，调节大小

按住Ctrl键单击立拍得图层。利用移动工具（）向外拖动立拍得相框，按快捷键Ctrl+T调节大小和角度。

15 创建多个立拍得并排列

利用相同的方法复制组合，制作叠放的立拍得照片效果。

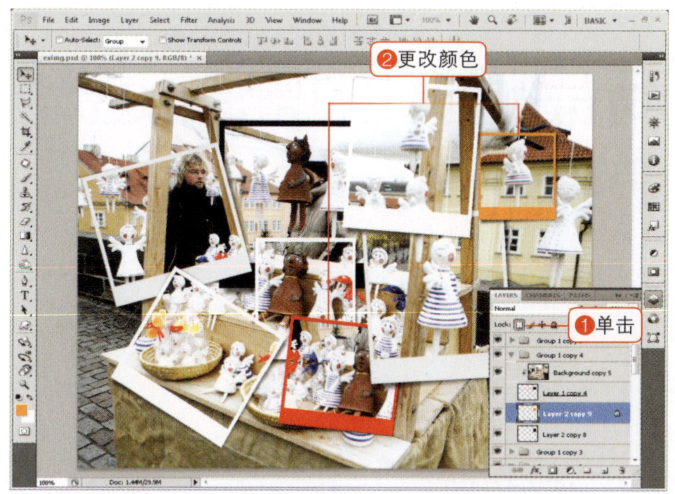

16 更改立拍得相框颜色

在立拍得相框图层中单击锁定透明像素按钮（▣），锁定图层，然后填充多种颜色，表现丰富多彩的感觉。

17 应用

创建立拍得照片后，添加透明度设置为50%的白色图层，应用剪贴蒙版可以表现更加干净的感觉。在图像上输入美观的文字进行修饰效果会更好。

创建动画作品 09-1

创建商品通知中需要运动的图像Banner

这种情况下使用

闪动的Banner经常用于商品销售中，对重要的打折商品进行宣传的时候非常有用。与固定的图像相比，运动的图像可以更快地映入眼帘。这个范例是最基本的动画作品，创建后多增加几个图像个数，可以营造出有趣的作品效果。

200%应用范例

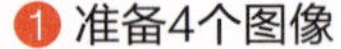

❶ 准备4个图像

❷ 文本颜色
#ff5114, eb0768, 8425ed, 2ba3ee

❸ 添加对话气球形状
自定形状工具——对话气球形状

创建个性有趣的作品！

跟我学

创建动画要素

| 范例文件 | 附书DVD\Sample\09章\09- 1.psd
| 完成文件 | 附书DVD\Sample\09章\09- 1(1).psd

01 打开图像与动画面板

按快捷键Ctrl+O，打开附书DVD中的图像（Sample\09章\09-1.psd）。观察图层面板，可以看到其中有两个图层。在菜单栏中选择Window>Animation（窗口>动画）命令，打开动画面板。当前显示的第一帧是动画的第一个画面。显示1图层和line图层的眼睛图标( )，隐藏2图层。

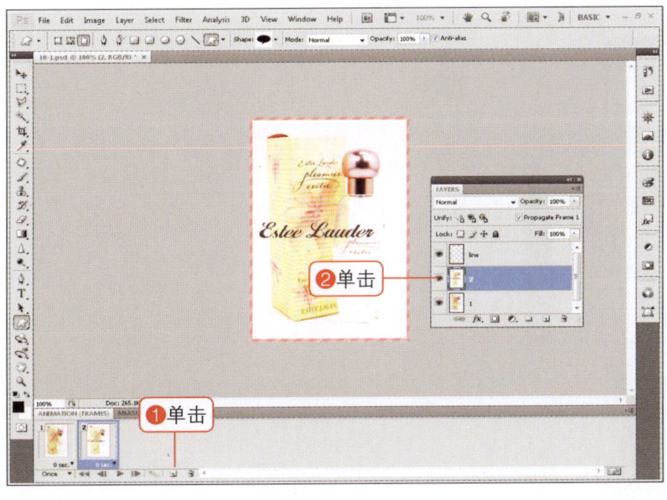

02 创建新的帧，显示图像

为了创建第二帧，单击复制帧按钮( )。在图层面板中打开2图层的眼睛图标( )，显示轮廓和2图层的图像。

帧和图层眼睛图标的相互关系

按照帧的顺序显示图像，决定图像是否显示的是图层面板中的眼睛图标。如果没有在第几帧显示什么图像的计划，会很容易混淆。如果利用自己的照片进行练习，要先绘制好按照帧顺序显示什么图像的草图，然后设置图层面板的眼睛图标，操作会更加方便。

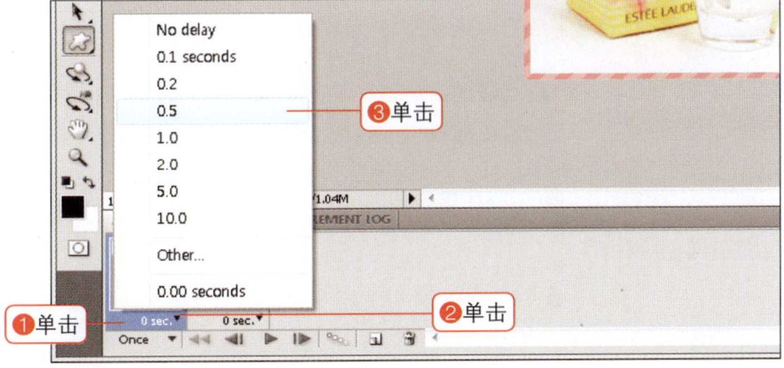

03 调节显示图像的时间

下面我们来设置帧时间。在动画面板中选择第一帧，单击缩览图下方的0sec.。显示菜单后选择0.5，这表示第一帧图像会显示0.5秒。

04 调节其他帧时间

利用相同的方法将其他帧也设置为显示0.5秒。

如果想要调节帧时间为菜单以外的时间

如果想要将帧时间设置为菜单中没有的时间，单击Other命令，在Selt Delay文本框中输入所需的时间，单击"OK"按钮即可，可输入到小数点后两位。

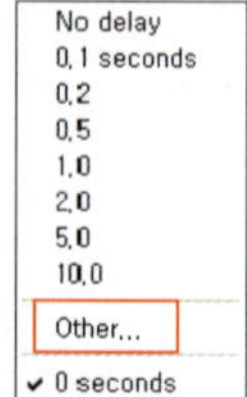

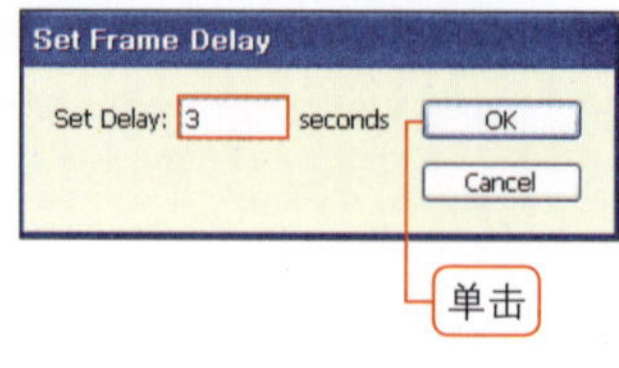

05 播放图像

如果想要确认应用的动画，单击播放/停止按钮(▶)，可以看到图像按照指定的时间间隔播放。

电影就是按照这一原理创建的。当然，电影的帧数要更多。

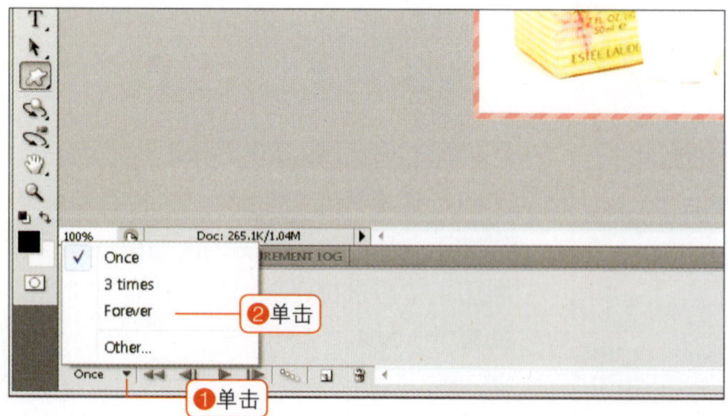

06 设置重复播放选项

如果想要重复播放动画，单击面板下端once选项旁边的下拉按钮(▾)，单击Forever，保存为动态文件。

重复播放选项

可以设置动画播放的次数。如果想要设置默认值以外的播放次数，单击Other即可。

❶ Once：播放一次。

❷ 3 Times：只播放3次。

❸ Forever：不停止地连续播放。

❹ Other：可以直接设置播放重复的次数。

07 保存文件格式

在对话框中将文件格式设置为GIF，单击“Save”按钮。

将运动的图像保存为GIF文件

运动的图像一定要保存为GIF文件，如果保存为GIF以外的格式，不会显示动画效果。动画操作有些难，如果因没有用合适的文件格式保存，而显示不出效果，会令人非常伤心。因此，一定要牢记，运动的图像要保存为GIF格式文件。

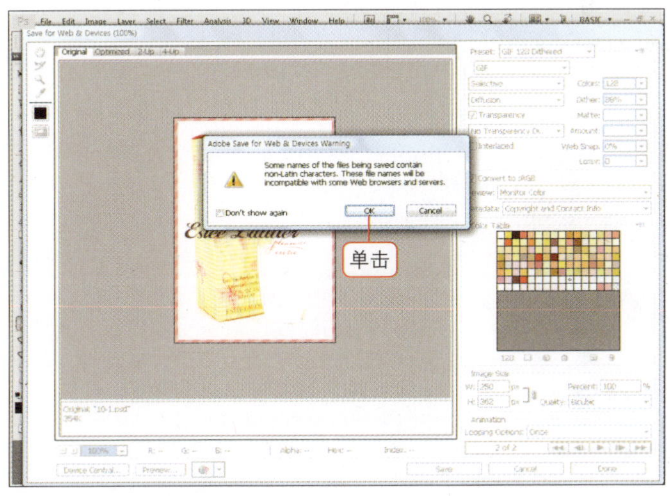

08 保存文件

输入文件名称，单击“保存”按钮。弹出提示对话框后单击“OK”按钮。

GIF保存提示框

这里弹出的提示框所提示的是，如果文件名称没有设置为英文，可能会无法正常播放，一般要设置为数字名称。如果真的是很重要的操作，希望读者可以使用英文名称命名。

09 应用

在自定形状工具中利用对话气球形状修饰文字。将4张图像设置为以两秒为单位更换的动画。

创建动画作品 09-2

创建边更改颜色边移动的字句

这种情况下使用

强调文字的时候可以使用该功能，其常用于一般Banner广告中。可以更改为多种不同的颜色，为文字逐个设置颜色，以表现出似乎阅读文字的有趣效果。

200%应用范例

❶ **更改背景**
画笔工具、渐变工具——图层蒙版

❷ **更改文字**
从左向右移动

❸ **应用补间功能**
添加10帧，将播放间隔设置为0.2秒

跟我学

设置移动文字的颜色

| 范例文件 | 附书DVD\Sample\09章\09- 2.jpg
| 完成文件 | 附书DVD\Sample\09章\09- 2(1).gif

01 打开图像

按快捷键Ctrl+O，打开要输入文字的图像（Sample\09章\09-2.jpg）。

02 输入文字

选择文字工具(T)，将前景色设置为黑色，输入所需的文字。为了使颜色显示得更好，选择有厚度的字体，并且调整为合适的大小。

03 选择第一个文字

在图层面板中添加一个空白图层。单击选择工具，拖动take文字创建为选区。

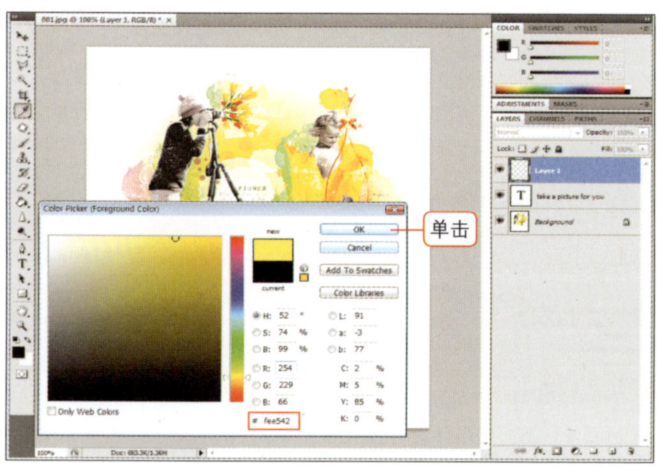

04 设置第一个文字的颜色

将前景色设置为#fee542，单击“OK”按钮。

05 填充颜色，设置混合模式

选择油漆桶工具( )，单击选区填充颜色。按快捷键Ctrl+D取消选区，在图层面板中将Layer 1图层的混合模式设置为Screen（滤色），将文字更改为黄色。

06 打开动画面板

在菜单栏中选择Window>Animation（窗口>动画）命令。

07 移动黄色框

选择移动工具( )，在选择Layer 1图层的状态下将黄色框放入文字内，使其不显示。

08 添加帧，移动黄色框

在动画面板中单击添加帧按钮(▣)，添加一帧。再次利用移动工具(▣)将左侧的黄色框向右移动，直到不显示。

take a picture for you

09 在第1、2帧之间添加补间效果

为了创建第一帧和第二帧之间的过程，选择第二帧，单击创建补间效果按钮(▣)。在对话框中将Tween With（补间动画）设置为Previous Frame（上一帧），将Frames to Add（增加帧数）设置为5，单击“OK”按钮。

10 在第7、1帧添加补间效果

为了在最后一帧和第一帧之间创建补间效果，选择第七帧，单击创建补间效果按钮(▣)。在对话框中将Tween With（补间动画）设置为First Frame，将Frames to Add（增加帧数）设置为5，单击“OK”按钮。

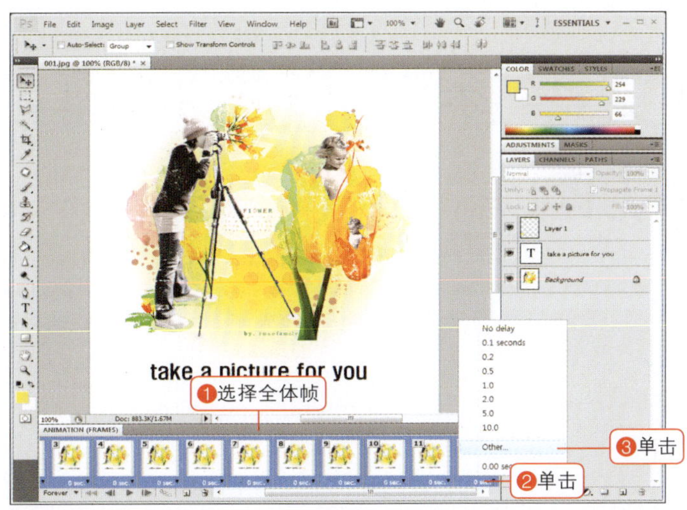

11 调节所有帧播放间距时间

选择第一帧，按住Shift键单击第12帧，选择全体帧。单击0sec.部分，选择Other，将时间设置为0.4，单击“OK”按钮。

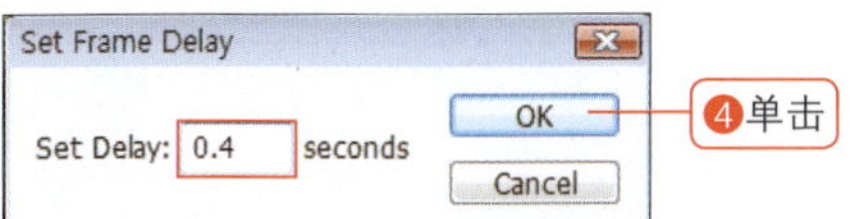

12 设置播放重复次数

将播放重复次数设置为Forever（永远），单击播放按钮(▶)，确认动画正确播放后保存。

13 应用

在文字中应用渐变样式，分帧将文字的透明度设置为100%~40%，表现补间效果。在赋予效果的帧之间共移动添加了5帧。

创建动画作品 09-3

创建文字逐渐消失并显现的动画

这种情况下使用

在创建E- mail信纸以及由文字和照片构成的图像中经常用到这一范例，将文字和图像表现为有故事情节的效果，可以形成一个视频文件。

200%应用范例

❶ 更改背景
合成图像创建效果

❷ 更改文字
创建反转文字

❸ 利用补间功能
添加12帧，将播放间隔设置为0.5秒

创建个性有趣的作品！

跟我学

输入表现动画效果的文字

| 范例文件 | 附书DVD\Sample\09章\09-3.jpg
| 完成文件 | 附书DVD\Sample\09章\09-3(1).psd

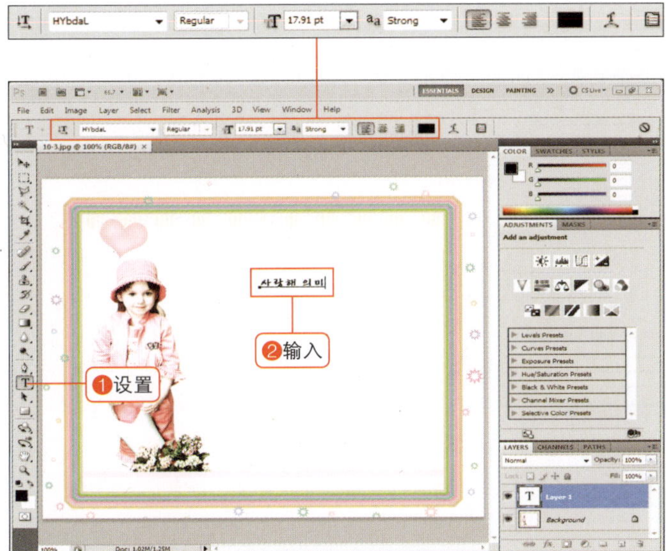

01 打开图像，输入标题

按快捷键Ctrl+O，打开附书DVD中的图像（Sample\09章\09-3.jpg）。在工具箱中选择横排文字工具(T)，设置选项后输入标题。

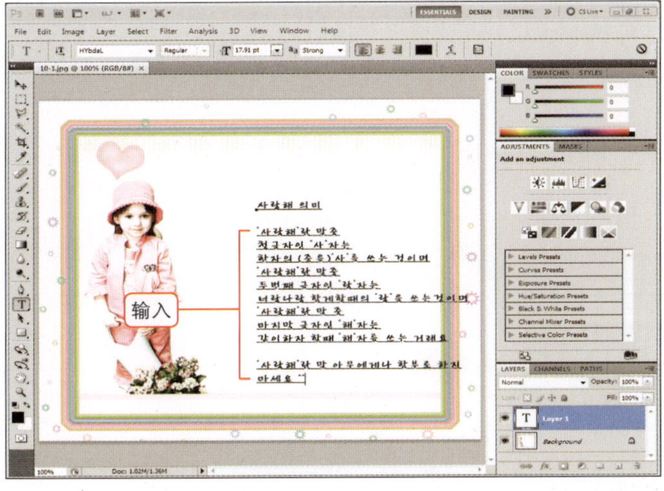

02 输入文字

输入完标题后，按Enter键换行，再次按Enter键换行，继续输入文字。

在PHOTOSHOP中与一次性输入全部文字相比，最好一行一行地创建图层输入，这样可以轻松地对第一行文字进行设置。

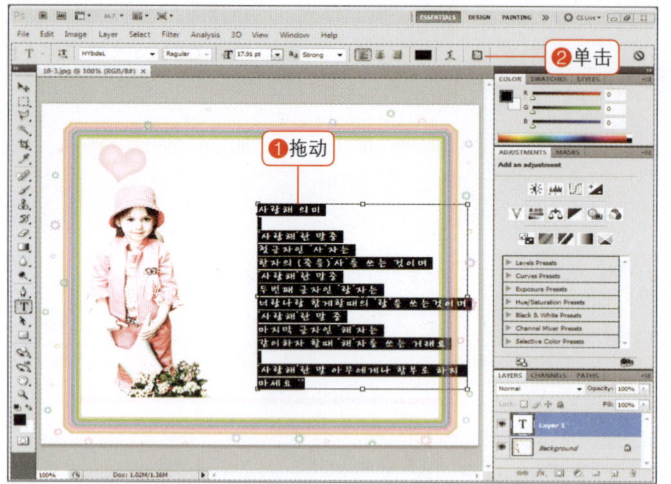

03 应用文字样式

拖动选择文字设置为文本块，单击“切换字符和段落面板”按钮()，设置选项。设置结束后关闭面板。

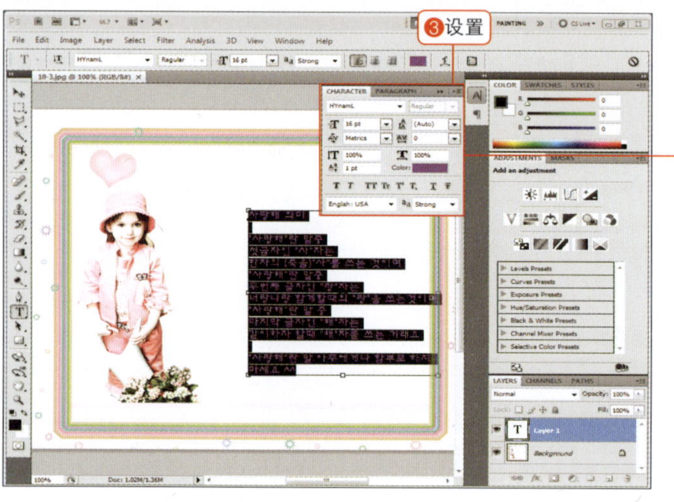

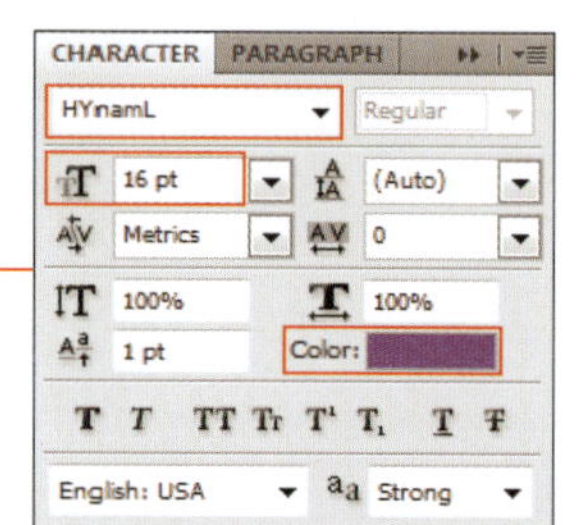

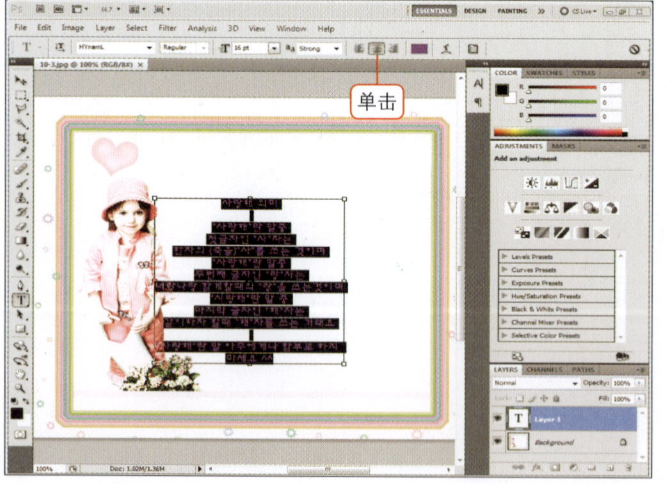

04 将文字居中排列

在文字工具选项栏中单击“居中对齐文本”按钮(▤)，将文字排列到中央。

选择移动工具，文字上显示的文字编辑线消失了。

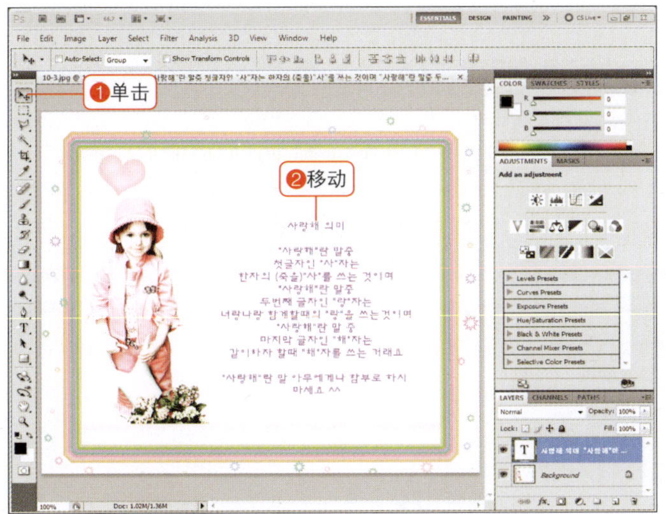

05 移动文字

单击移动工具()，将文字向右移动。

鼠标光标离开文字区域后，会自动更改为移动工具。

06 更改标题文字颜色

再次选择横排文字工具(T)，只选择文字标题部分，将其设置为文本块，在选项栏中设置为红色#+b190b。

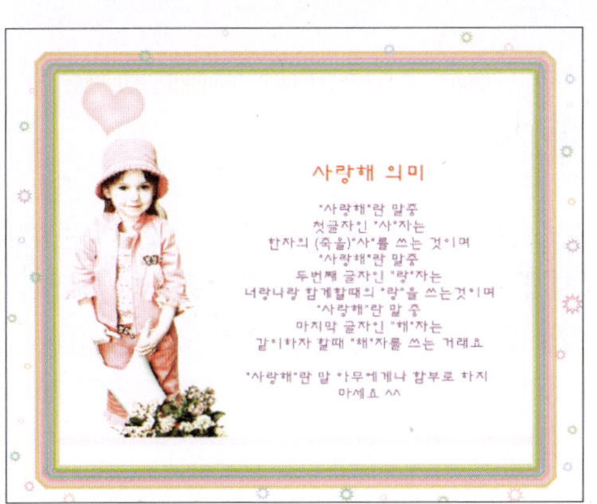

创建个性有趣的作品！

跟我学

利用补间效果创建自然的动画

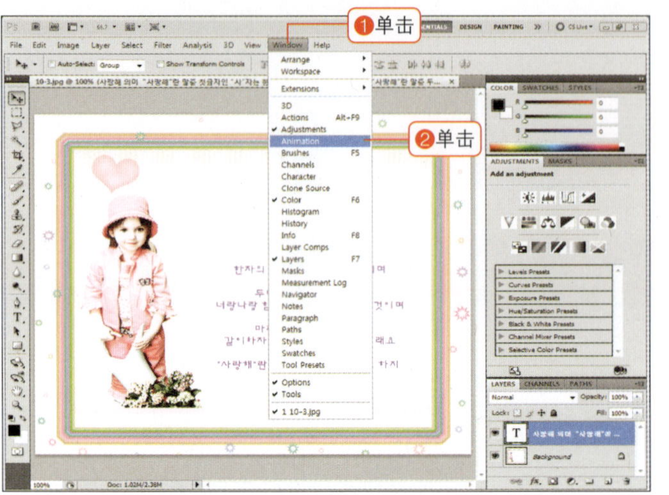

07 打开动画面板

下面表现动画。在菜单栏中选择Window>Animation（窗口>动画）命令，打开动画面板。

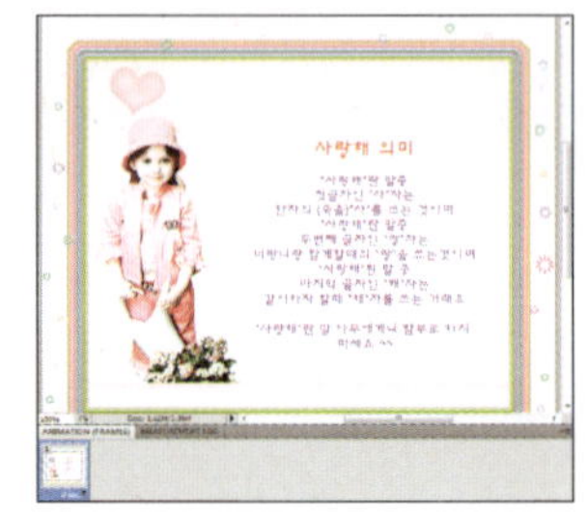

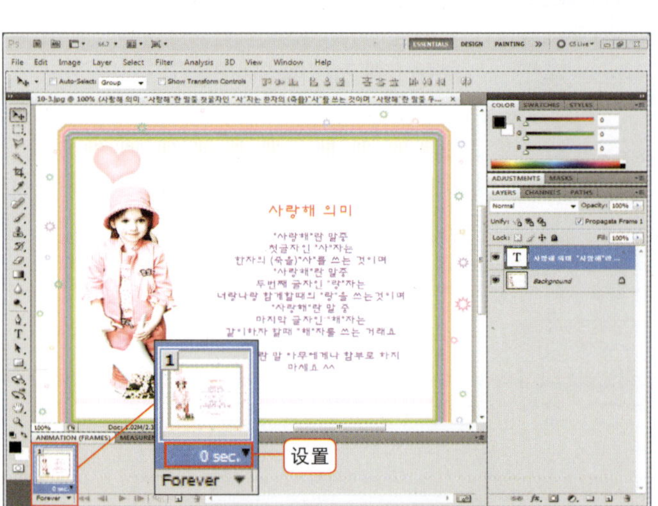

08 设置帧播放时间和重复次数

按照前面介绍的方法，将帧播放时间设置为0.1sec.，将播放重复次数设置为Forever（永远）。

如果忘记了设置播放时间和重复次数的方法，请参见第259和第260页。

09 添加帧

单击“复制所选帧”按钮(□)添加一帧。选择第2帧，单击图层面板的文字图层的眼睛图标(□)将其关闭。第1帧显示文字，第2帧不显示文字。

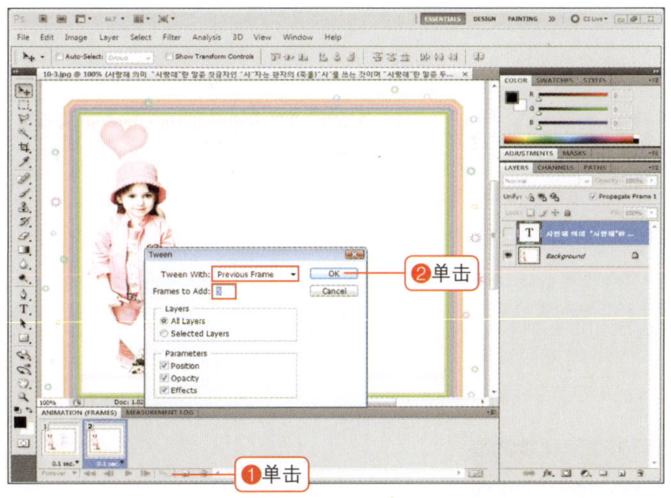

10 添加补间效果

为了自然地连接第1帧和第2帧的图像，单击“过渡动画帧”按钮()。在对话框中将Tween With（过渡方式）设置为Previous Frames（上一帧），将Frames to Add（要添加的帧数）设置为5，单击“OK”按钮。在第1帧和第2帧之前创建了5帧，一共生成了7帧。

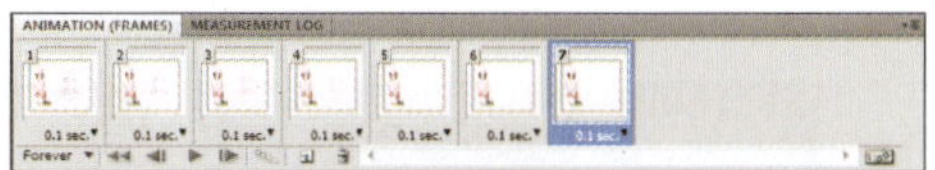

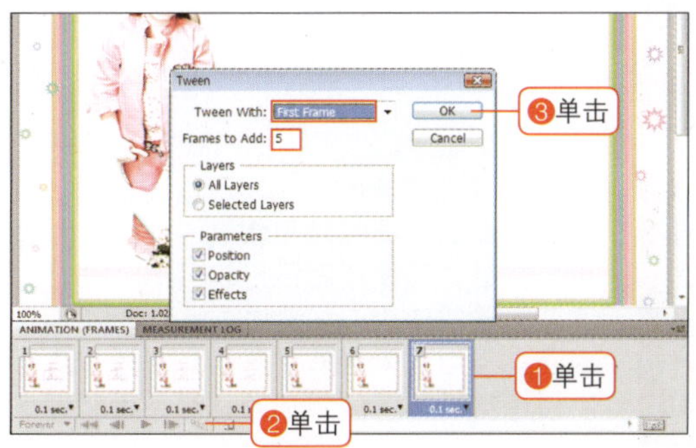

11 与最前面的帧连接

下面为了表现文字渐渐消失又渐渐出现的效果，将第7帧连接到第1帧。

选择第7帧，单击“过渡动画帧”按钮()。如图所示进行设置，单击“OK”按钮。添加链接第7帧和第1帧的5帧，延长为共12帧。

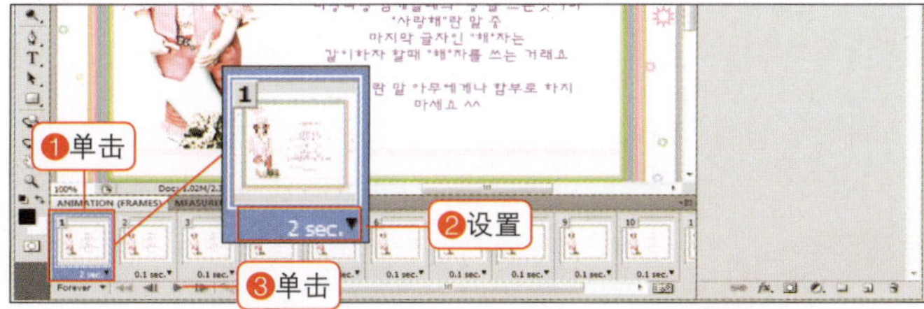

12 调节播放时间并保存

为了延长文字出现部分的时间，选择第1帧，将时间设置为2sec.。最后单击“播放动画”按钮()确认，保存为GIF文件。

13 应用

输入文字，按照前面学过的范例反转图像，创建反复消失后出现的动画效果。

创建动画作品 09-4

制作文字向上滚动的效果

这种情况下使用

之前创建的动画经常和漂亮的视频一起使用，在结婚典礼或者百日宴等感动气氛的活动上经常使用，在其中加入音乐和信件内容，看信的人会非常感动。在表现电影字幕感觉的时候效果也非常好，希望读者可以掌握。

200%应用范例

❶ 更改背景
画笔工具、渐变工具——图层蒙版

❷ 更改字句
从左向右移动

❸ 利用补间功能
添加10帧，将播放时间设置为0.2sec

创建个性有趣的作品！

跟我学

输入滚动效果的文字

｜范例文件｜附书DVD\Sample\09章\09- 4.psd
｜完成文件｜附书DVD\Sample\09章\09- 4(1).psd

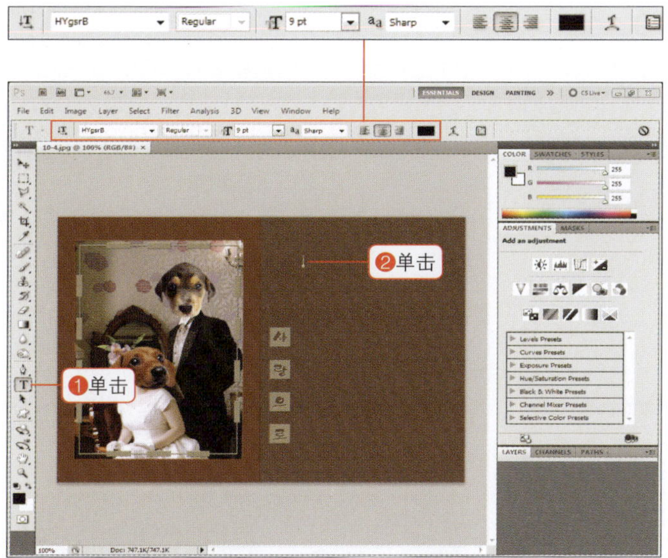

01 打开图像，选择文字工具

按快捷键Ctrl+O，打开附书DVD中的文件（Sample\09章\09- 4.psd）。选择横排文字工具(T)，设置选项，然后在右侧要输入文字的部分单击。

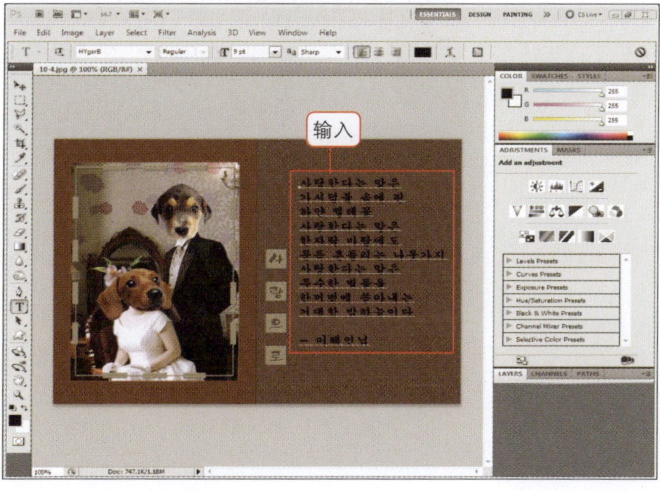

02 输入文字

输入一段有关于爱情的和谐美满的文字。先输入标题，按一次Enter键，然后利用相同的方法继续输入文字。

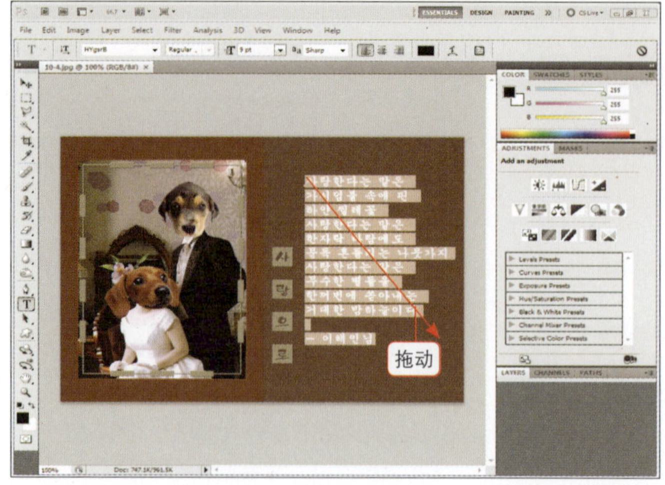

03 设置文本块

文字全部输入完成后，用鼠标拖动文字，将整体设置为文本块。

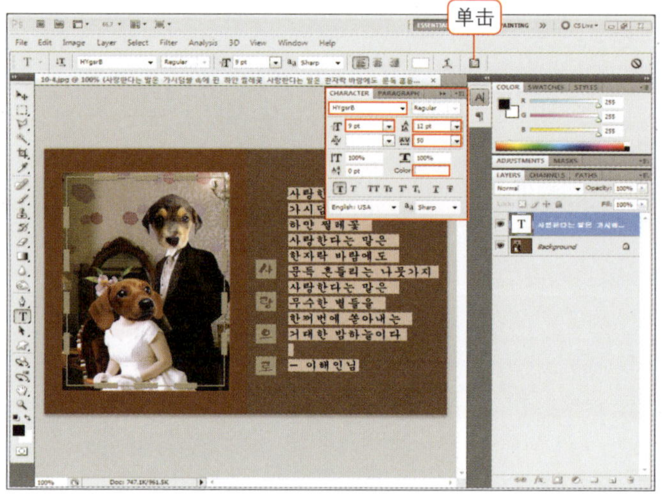

04 设置字符面板选项

单击“切换字符和段落面板”按钮(▤)，设置选项，排列文字。

05 移动文本位置，调节透明度

利用移动工具(▸)将文字向右移动。为了表现纸张上的自然感觉，在图层面板中将Opacity（不透明度）设置为80%。

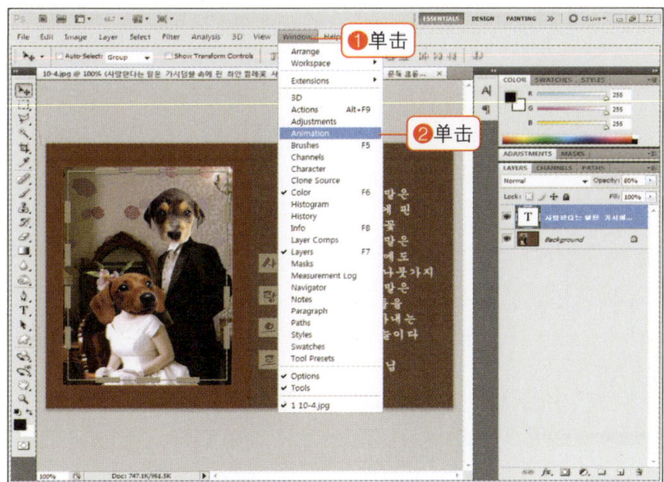

06 打开动画面板

为了给文字添加向上滚动的动画效果，在菜单栏中选择Window>Animation（窗口>动画）命令。

07 设置播放时间和重复次数

将第 1 帧的时间设置为0sec.，将播放次数设置为Forever（永远）。

08 添加帧，隐藏文字

单击“复制所选帧”按钮(![]), 添加一帧。选择第2帧，选择移动工具(![])拖动，直到文字在下方不显示。

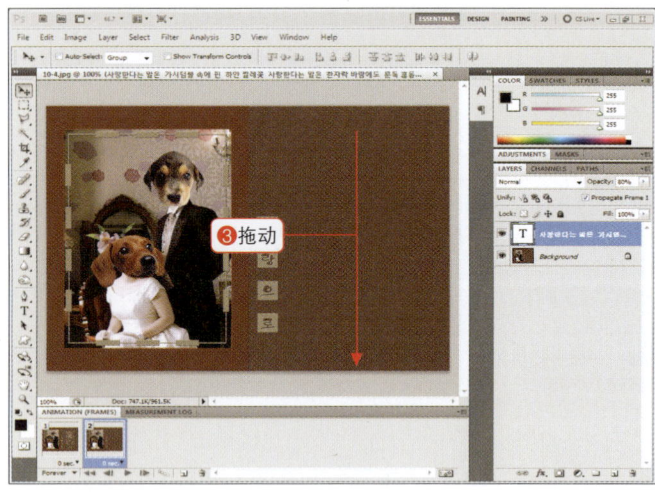

09 更改帧位置

拖动更改第1帧和第2帧的位置。第1帧不显示文字，第2帧显示文字。

10 添加补间效果

选择第2帧，单击“过渡动画帧”按钮( )，将Frames to Add（要添加的帧数）设置为40，单击“OK”按钮。

11 播放帧，再次调整帧时间

在第1帧和第2帧之间添加40帧，创建一共42帧。单击“播放动画”按钮( )，可以确认文字渐渐向上移动。

下面我们将文字滚动后全部显示的第42帧设置为稍稍停止。选择第42帧，将播放时间设置为2.0。

12 再次播放并保存

再次单击“播放动画”按钮( )确认，在菜单栏中选择File>Save for Web（文件>保存为网页格式）命令保存。

13 应用

可利用文字移动的效果创建商品销售Banner。将文字设置为从左向右移动，将播放次数设置为Forever（永远）。

创建动画作品 09-5

制作心形相框的效果

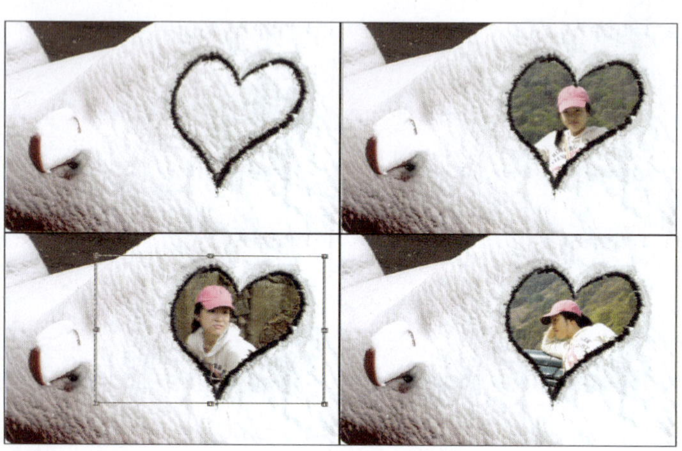

这种情况下使用

制作儿童成长相册或婚礼相册，以丰富的方式显示多种图像。在图像内添加图像，将外框修饰得很美观，或者使内部的图像动起来，可以创建出独具特色的相册。

200%应用范例

❶ 更改背景图像
设计心形形状的边框

❷ 更改播放时间
设置为0.1sec和Forever（永远）

创建个性有趣的作品！

跟我学

创建边框，加入图像

| 范例文件 | 附书DVD\Sample\09章\09- 5.jpg，09- 5- 2.jpg，09- 5- 3.jpg，09- 5- 4.jpg

| 完成文件 | 附书DVD\Sample\09章\09- 5(1).gif

01 打开图像

按快捷键Ctrl+O，打开附书DVD中的图像Sample\09章\09- 5.jpg。下面我们要在雪中的心形内添加图像。

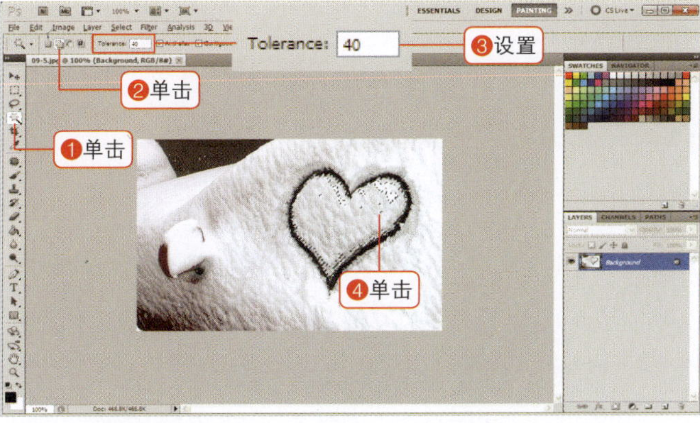

02 利用魔棒工具选择

在工具箱中选择魔棒工具()，在选项栏中单击“添加到选区”按钮()，将Tolerance（容差）值设置为40。在心形图像内单击，将心形部分设置为选区。

只通过一次单击不能进行精确的选择。因此选择了“添加到选区”按钮，通过多次单击进行选择。

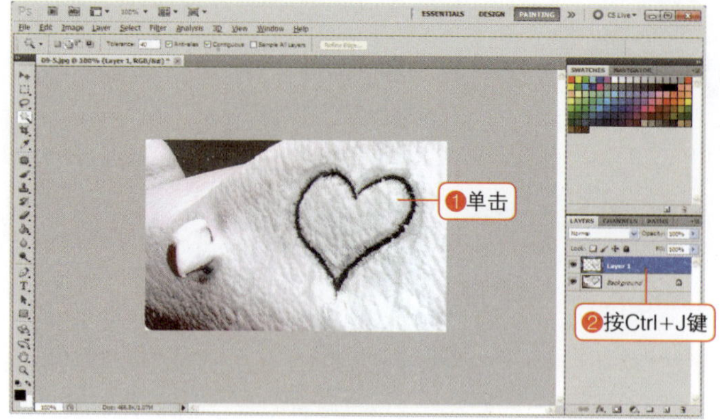

03 复制选区

对局部没有被选择的心形部分多次单击，精确地设置为选区。将心形全部设置为选区后，按快捷键Ctrl+J复制心形区域。

04 打开图像

按快捷键Ctrl+O，打开要放入心形框内的图像（Sample\09章\09-5-2.jpg）。利用移动工具()将图像拖动到原来的操作窗口。复制结束后关闭人物图像。

将操作结束后的文件关闭，可以更加方便地进行操作。

05 添加剪贴蒙版效果

利用移动工具将人物图像放置到心形内。在Layer 2图层内单击鼠标右键，选择Create Clipping Mask（创建剪贴蒙版）命令。

06 打开第二个图像，添加剪贴蒙版效果

按快捷键Ctrl+O，打开第二个图像（Sample\09章\09- 5- 3.jpg）。利用相同的方法，利用移动工具移动图像，然后应用剪贴蒙版效果。

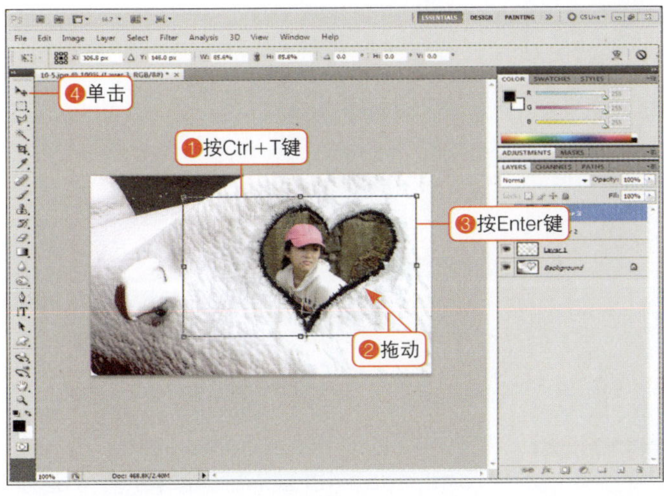

07 调节图像大小

如果图像过大，按快捷键Ctrl+T缩小尺寸。按Enter键清除调节点，利用移动工具(▶)拖动，适当移动图像的位置。

08 添加第三张图像

利用相同的方法将第三张图像（Sample\09章\09- 5- 4.jpg）放入到心形内。

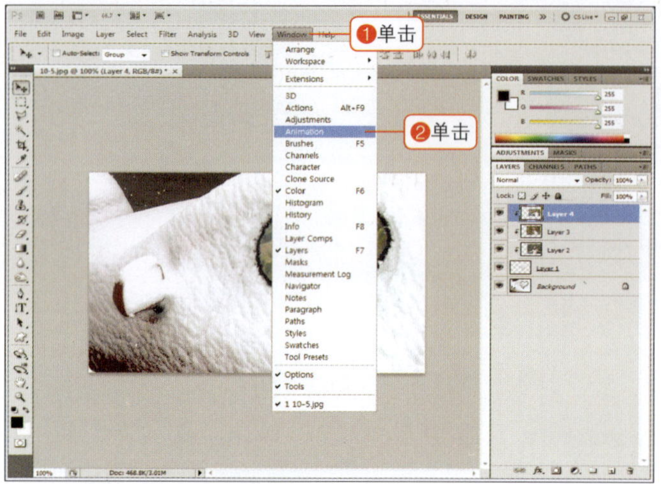

09 打开动画面板

在菜单栏中选择Window>Animation（窗口>动画）命令。在动画面板中单击两次“复制所选帧”按钮( )，添加两帧。

10 设置第1帧选项

单击选择第1帧，在图层面板中关闭Layer 3和Layer 4图层的眼睛图标( )。这里只保留最开始显示的图像，直接关闭眼睛图标即可。

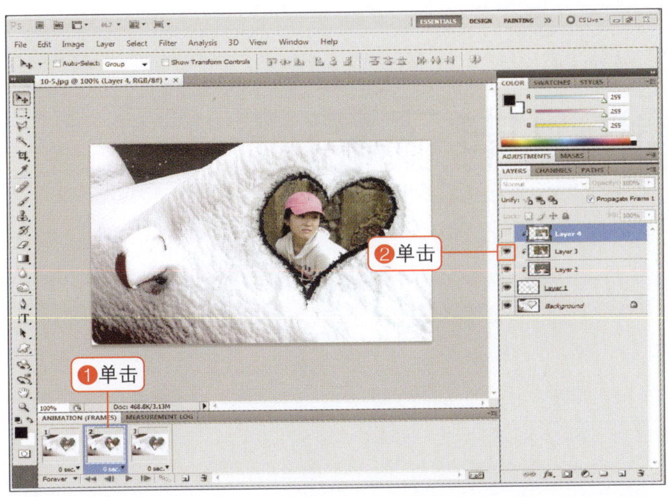

11 设置第2，3帧选项

选择第2帧，打开Layer 3图层的眼睛图标()。选择第3帧，打开Layer 4图层的眼睛图标()。

因为LAYER 3图层位于LAYER 2图层上方，所以不关闭LAYER 2图层的眼睛图标也可以。不要忘记图层位于上方的图像显示在上方这一点。

12 设置整体帧的播放时间

选择第1帧，按住Shift键选择第3帧，可以选择所有帧。单击时间，将播放时间设置为0.5。将3帧的时间都设置为0.5。将播放重复次数设置为Forever（完成），完成操作。

13 应用

心形的背景不是使用照片，而是使用Photoshop进行修饰的。可以对照片的边框进行多种设置应用。

创建动画作品 09-6

制作翻页电子相册

这种情况下使用

目前市面上有很多滚动播放的电子相册，利用Photoshop也可以表现出电子相册效果。应用多种滤镜，可以表现出自然的图像效果，像之前的范例一样，可以应用其创建成长相册或结婚相册。

200%应用范例

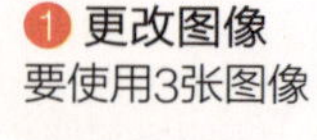

❶ 更改图像
要使用3张图像

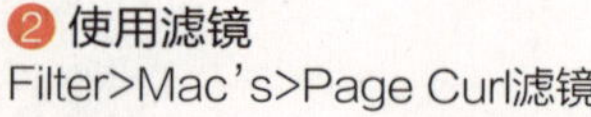

❷ 使用滤镜
Filter>Mac's>Page Curl滤镜

❸ 设置播放间隔时间
0.2sec 和 Forever（永远）

创建个性有趣的作品！

跟我学

按照顺序排列图像

| 范例文件 | 附书DVD\Sample\09章\相册文件夹
| 完成文件 | 附书DVD\Sample\09章\09- 6(1).psd

01 打开图像

打开附书DVD中的图像（Sample\09章\相册文件夹）。相册中使用的图像大小必须完全相同，附书DVD中提供的图像是相同大小的图像。

如果想使用其他照片创建，最少要准备4张图像。

02 组合为一个图像

将各个照片组合为一个图像。选择09-6- 2.jpg图像，按快捷键Ctrl+A全选，按快捷键Ctrl+C复制，然后在想要组合的09- 6- 1.jpg图像中按快捷键Ctrl+V粘贴。对其他图像也全部粘贴。

03 放大画布

如果想要创建多页图像，在当前图像中需要有背景。放大图像尺寸，在菜单栏中选择Image>Canvas Size（图像>画布大小）命令，将Width（宽度）设置为原来大小的2倍（600），将Height（高度）设置为1.5倍（567），将Anchor（定位）设置为左下端，单击“OK”按钮。

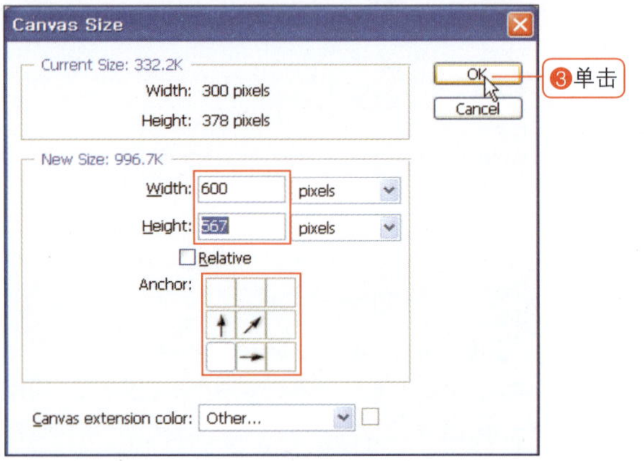

04 移动图像

选择移动工具( )，关闭Layer 2和Layer 3图层的眼睛图标( )，选择Layer 1图层，向右移动图像，固定为在最下方显示的图像。

移动的时候按住SHIFT键，可以正确地按照直线移动，想要准确移动的时候可以使用这一功能。

05 移动其他图像

选择Layer 2，利用与Layer 1相同的方法向右移动。

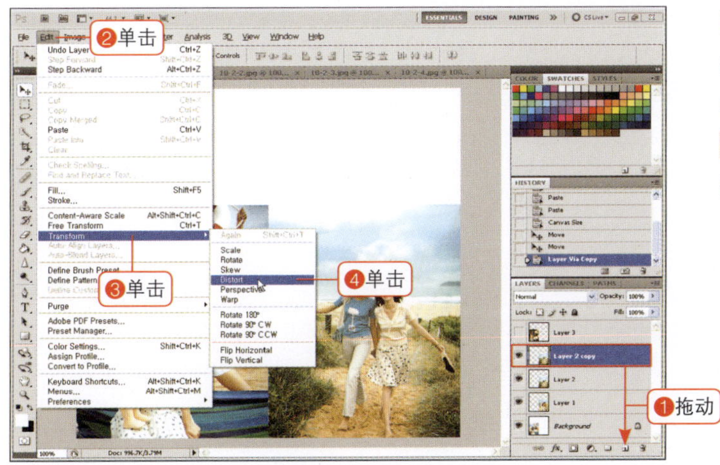

06 添加新图层

将Layer 2图层拖动到“创建新图层”按钮()上进行复制，在菜单栏中选择Edit>Transform>Distort（编辑>变换>扭曲）命令。

07 创建翻页图像

为了创建翻页图像，在选项栏中将中心点设置为左上端()，将宽度设置为85%，将角度设置为-10，按Enter键或者在调节框内双击。

调节倾斜度的其他方法

在选项栏中输入数值可以调节倾斜度，还可以在选项栏中只选择调节点，用鼠标直接调节调节框上的调节点即可。

08 创建翻页图像2

按快捷键Ctrl+J复制Layer 2 copy图像，将尺寸缩小为之前图像宽度的70%，将角度设置为-20进行倾斜。利用相同的方法再复制一张图像，调节为比之前的图像更加倾斜。

扭曲选项栏

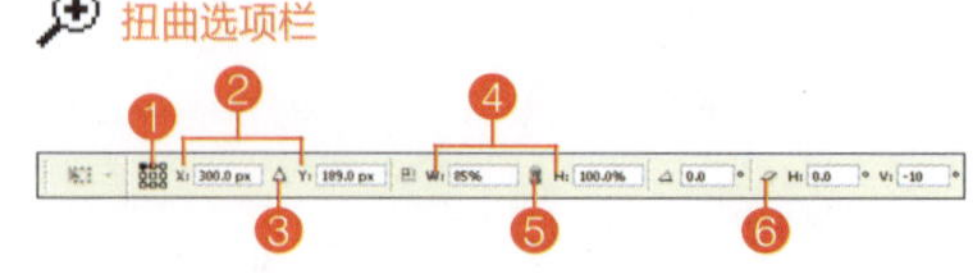

❶ 参考点位置：应用变换的时候，设置要成为中心点的部分。

❷ X/Y：根据X、Y坐标设置图像的位置。当前显示的值为当前图像的位置。

❸ “使用参考点相关定位”按钮(△)：单击该按钮，以当前图像的位置为基准将坐标设置为（0，0）。

❹ W/H：以百分比为基准调节图像大小。

❺ “保持长宽比”按钮(🔗)：单击该按钮，可以保持横向和纵向的比例。

❻ H/V：更改图像横向或者纵向的翻转。

09 反向创建书页图像1

关闭Layer 2和复制图层的眼睛图标(👁)，选择Layer 3 图层，按快捷键Ctrl+J复制。与之前的书页图像相反，将中心点设置为右上端，将宽度设置为85%，将角度设置为10。

10 反向创建书页图像2

利用相同的方法再复制两个图层，调节为比之前的图像更倾斜一些。

范例中将原本图像复制了3张，如果复制的图像越多，图像之间的间距应该越小，这样才会更加自然。

创建个性有趣的作品！

跟我学

设置帧，添加动画效果

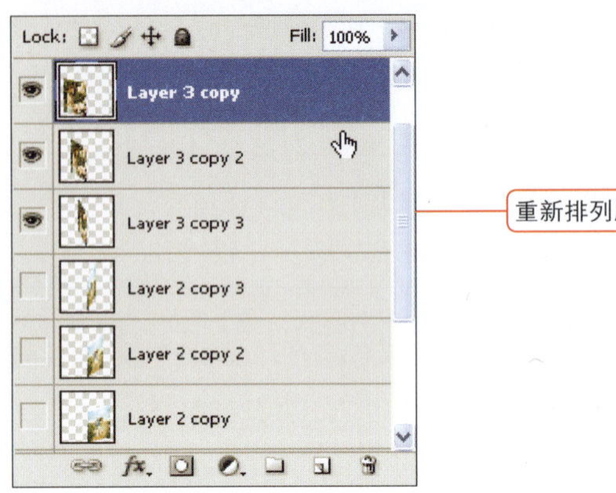

11 更改图层顺序

下面我们按照翻书的顺序调节图层的顺序。将Layer 3和复制的图层按照Layer 3 copy 3~Layer 3的顺序拖动更改图层顺序。

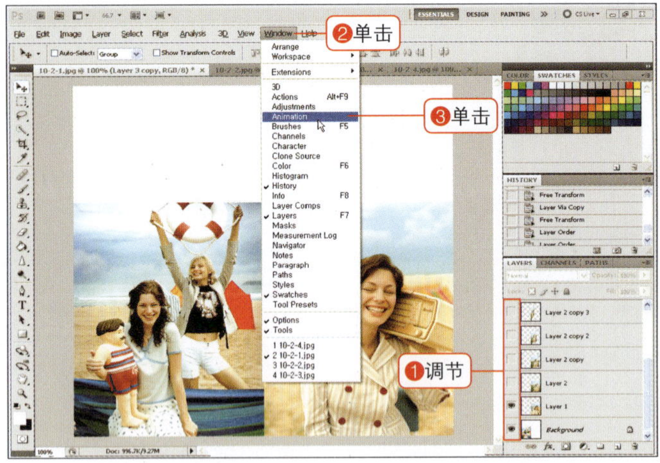

12 转换到ImageReady

打开最下方显示的Background（背景）图层和Layer 1图层的眼睛图标(👁)，关闭其他图层的眼睛图标，在菜单栏中选择Window>Animation（窗口>动画）命令。

打开动画面板前，最好先设置第1帧中要显示的图层。

13 添加帧1

运行ImageReady后在图层面板中打开最开始翻页的图像Layer 2的眼睛图标(👁)，单击“复制所选帧”按钮(▣)。

14 添加帧2

继续打开最下方显示图像的图层眼睛( )。关闭Layer 2的眼睛图标，打开Layer 2 copy的眼睛图标。

15 为其他图层添加帧，调节速度

利用相同的方法添加帧，按照各个图层的顺序重复相同的操作。操作结束后共创建9帧。

如果想要调节翻页的速度，单击下端的时间调节标签，调节时间即可。完成操作。

16 应用

利用Paper滤镜创建卷纸电子相册效果。复制附书DVD中的文件（Sample\09章\paper.8bf），粘贴到计算机中的软件安装盘\Program File\Adobe\Adobe Photoshop CS5、Plug-ins、Filters文件夹。在滤镜对话框中将Position（位置）设置为Top Right（右上角），利用Size（大小）部分的调节点设置纸张卷起的程度，创建自然的纸张翻页效果。

创建动画作品 09-7

利用滤镜制作水波图像

这种情况下使用

在玫瑰家族优秀作品展览库中，经常可以看到水波一样的作品。使用水波荡漾的效果可以使作品非常特别。即使不使用动画面板，也可以表现出多种水波效果，下面我们来学习制作方法。

200%应用范例

❶ 更改Motion Type
C型水波标识

❷ 更改选区
大海图像

创建个性有趣的作品！

跟我学

添加滤镜效果创建控件

| 范例文件 | 附书DVD\Sample\09章\09- 7.jpg
| 完成文件 | 附书DVD\Sample\09章\09- 7(1).gif

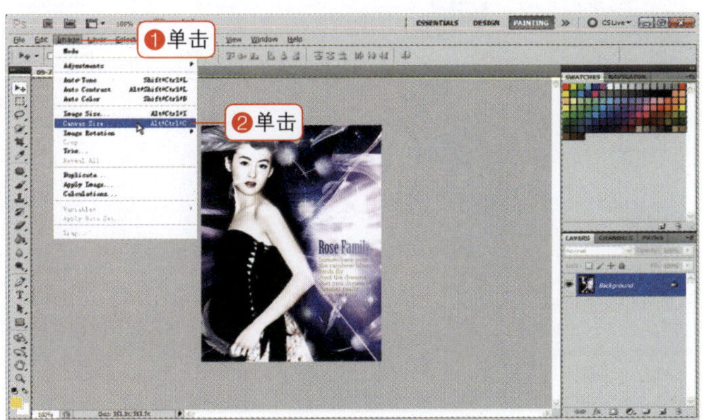

01 打开图像，选择画布大小

按快捷键Ctrl+O，打开图像（Sample\09章\09-7.jpg）。为了在图像下端创建应用滤镜效果的空间，在菜单栏中选择Image>Canvas Size（图像>画布大小）命令。

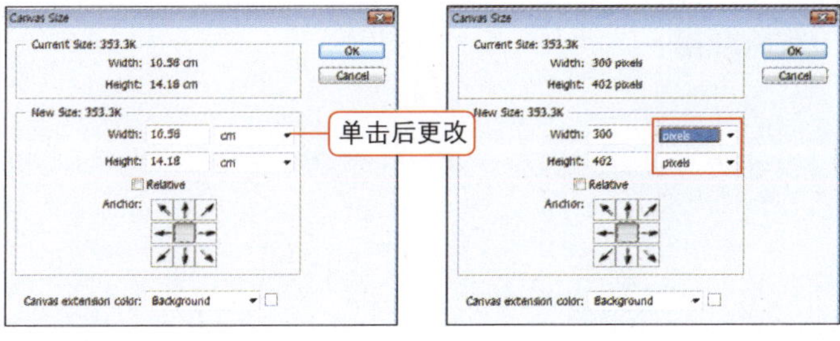

02 更改单位

在对话框中将单位从cm更改为pixels。

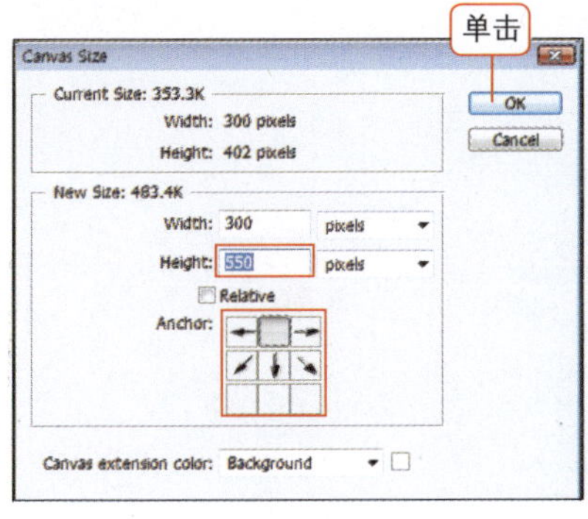

03 设置高度，调节定位

确认图像的高度，将高度值设置为550 px。在Anchor（定位）中选择向上箭头(⬆)。所有设置结束后单击“OK”按钮。

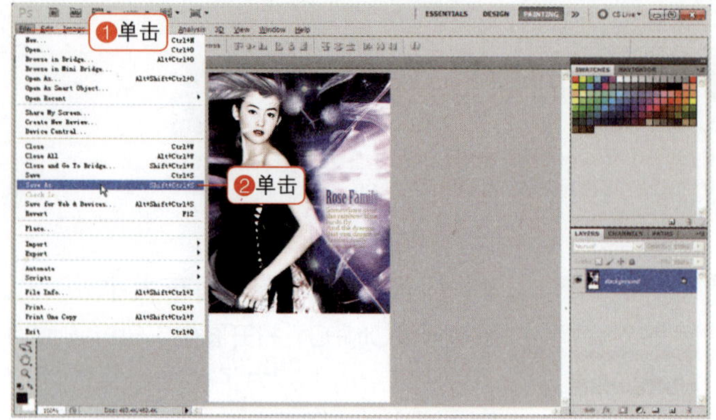

04 保存文件

在菜单栏中选择File>Save As（文件>存储为）命令，将文件名设置为09-2（2），确认扩展名为JPEG。输入文件名称，单击“保存”按钮。

接下来要打开滤镜程序，因此要先保存一下文件。

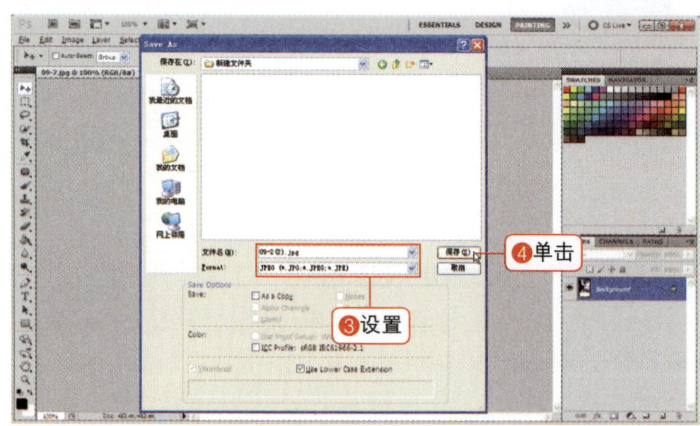

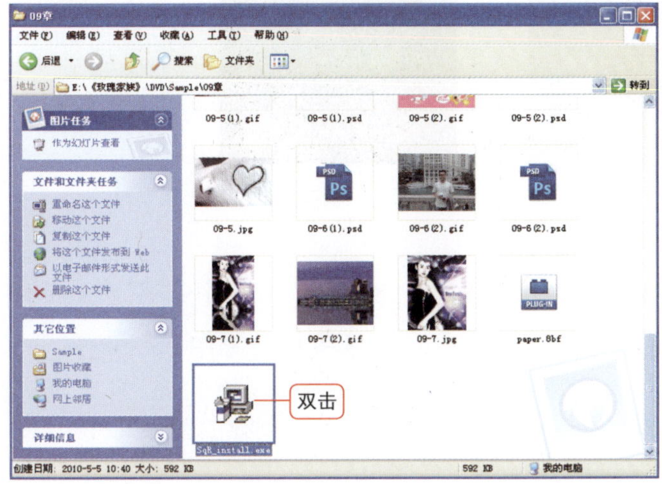

05 设置滤镜程序1

这里设置表现水波效果的滤镜程序。在附书DVD中有（Sample\09章\SqR_instal.exe）文件。双击运行程序，开始安装。

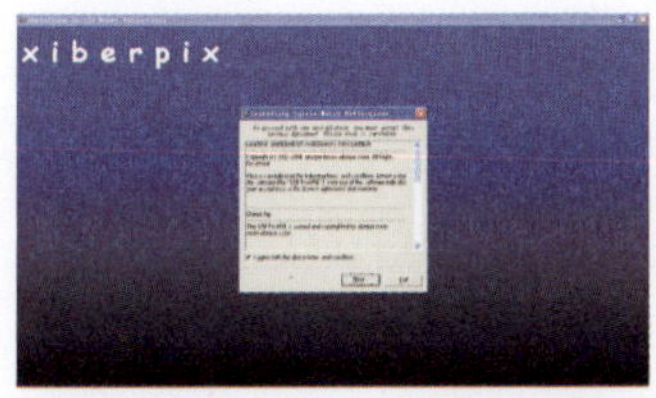

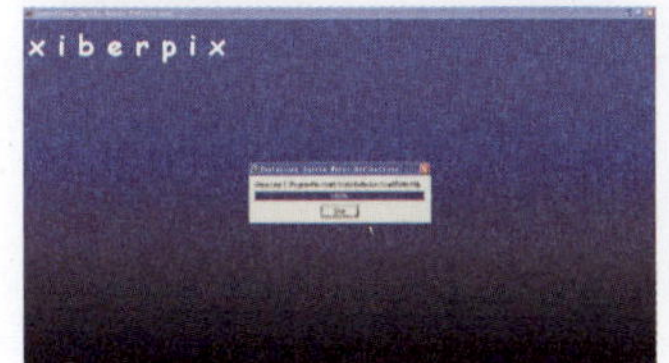

06 设置滤镜程序2

勾选“I agree with the above terms and conditions”复选框后单击“Next”按钮，在弹出的对话框中单击“Start”按钮，显示安装进程，安装完成后单击“OK”按钮即可。

07 打开新安装的程序

安装的程序位于“开始>所有程序>Sqirlz Water Relfections组件里。单击运行程序。

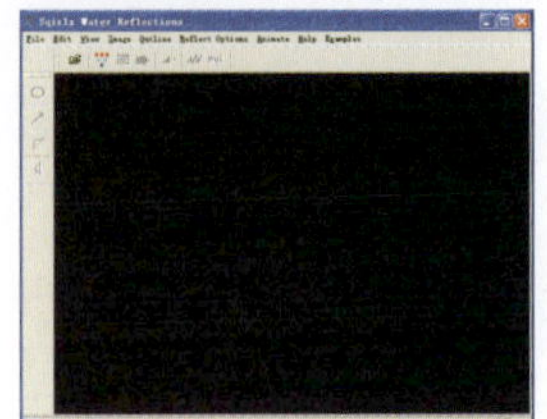

08 在程序中打开图像

单击文件夹图标( )，打开之前在Photoshop中创建的图像文件09-7（2）.jpg。

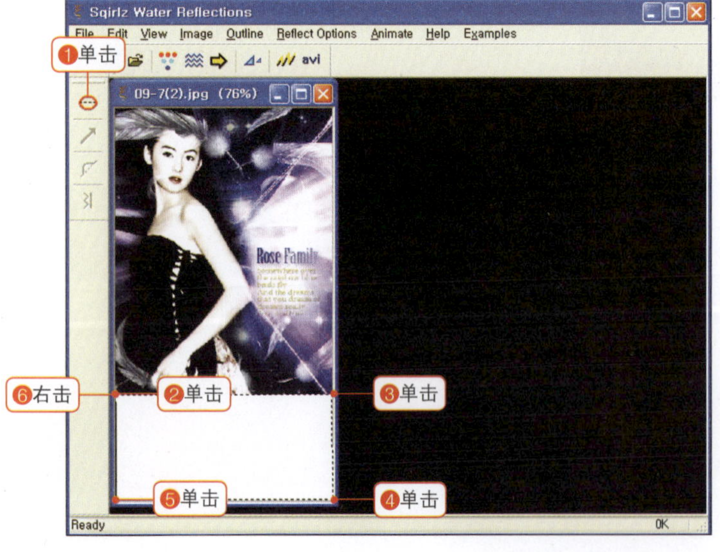

09 选择滤镜应用区域

在左侧工具箱中选择红色椭圆选框工具( )，在图像下方新建的空白区域单击，从左侧顺时针单击变焦部分。在第一个点和最后一个点相交的位置单击鼠标右键，设置的部分显示为虚线。为了表现水波效果，在菜单栏中选择Reflect Options>Customize命令。

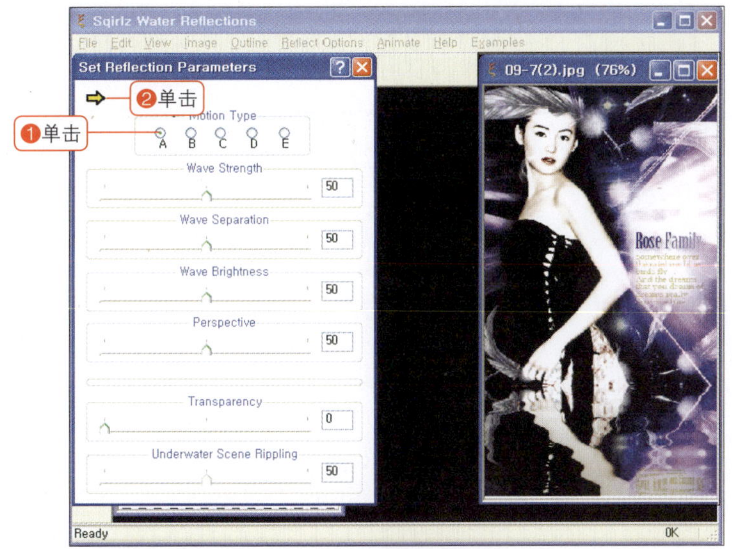

10 表现动画效果

在对话框中单击A~E的水波标识，之后单击黄色箭头预览。这里选择A类型，单击关闭按钮关闭窗口，刚才显示为虚线的区域表现出了动画效果。

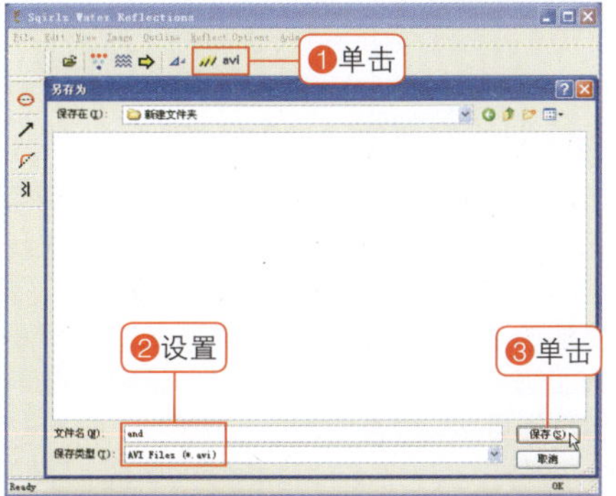

11 保存文件

单击软件界面上端的avi按钮。输入名称end，确认文件格式为avi，然后单击“保存”按钮，完成保存，弹出AVI Frame Rate窗口后，单击“OK”按钮即可。

帧频

指每秒播放的帧数。例如，以30fps保存，表示每秒播放30帧。

12 应用

在图像中将海边设置为选区，将Motion Type（运动类型）设置为C类型，表现反射上方图像的效果。

设计购物网站及兴趣论坛 10-1

制作购物网站页面1

这种情况下使用

学习本范例后，可以将商品图像上传到网站，或将多张照片上传到博客中。之前我们已经学习了排列多张照片。下面我们在之前的范例上更进一步，将图像放入美观的图框中，设计周围的文字。该范例在创建广告页面时非常有用。

200%应用范例

跟我学

创建背景框

| 范例文件 | 附书DVD\Sample\10章\10-1.jpg，10-1（2）.jpg，10-1（3）.jpg，10-1（4）.jpg，10-1（5）.jpg，10-1（6）.jpg

| 完成文件 | 附书DVD\Sample\10章\10-1(1).jpg

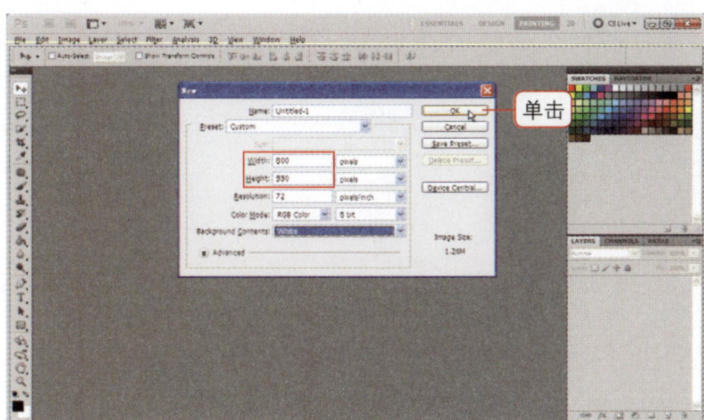

01 创建新文件

快捷键Ctrl+N，创建Width（宽度）为800，Height（高度）为550的新文件。

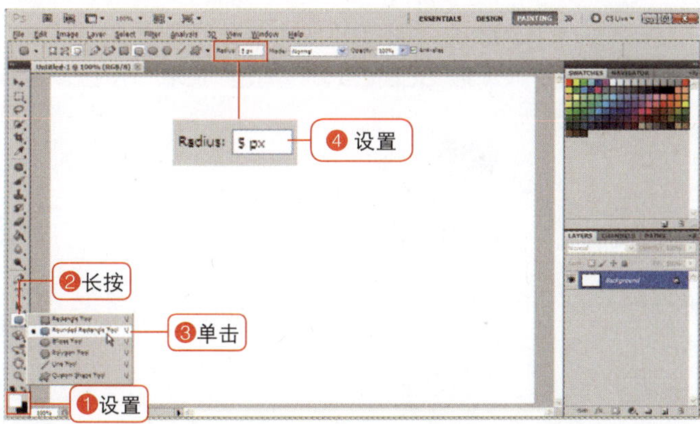

02 设置圆角矩形工具

在工具箱中将前景色设置为白色，选择圆角矩形工具( )，在选项栏中将Radius（半径）设置为5px。

半径

半径用于设置圆角的程度，数值越大，边角越圆。

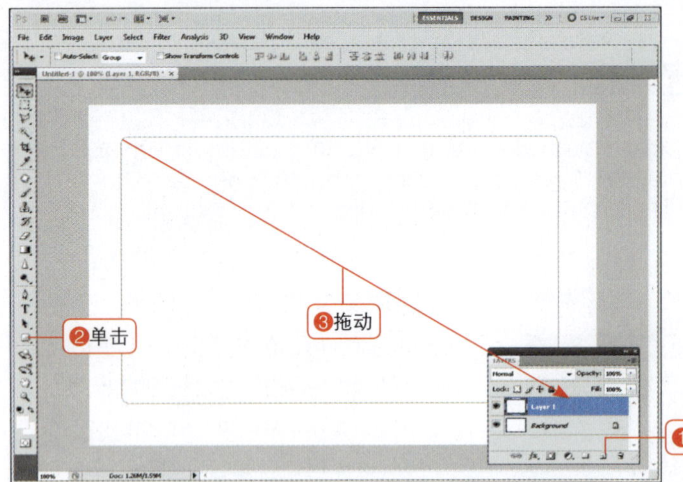

03 创建新图层和矩形框

在图层面板中单击“创建新图层”按钮(▣)，创建新图层Layer 1，在创建的新图层中利用圆角矩形工具(▢)拖动创建一个白色的框。

04 为圆角框添加轮廓

单击图层面板的“添加图层样式”按钮(fx)，选择Stroke（描边）。在弹出的对话框中将Size（大小）设置为3px，将Position（位置）设置为Outside（外部），将Color（颜色）设置为浅灰色（#E6E6 E6），单击“OK”按钮。

创建轮廓后应用前面介绍的投影效果，表现出更具立体感的效果。

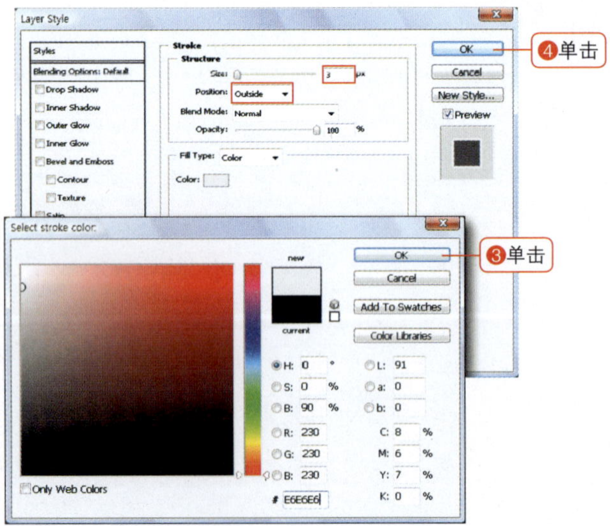

05 打开要添加到矩形框中的商品图像

按快捷键Ctrl+O，打开附书DVD中的商品图像（Sample\10章\10-1.jpg）。

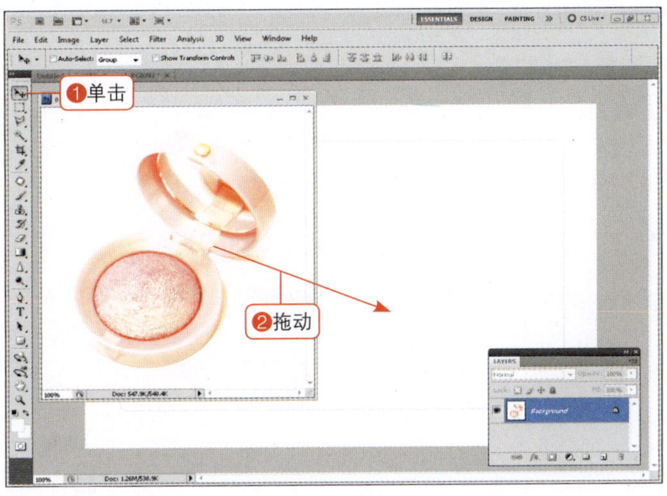

06 移动图像

选择移动工具(▶)进行拖动，将化妆品图像移动到绘制矩形框的操作窗口中。

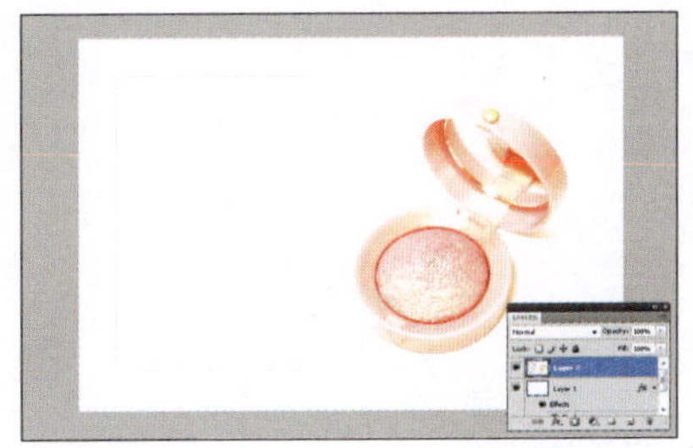

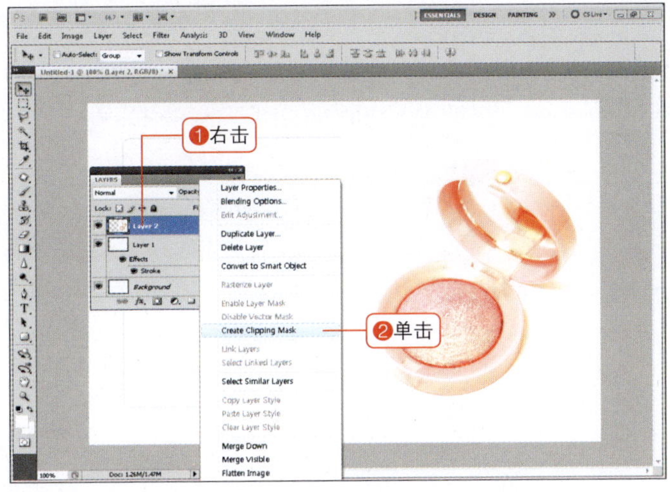

07 应用剪贴蒙版效果

选择Layer 2，单击鼠标右键，在弹出的菜单中选择Create Clipping Mask（创建剪贴蒙版），为Layer 2应用剪贴蒙版效果。

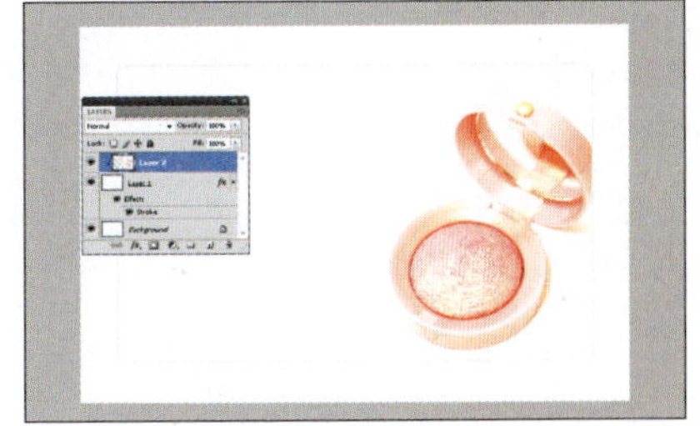

排列多个商品图像

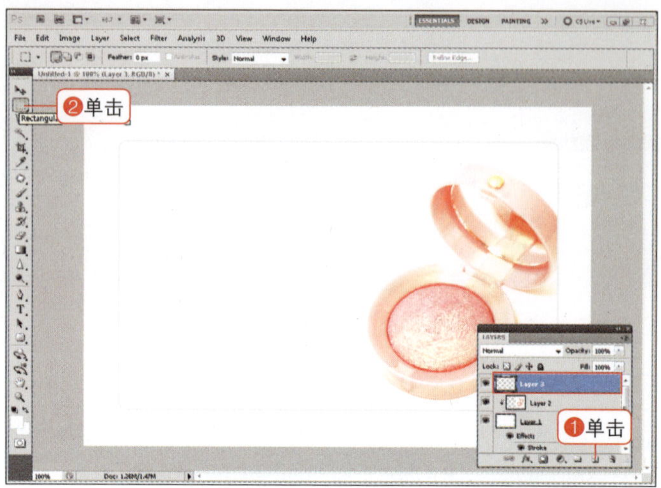

08 创建新图层

单击图层面板中的“创建新图层”按钮(◨)，创建新图层Layer 3，单击矩形选框工具(⬚)。

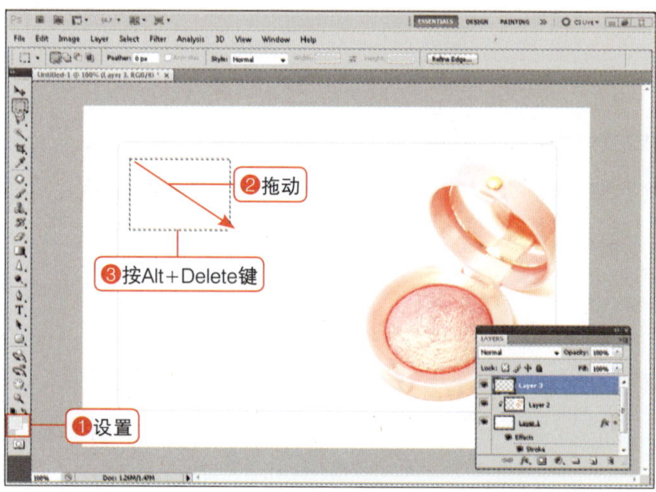

09 设置选区，填充颜色

将前景色设置为灰色（#E6E6E6），在背景框内设置适当大小的选区。按快捷键Alt+Delete为选区填充颜色。

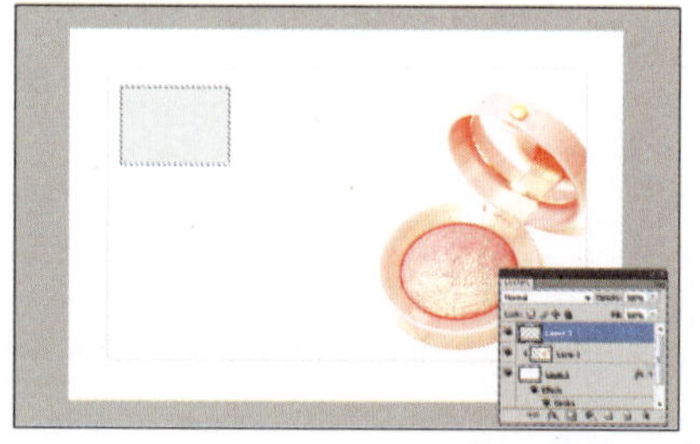

使用剪贴蒙版区域的颜色

应用剪贴蒙版之前先选择普通区域填充颜色，这时的颜色只要与背景框的白色可以区分即可，是什么颜色都没有关系。利用剪贴蒙版覆盖图层，可以区分形态。

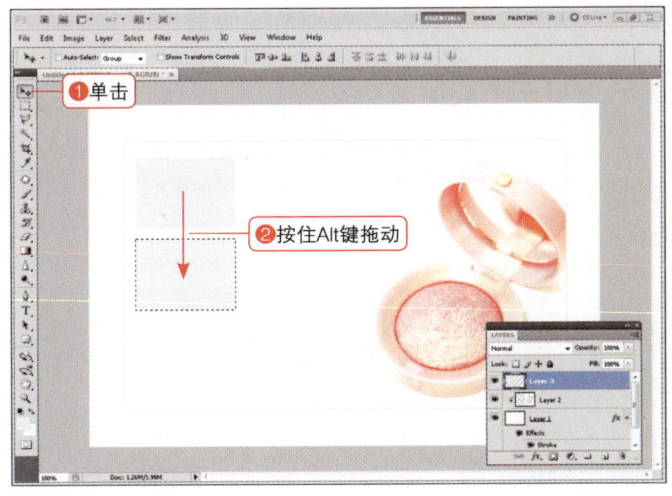

10 利用移动工具复制矩形框

选择移动工具()，按住Alt键向下拖动，复制5个小灰色框。按Shift键可以按照直线拖动，非常方便。

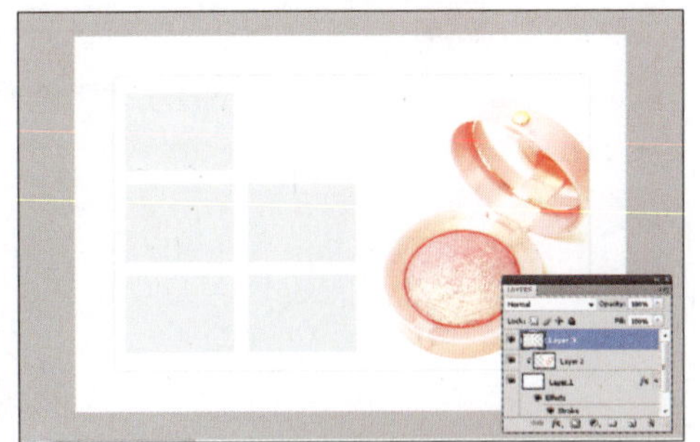

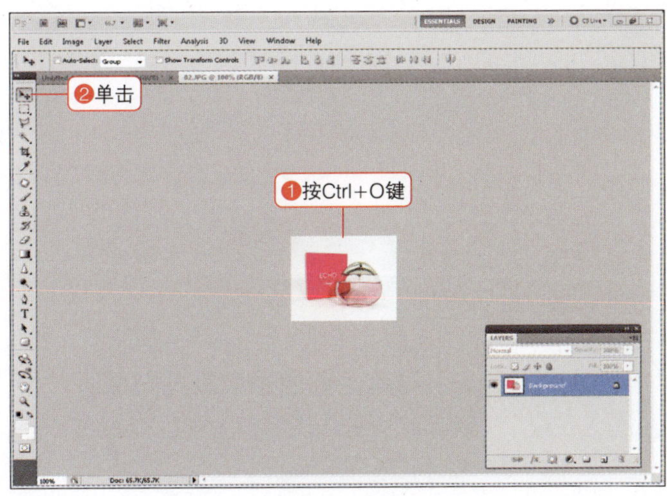

11 打开其他图像排列

按快捷键Ctrl+O，打开附书DVD中的其他图像（Sample\10章\10-1(2).jpg）。再次选择移动工具()，拖动到操作窗口，放置到第一个灰色框中。

是不是有了一些感觉？对了，可在灰色框内添加图像，应用蒙版效果。蒙版效果在修饰商品图像的时候非常有效。

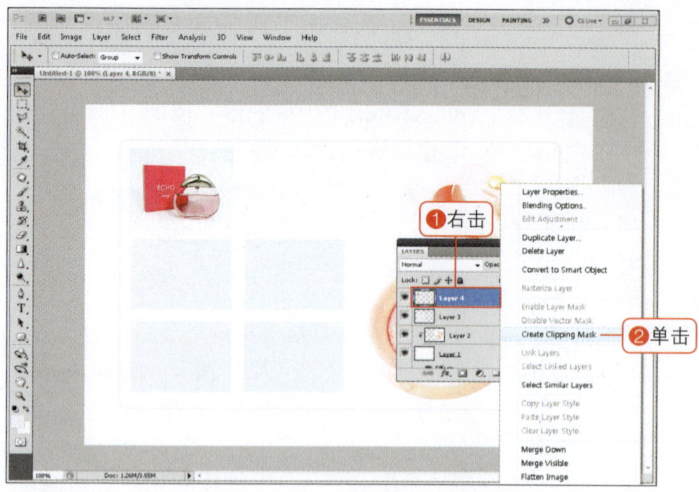

12 添加剪贴蒙版效果

选择图像所在的Layer 4图层，单击鼠标右键，从弹出的菜单中选择Create Clipping Mask（创建剪贴蒙版）命令，为Layer 4图层应用剪贴蒙版，图像添加到灰色框内。

应用剪贴蒙版效果的图层

应用剪贴蒙版效果的图层就是所选图层下方的图层，因此一定要将应用剪贴蒙版效果的图层放置于下方。

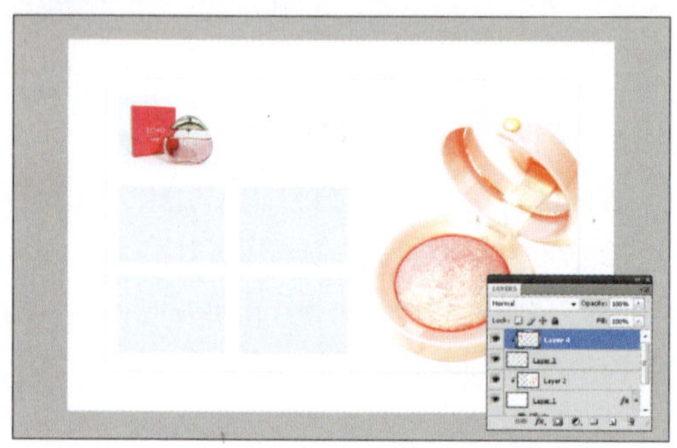

13 对其他图像也应用剪贴蒙版效果

利用相同的方法打开附书DVD中的其他图像，应用剪贴蒙版操作。

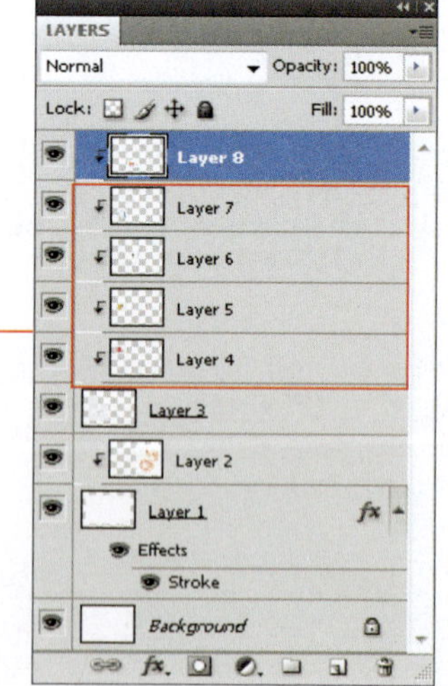

添加文本，修饰效果

14 添加英文文字

在工具箱中选择横排文字工具(T)，输入标题和其他商品的宣传信息。

❶ 框上方的文字
字体：Univeconbol，颜色：:#FEA9B6
❷ 框内标题
字体：Times New Roman，颜色：#A36894
❸ 说明文字
字体：Arial，颜色：#B5B5B5

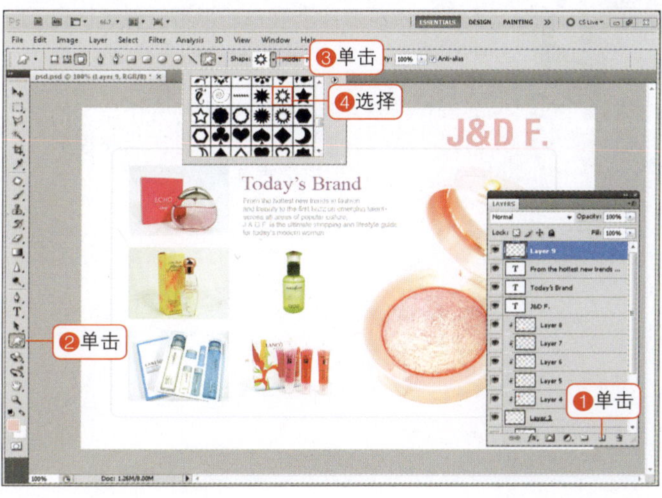

15 选择闪烁图形

单击"创建新图层"按钮(◻)，创建新的图层Layer 9，选择自定形状工具(◻)，单击选项栏的形状下拉按钮(▾)，选择闪烁的图形。将前景色设置为浅粉红色（#FFC3C3），以背景框的边框为中心拖动图形，添加大小不同的形状，完成操作。

16 应用

像商品页面一样，加入说明文字，再分别加入商品介绍图像，即兴应用。

制作购物网站页面2

这种情况下使用

本例的使用率非常高，还可用于创建日记本图像。像这样修饰商品图像的效果很好，也可以用来创建网页上的图像，或者上传旅行照片等。按照第一部分中学习的创建信纸的方法进行设计，打印后整理到一起，可以作为日记本使用。

200%应用范例

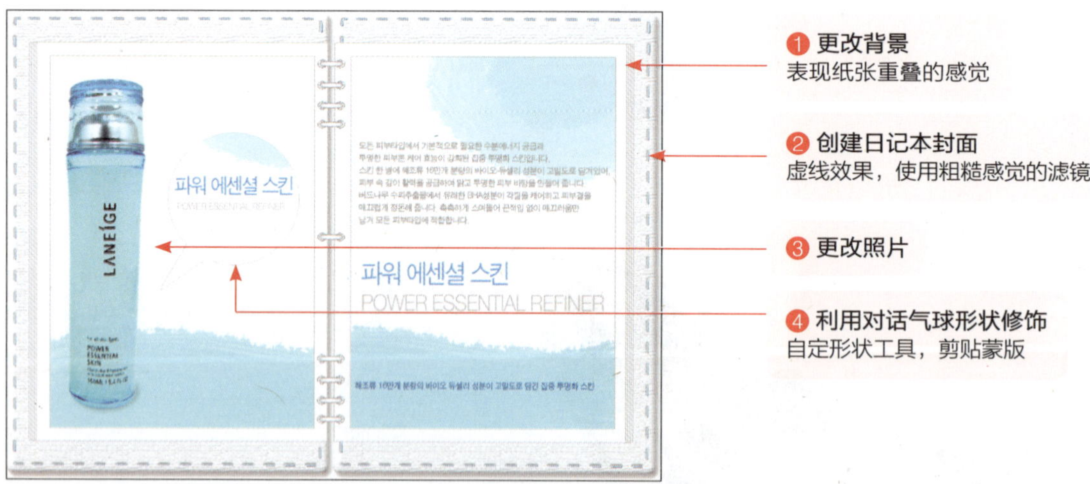

创建个性有趣的作品！

跟我学

创建日记本形状的边框

| 范例文件 | 附书DVD\Sample\10章\10- 2.psd
| 完成文件 | 附书DVD\Sample\10章\10- 2(1).jpg

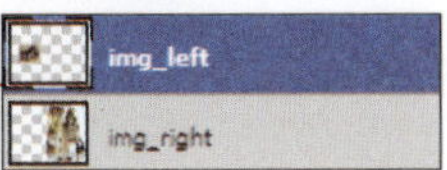

01 打开图像

按快捷键Ctrl+O，打开附书DVD中的图像（Sample\10章\10- 2.psd）。观察图层面板，可以看到img_right图层和img_left图层，这是创建日记本背景要使用的图像。

02 添加新图层，创建边框

选择Background图层，单击“创建新图层”按钮( )，创建新的图层Layer 1。将前景色设置为白色，选择圆角矩形工具( )，在选项栏中将Radius（半径）设置为20px。拖动创建适当大小的圆角矩形框。

03 应用投影

为了表现立体感，下面我们来添加阴影。单击图层面板中的“添加图层样式”按钮(fx)，选择Drop Shadow（投影）选项。

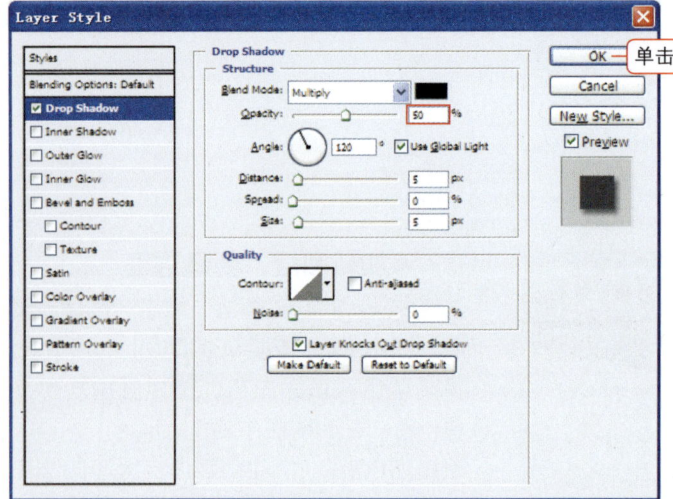

04 设置透明度，添加阴影效果

在Layer Style（图层样式）对话框中将Opacity（不透明度）设置为50%，单击“OK”按钮。

选项中的数值可以按照自己的需要进行设置。

创建个性有趣的作品！

跟我学

利用剪贴蒙版效果添加图像

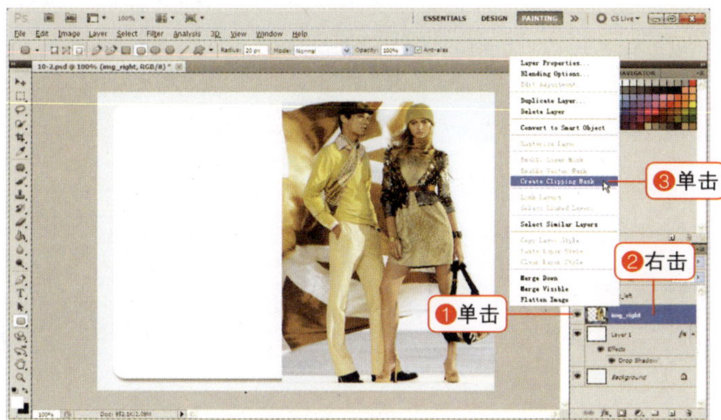

05 在背景图像中添加剪贴蒙版效果

选择img_right图层，显示眼睛图标(👁)，单击鼠标右键，选择Create Clipping Mask（创建剪贴蒙版），应用剪贴蒙版效果。

06 其他图层也应用剪贴蒙版效果

单击“创建新图层”按钮(□)，在img_right图层上方创建新的图层Layer 2，利用相同的方法应用剪贴蒙版效果。

在空图层中赋予剪贴蒙版效果的原因

这里在空图层中添加了剪贴蒙版，是因为在步骤07~10的操作中创建的中央线中要应用剪贴蒙版。

07 利用单列选框工具绘制线条

将前景色设置为黑色，选择单列选框工具(⁝)。在照片图像的左侧单击，设置前景色，然后按Alt+Delete快捷键填充前景色。

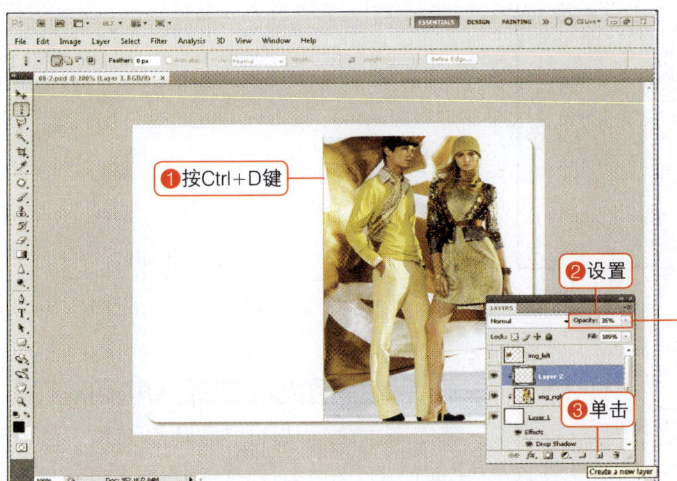

08 调节透明度，创建新图层

按快捷键Ctrl+D取消选区，将图层面板的Opacity（透明度）设置为35%。单击“创建新图层”按钮( )，在Layer 2图层上方创建新的图层Layer 3。

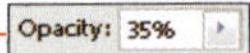

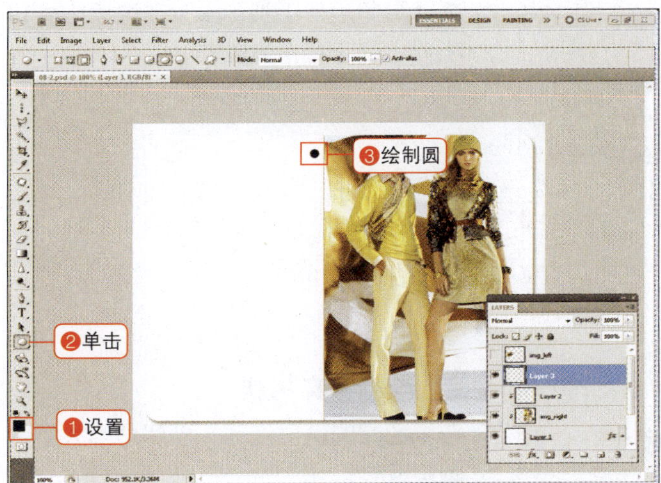

09 创建日记本上的孔

将前景色设置为黑色，应用椭圆工具( )，按住Shift键拖动，创建如图所示大小的黑色圆孔。

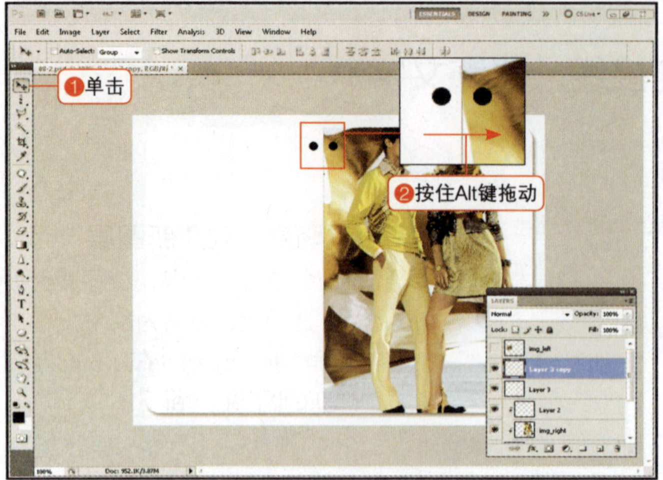

10 复制圆

单击移动工具()，按住Alt键拖动圆进行复制。

这些圆点将会设置为日记本上的孔。

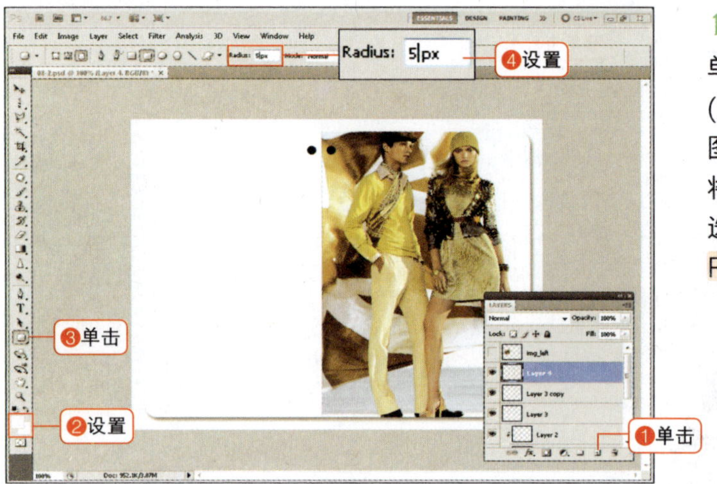

11 创建新图层，选择圆角矩形工具

单击图层面板中的"创建新图层"按钮(▣)，在Layer 3 copy图层上创建新的图层Layer 4。

将前景色设置为浅灰色（#ECECEC），选择圆角矩形工具(▢)，在选项栏中将Radius（半径）设置为5px。

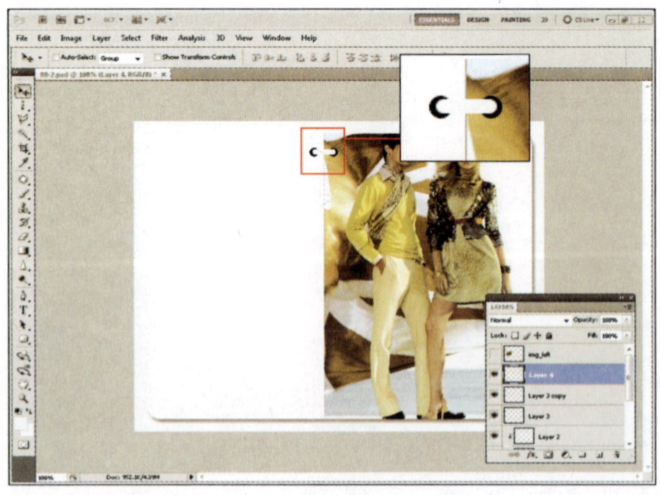

12 绘制铁环形状

在黑色圆的两侧拖动，创建适当大小的圆角矩形。

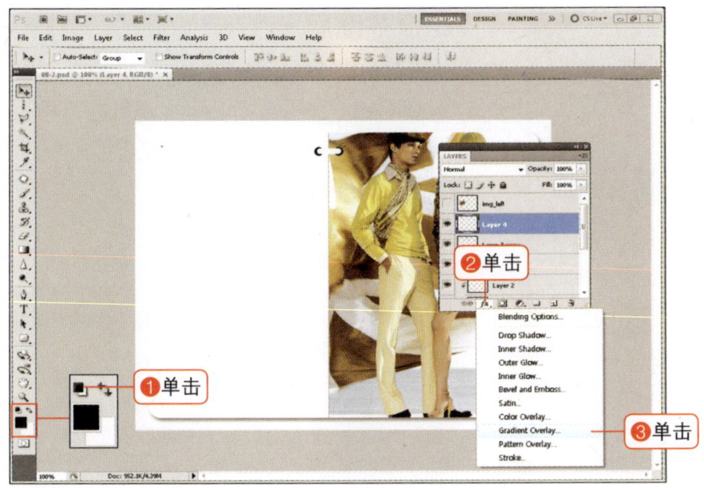

13 选择渐变叠加

单击默认设置按钮(▣)，将前景色设置为黑色，背景色设置为白色，单击图层面板的“添加图层样式”按钮(fx)，选择Gradient Overlay（渐变叠加）。

图层样式——渐变叠加

在图层图像的内部填充渐变。

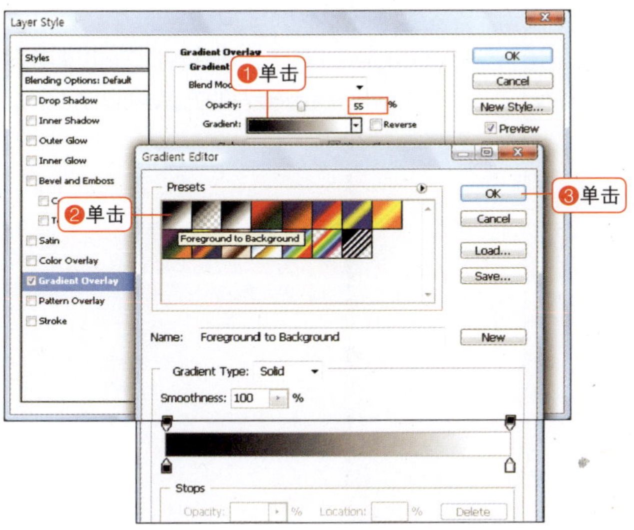

14 设置选项

在Layer Style（图层样式）对话框中将Opacity（不透明度）设置为55%，单击渐变色标，选择第一个渐变（前景色到背景色），单击“OK”按钮。

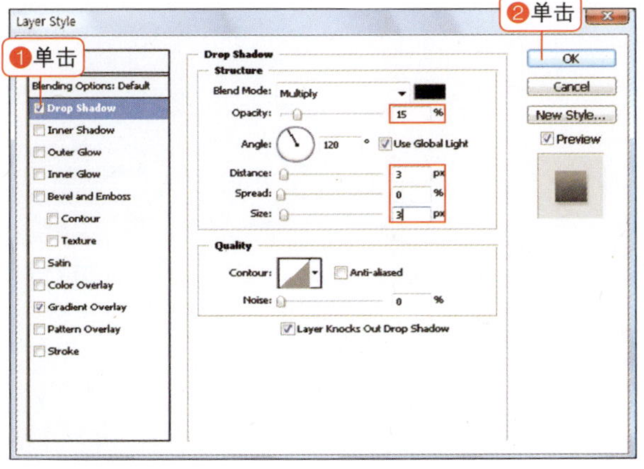

15 选择投影

选择对话框左侧的Drop Shadow（投影），将Opacity（不透明度）设置为15%，将Distance（距离）设置为3px，将Spread（扩展）设置为0%，将Size（大小）设置为3px，然后单击“OK”按钮。

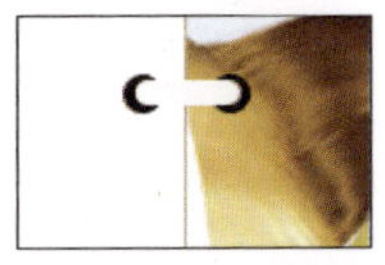

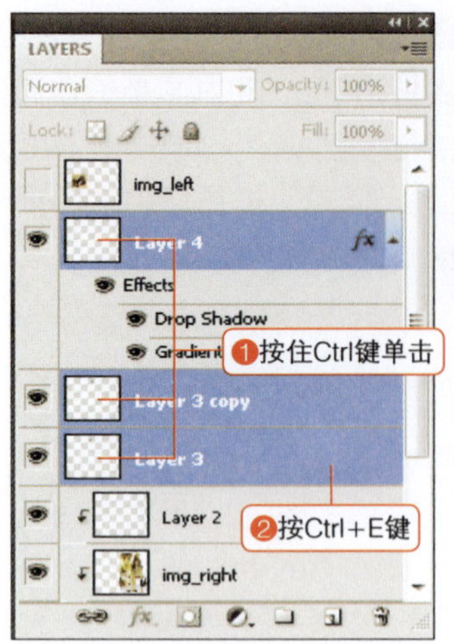

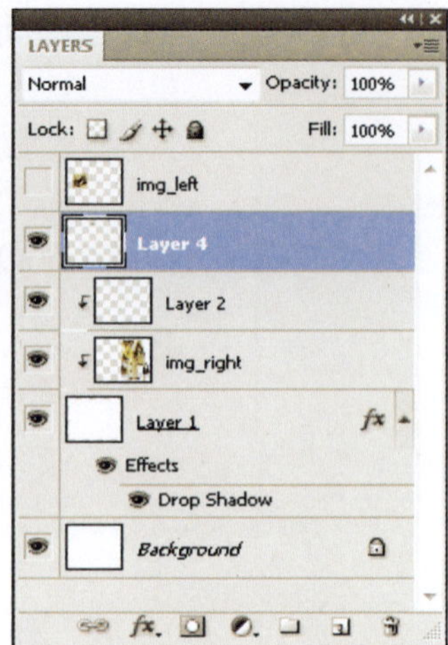

16 合并图层

按住Ctrl键分别单击Layer 3图层、Layer 3 copy图层和Layer 4图层，将其选中，按快捷键Ctrl+E，将选择的图层合并为一个图层。

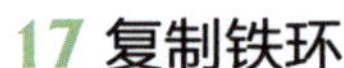

合并所需的图层

利用Merge Down（向下合并）或者Flatten Image（拼合图像）命令也可以合并图层，如果只想合并所需的图层，要使用快捷键。

❶ 按住Ctrl键单击，再按Ctrl+E：合并分开的图层。

❷ 按住Shift键单击最上方的图层和最下方的图层，再按Ctrl+E：一次性合并最上方和最下方的图层。

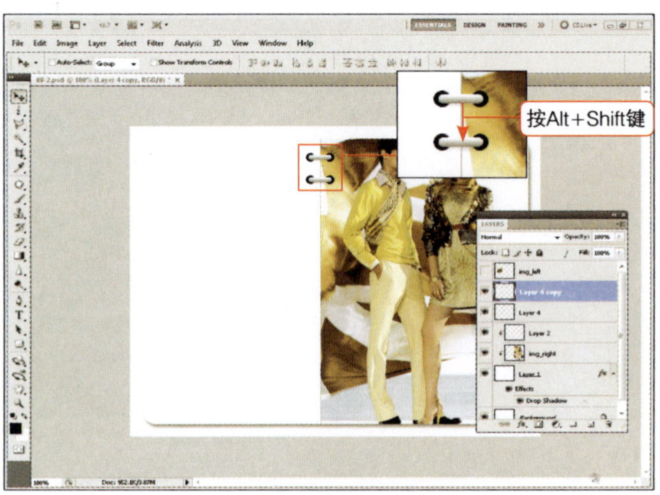

17 复制铁环

选择Layer 4图层，按住Alt+Shift键向下拖动复制。利用相同的方法再复制4个，如图所示排列。

ALT键有复制的功能，SHIFT键有保持直线的功能，一起使用非常方便。

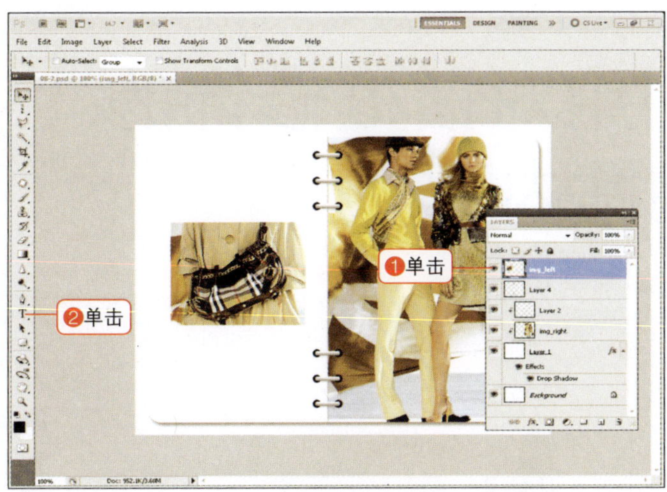

18 修饰商品图像

打开img_left图层的眼睛图标(👁)显示图像，选择横排文字工具(T)，修饰商品图像。这样就完成了简单但是富有特色的商品专用日记。

❶ 大标题颜色：#764b2f ❷ 小标题颜色：#b3946a ❸ 说明文字标题颜色：#000000 ❹ 说明文字颜色：#c2c2c2

19 应用

在两个页面上设计同一个背景，将日记本框表现出更多的纸质感觉。

制作利用对话框修饰的购物网站内页

这种情况下使用

对话气球非常适合应用于广告页面。像本范例一样，和插画一起使用也可达到很好的效果。将对话气球的形状设置得柔和些，可与温暖氛围的设计相符。

200%应用范例

❶ **修饰背景**

利用画笔工具绘制云彩形状

❷ **更改对话气球形状**

自定形状工具——圆形对话气球

❸ **修饰标题**

自定形状工具——云彩形状

创建个性有趣的作品！

跟我学

打开图像，创建文本框

| 范例文件 | 附书DVD\Sample\10章\10- 3.psd
| 完成文件 | 附书DVD\Sample\10章\10- 3(1).psd

01 打开图像，创建新图层

按快捷键Ctrl+O，打开商品图像（Sample\10章\10- 3.psd）。单击图层面板下端的“创建新图层”按钮()，创建新的图层Layer 1。

02 利用选择工具创建框

将前景色设置为黑色，应用矩形选框工具()，如图所示创建矩形选区。

03 为框填充颜色

按快捷键Alt+Delete填充颜色，按快捷键Ctrl+D取消选区。

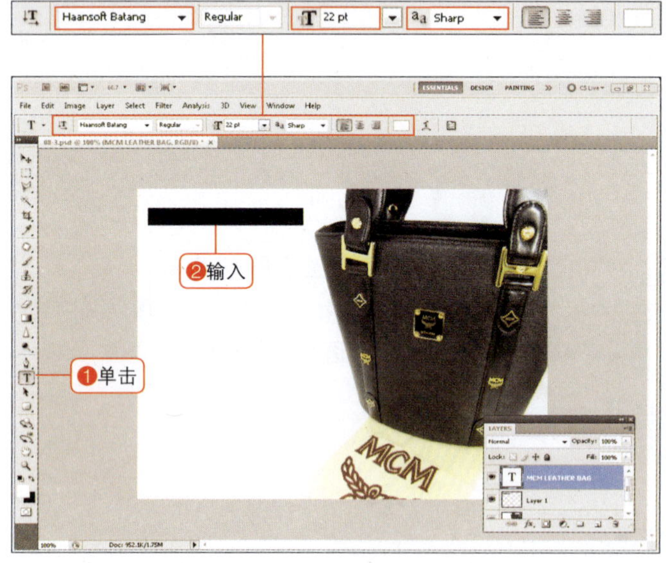

04 输入商品名

选择横排文字工具(T)，输入商品名。输入结束后，将文字移动到黑色框中。输入文字，将光标靠近，光标更改为移动工具，这时可以移动文字。

05 创建新图层

选择Background图层，单击“创建新图层”按钮(▣)，创建新的图层Layer 2。Layer 1图层的黑色框退到了文字图层下方。

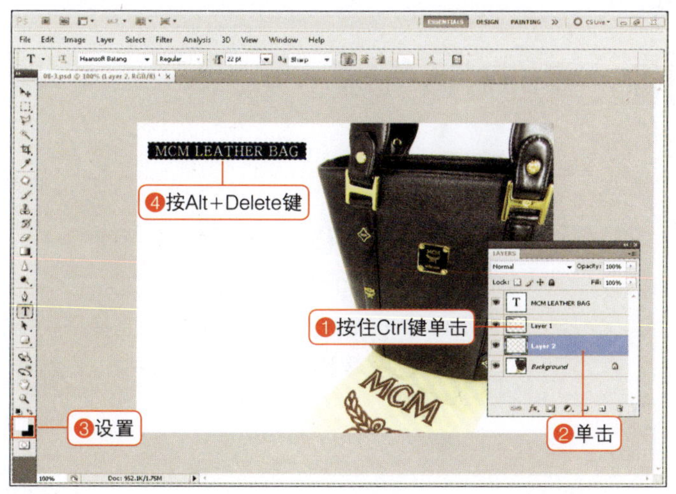

06 设置选区，填充颜色

为了创建为与黑色框大小相同的选区，按住Ctrl键单击Layer 1图层，即可创建与黑色框大小相同的选区。

选择Layer 2图层，将前景色设置为黄色#F5EB91，按快捷键Alt+Delete填充颜色。

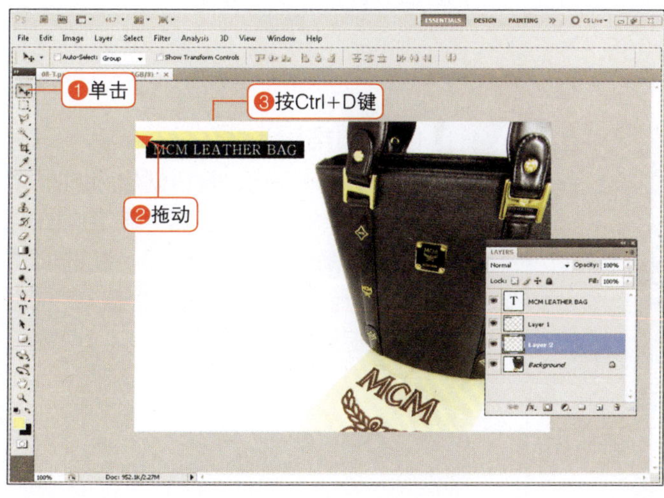

07 移动框，取消选区

选择移动工具()，拖动黑色框内隐藏的黄色框，按快捷键Ctrl+D取消选区。

08 输入文字

选择横排文字工具(T)，输入品牌名称或者是想要强调的文字。

❶ 字体：Univeconbol，字号60pt
❷ 字体：SanAram B，字号36pt
❸ 字体：Arial，字号10pt

跟我学

打开图像，修饰对话气球

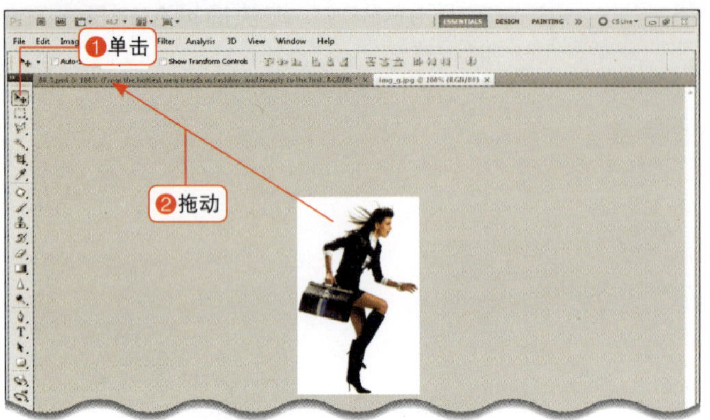

09 打开图像并进行排列

按快捷键Ctrl+O，打开附书DVD中的Time_g.jpg文件，利用移动工具( )拖动，将图像移动到操作窗口中，适当调节位置。

复制设置为整体窗口的图像

想要拖动图像到其他图像窗口中复制的时候应该怎么做呢？将要移动的图像操作窗口标题向上拖动，移动到目标图像窗口，即可进行复制。

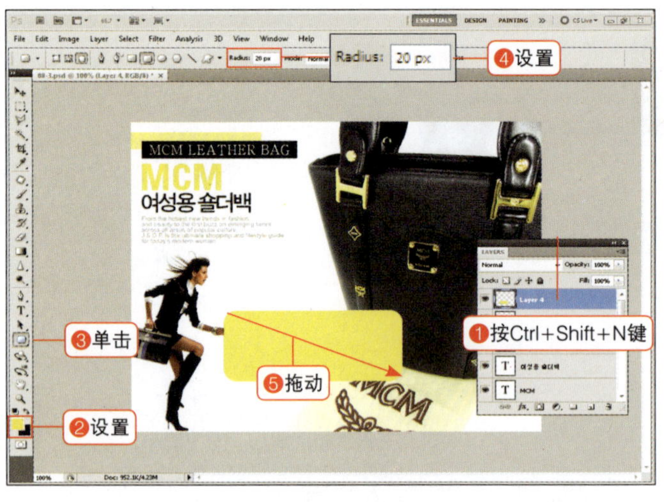

10 创建圆角矩形框

按快捷键Ctrl+Shift+N，创建新的图层Layer 4，将前景色设置为黄色#F0F36B。选择圆角矩形工具( )，在选项栏中将Radius（半径）设置为20px，拖动创建圆角矩形框。

这部分要创建为对话气球，表现出好像女子在说话的效果。

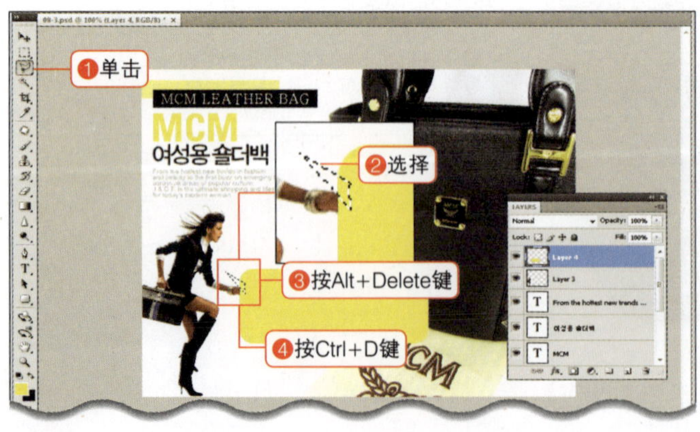

11 创建对话气球尾巴

利用多边形套索工具( )如图所示设置选区，按快捷键Alt+Delete填充前景色，按快捷键Ctrl+D取消选区。

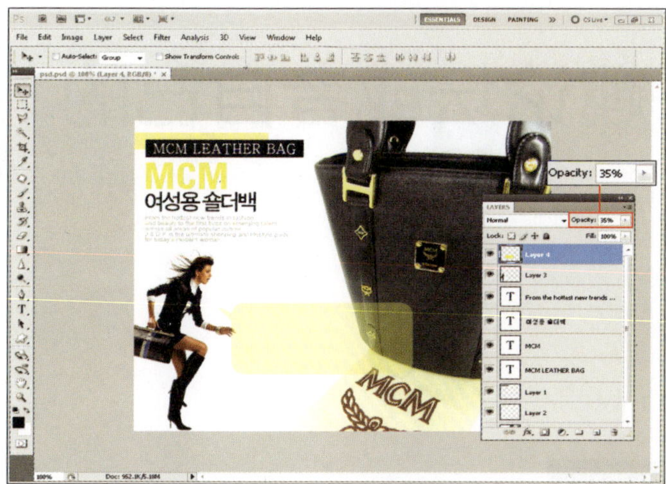

12 调节透明度

在图层面板中将Opacity（不透明度）设置为35%。

13 输入文字，完成操作

在对话气球内利用横排文字工具(T)创建标题，完成操作。

❶ 字体 : SanAram B ❷ 字体: Haansoft Batang

14 应用

除了人物图像以外，在标题图像内加入对话气球，也可以创建出吸引眼球的独特效果。

设计购物网站及兴趣论坛 10-4

制作兴趣论坛或者自己的主页

这种情况下使用

可以用于创建网页的第一个页面，熟悉本范例，不仅可以创建属于自己的网页，还可以创建论坛的主画面、商品的主画面等。这里虽然设计了基本的布局构造，但希望读者可以应用多种布局，设计出属于自己的页面。

200%应用范例

❶ **更改背景图像**
与背景相符的较暗照片

❷ **更改框的颜色**
黑色框，透明度为100%

❸ **更改框的形状**
圆角矩形，矩形

创建个性有趣的作品!

跟我学

在页面背景上创建图案

| 范例文件 | 附书DVD\Sample\10章\10- 4.jpg
| 完成文件 | 附书DVD\Sample\10章\10- 4(1).psd

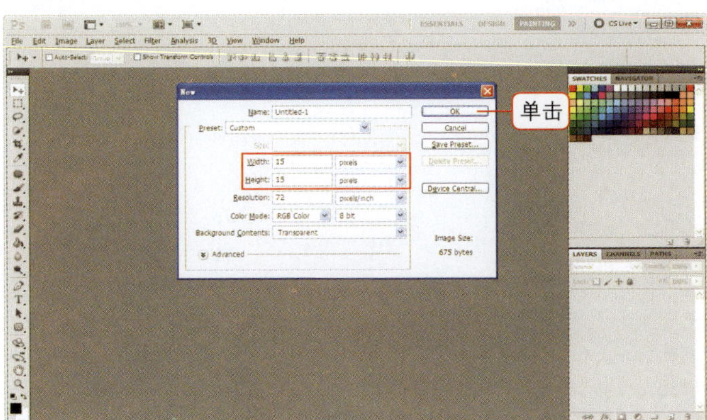

01 打开创建图案的新窗口

按快捷键Ctrl+N，打开创建背景图案的新窗口。将横向和纵向的大小设置为15×15px，单击“OK”按钮。

本例图案是在背景上重复放置多个小花纹，要加入较小的花纹，所以将图像窗口设置得小一些。

02 放大图像窗口

图像窗口过小，操作起来很不方便，利用缩放工具( )放大为3200%。

不单击而放大的方法

如果想要利用缩放工具放大为3200%，至少要单击8次。如果单击操作窗口左下方的图像比例框，可以直接输入数值，一次性进行放大。

03 填充前景色

将前景色设置为粉红色（颜色代码为#e4d6da），按快捷键Alt+Delete填充颜色。

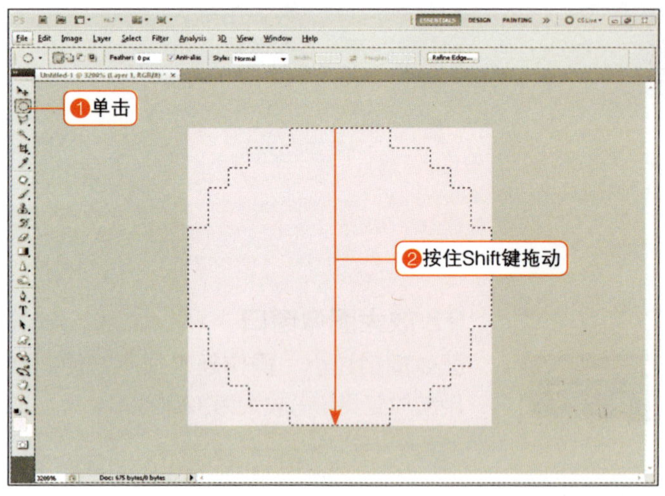

04 绘制圆

选择椭圆选框工具( )，按照窗口的大小按Shift键拖动，可以绘制正圆。

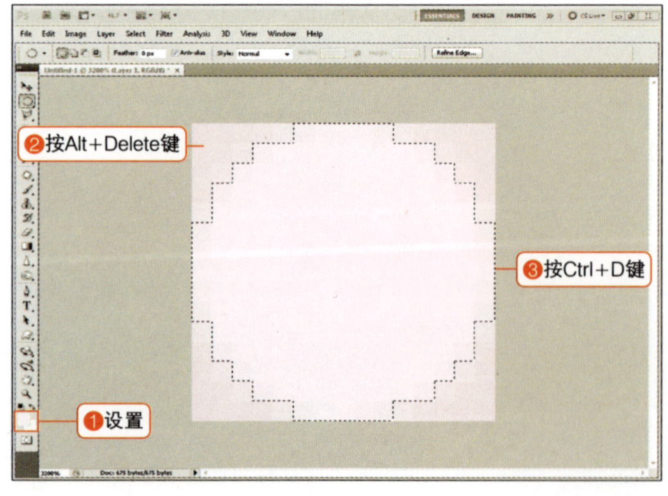

05 填充颜色

将颜色设置为比背景稍浅的颜色（颜色代码为#ece2e5），按快捷键Alt+Delete填充颜色，按快捷键Ctrl+D取消选区。

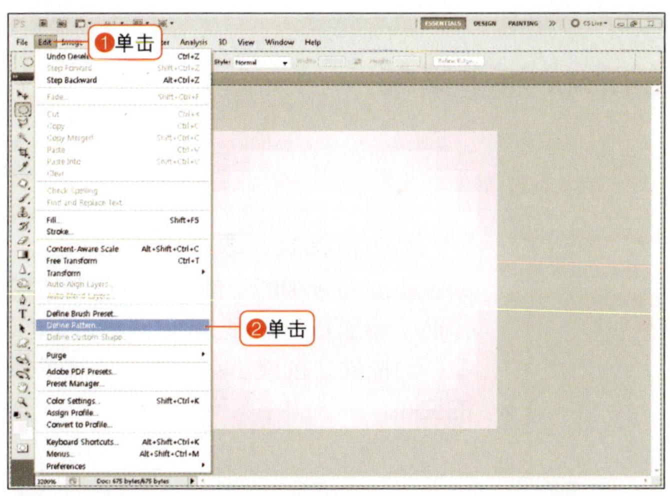

06 载入图案

在菜单栏中选择Edit>Define Pattern（编辑>定义图案）命令，将图像载入为图案。在弹出的窗口中输入所需的图案名称，单击“OK”按钮。

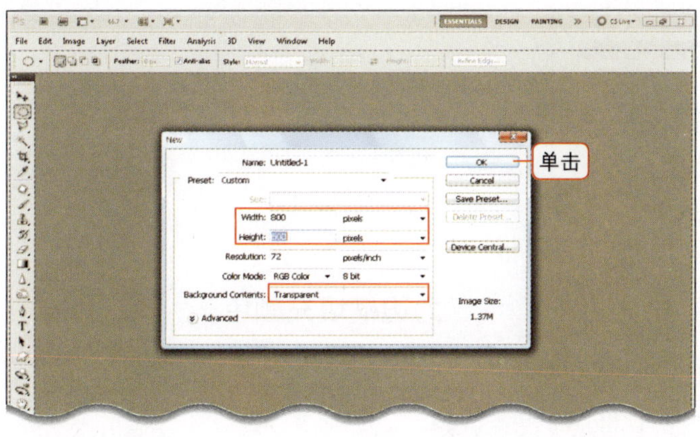

07 打开没有背景的新文件

按快捷键Ctrl+N，设置为与主页面相符的大小800×600，将Background Contents（背景内容）选项设置为Transparent（透明），创建背景透明的新文件。

打开新文件的背景选项

Background Contents（背景内容）选项的作用是：在创建新文件的时候，设置用什么来填充背景。

❶ White（白色）：经常使用的选项，将背景填充为白色。

❷ Background Color（背景色）：用设置为背景色的颜色填充。

❸ Transparent（透明）：没有背景色，填充为透明。

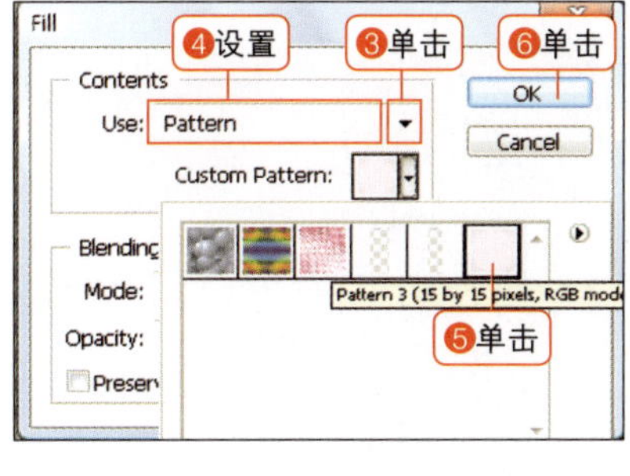

08 填充载入的图案

在菜单栏中选择Edit>Fill（编辑>填充）命令，在打开的对话框中单击下拉按钮，将Use（应用）设置为Pattern（图案），将Custom Pattern（自定图案）设置为之前载入的图案，单击“OK”按钮，填充图案。

创建个性有趣的作品！

跟我学 **利用框的形状创建菜单**

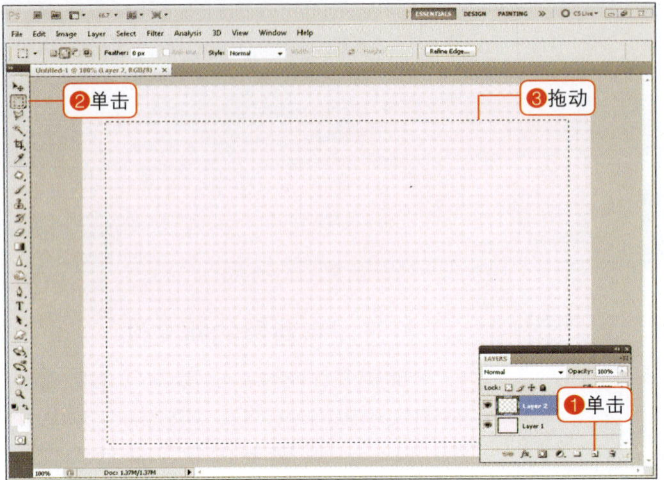

09 添加新图层，表现框的形状

单击图层面板中的“创建新图层”按钮(▣)，添加新的图层。利用矩形选框工具(⬚)拖动，创建出在上方要添加菜单的空间。

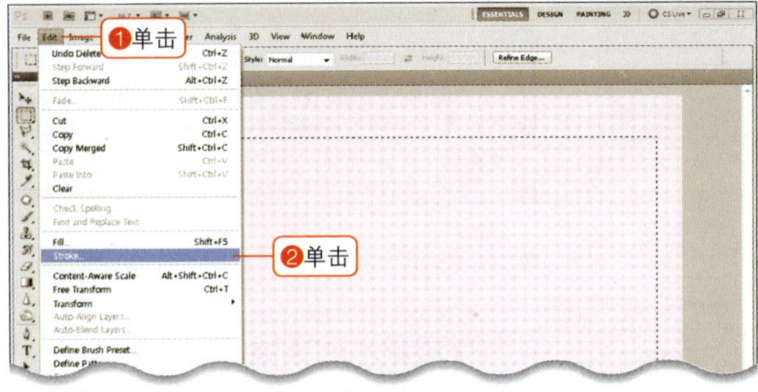

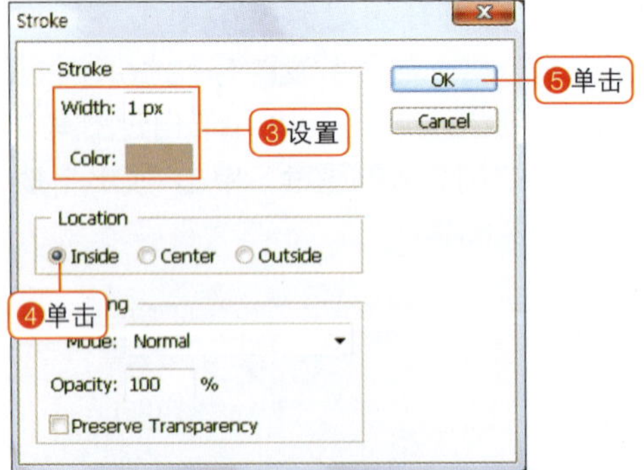

10 为边框填充颜色

设置想要创建的整体边框颜色，在菜单栏中选择Edit>Stroke（编辑>描边）命令，将Width（宽度）设置为1px，将Color（颜色）设置为#aa9b9b，将Location（位置）设置为Inside（内部），单击“OK”按钮。

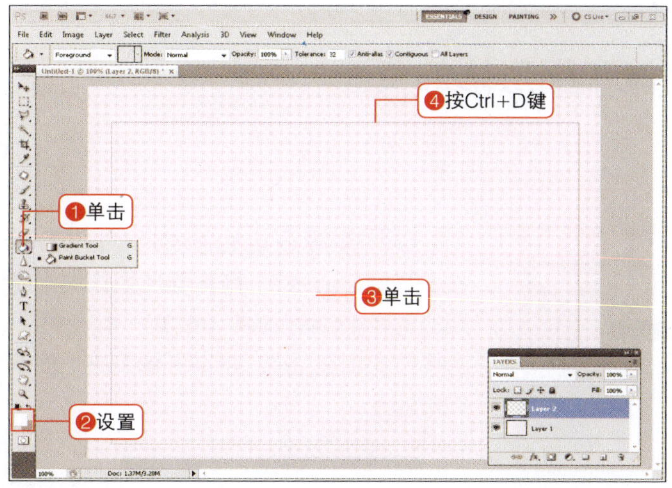

11 在框内填充颜色

选择油漆桶工具(), 将前景色设置为白色，在框内单击填充颜色，按Ctrl+D快捷键取消选区。

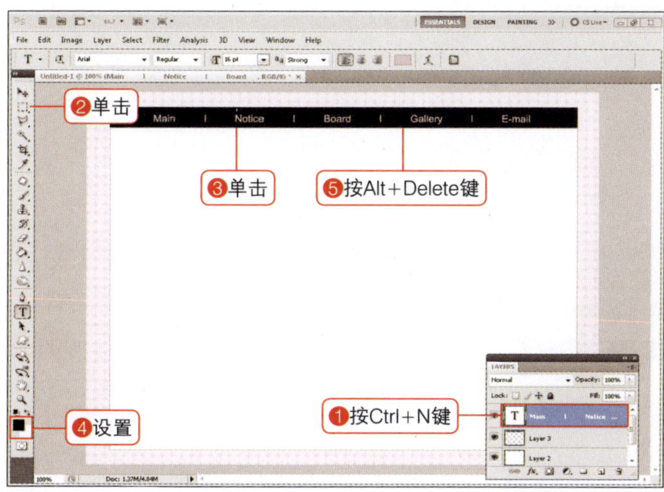

12 添加图层，创建菜单框

按快捷键Ctrl+N，添加新图层，利用矩形选框工具()选择轮廓上端部分。将前景色设置为黑色，按快捷键Alt+Delete填充颜色。

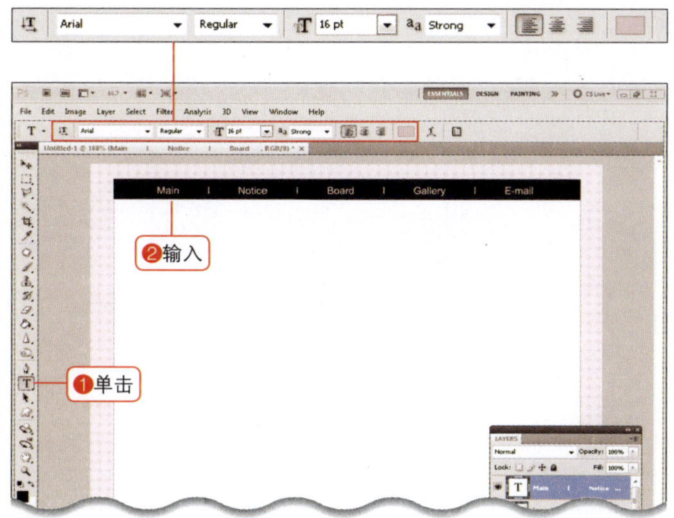

13 输入菜单名称

选择横排文字工具(T)，输入菜单名称。

创建个性有趣的作品！

跟我学 **使用图像和图形修饰页面**

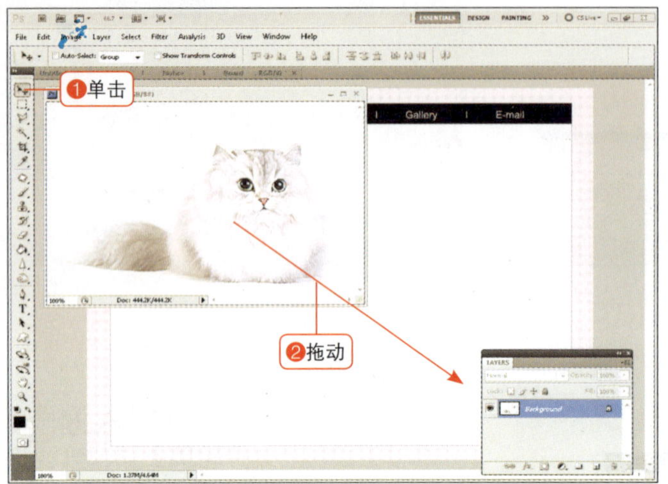

14 打开图像并进行排列

按快捷键Ctrl+O，打开要在主背景中使用的图像（Sample\10章10-4.jpg）。选择移动工具(▶+)，拖动图像到主页面的边角部分。

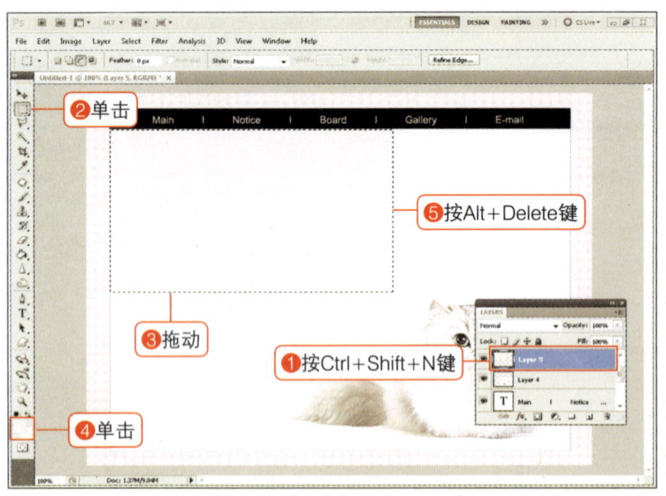

15 创建新图层，选择区域1

在猫图像图层上按快捷键Ctrl+Shift+N创建新图层，利用矩形选框工具(⬚)选择要加入内容的部分。将前景色设置为#eae1e4，按快捷键Alt+Delete填充颜色。

在进行网页设计的时候，线条要准确，最好按快捷键CTRL+R显示参考线进行操作。

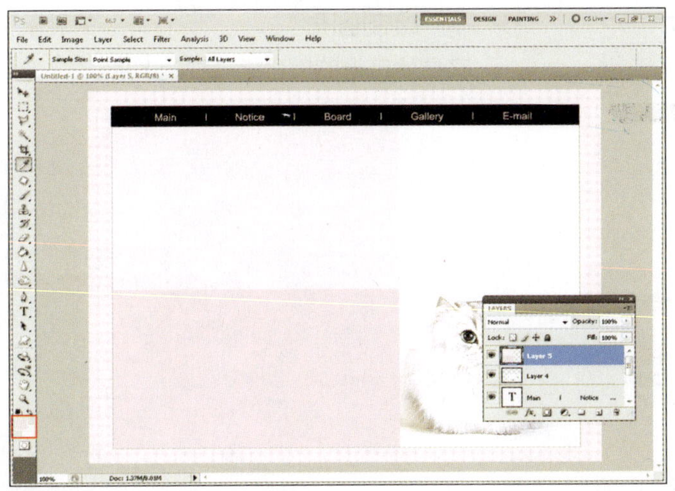

16 创建新图层，选择区域2

利用相同的方法在下方空间利用较深的颜色（#e1d1d6），创建矩形区域。

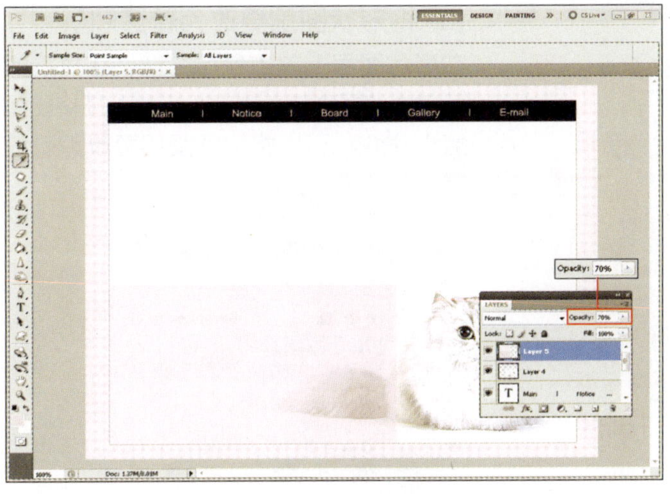

17 降低图层透明度

为了使小猫的尾巴看起来被遮盖，在图层面板中将Opacity（不透明度）设置为70%。

即使只调节透明度，也可以表现出非常简练的感觉。

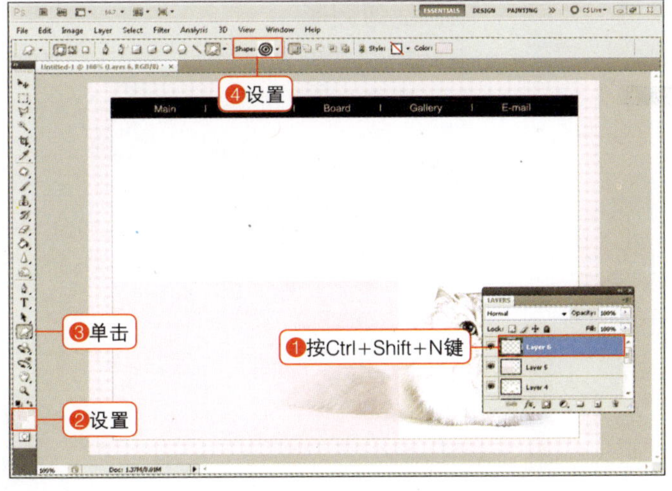

18 创建新图层，选择图形

按快捷键Ctrl+Shift+N创建新图层，将前景色设置为#e1d1d6。单击自定形状工具()，在选项栏中如图所示选择漂亮的图形。

详细的说明请参考之前学过的内容。

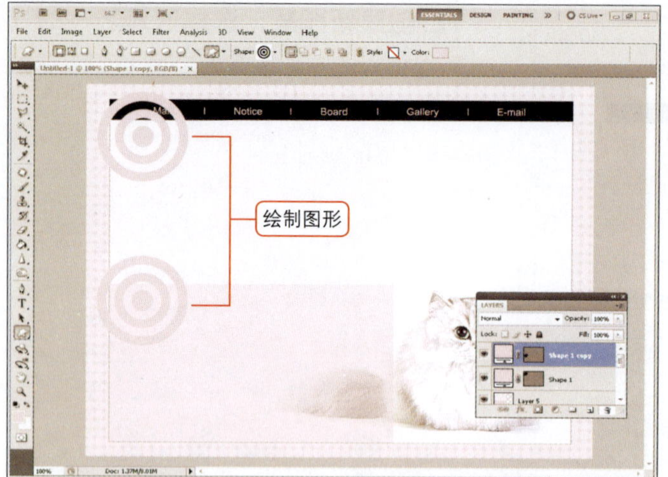

19 绘制图形

在要修饰框的部分拖动绘制图形。

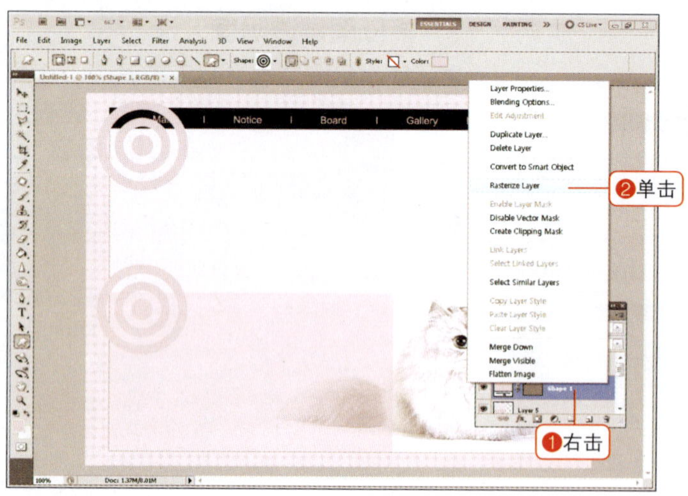

20 将形状图层更改为普通图层

在形状图层上单击鼠标右键，在显示的菜单中选择Rasterize Layer（栅格化图层）命令，可以将形状图层更改为可编辑的普通图层。

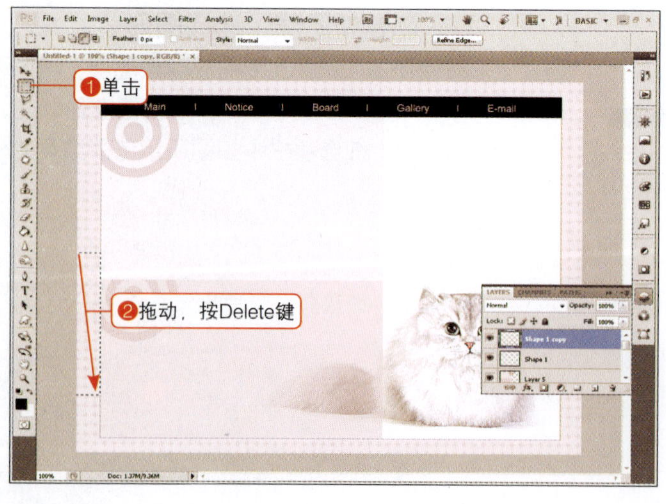

21 裁剪图形

利用矩形选框工具(⬚)选择突出框的图形，按Delete键删除。

在利用选择工具或者套索工具选择的区域按DELETE键，可以删除区域内的图像。

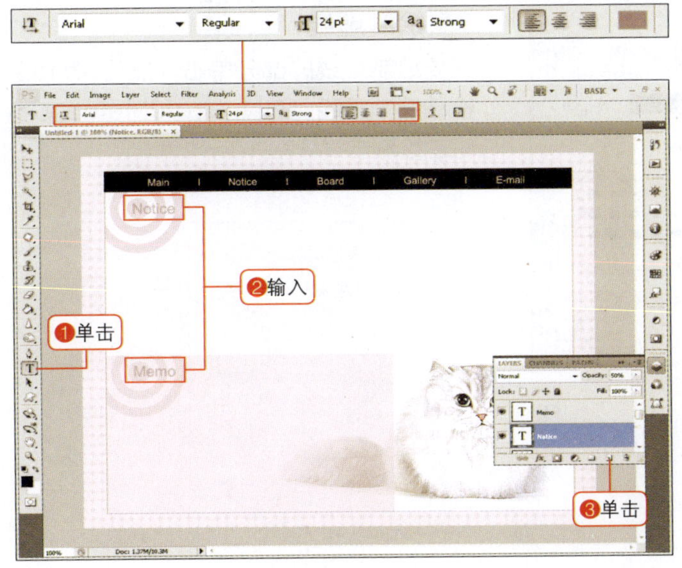

22 输入原标题

选择横排文字工具(T)，将字体设置为Arial，将文字大小设置为24px，将文字颜色设置为#927782，输入要添加的原标题。单击图层面板下端的“创建新图层”按钮(◻)，添加新图层。

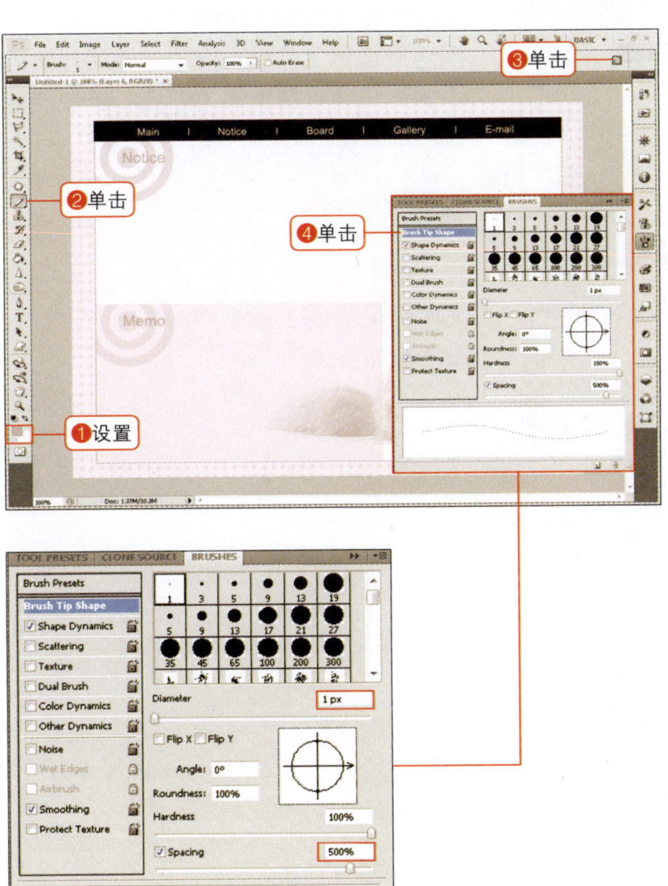

23 选择铅笔工具

将前景色设置为#c1b0b7，选择铅笔工具(✎)，在属性栏中单击面板按钮(◻)，单击左侧的Brush Tip Shape（画笔形状），如图所示将Diameter（直径）设置为1px，将Spacing（间距）设置为500%。也可以观察Spacing（间距）下方的预览窗口，输入所需的数值。

是不是想要利用画笔工具绘制？那样也可以。但是铅笔工具可以表现洁净的感觉，画笔工具更适合于表现自然感觉的设计中。

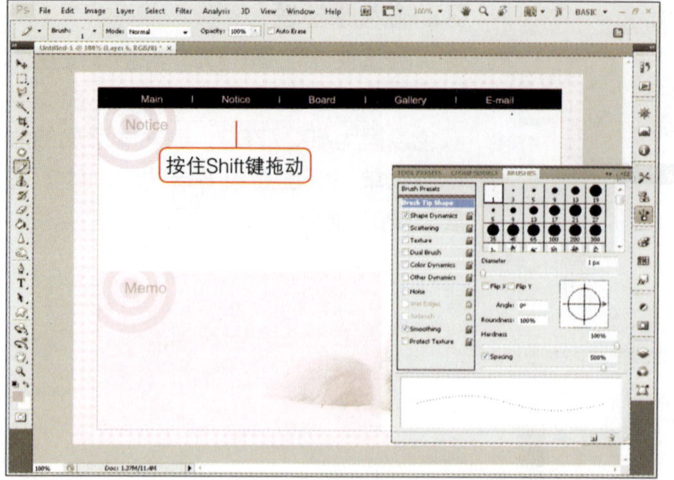

24 绘制虚线

在要绘制虚线的部分单击，按住Shift键拖动绘制虚线。在Notice和Memo文字旁边绘制虚线。

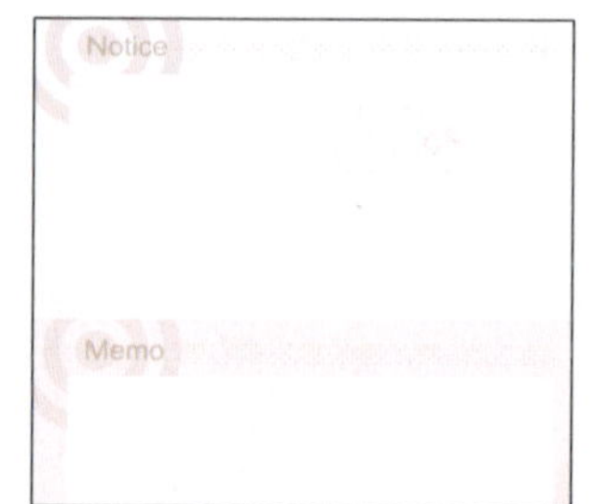

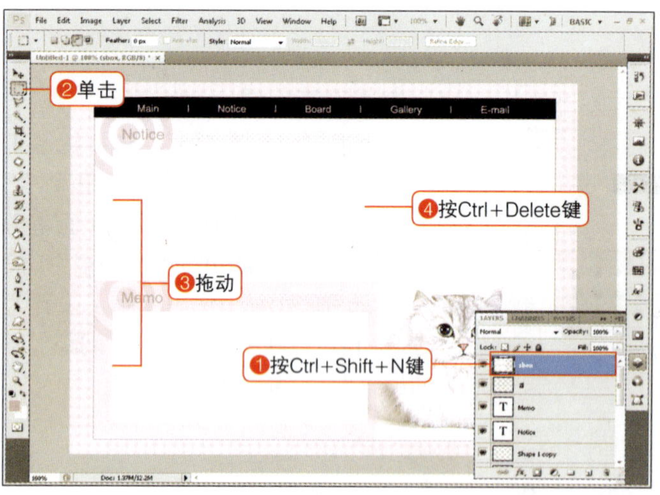

25 添加新图层，创建记事板

再次按快捷键Ctrl+Shift+N添加图层，利用矩形选框工具(⬚)拖动出要加入的记事板。将背景色设置为白色，按快捷键Ctrl +Delete填充白色。

是不是经常会混淆ALT+DELETE快捷键和CTRL+DELETE快捷键？那么记住，前景色在前面，排在第一个的字母是A，因此是ALT+DELETE。

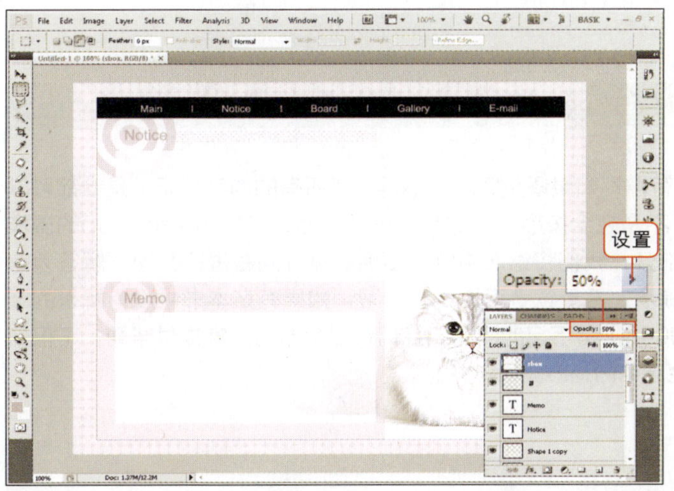

26 降低图层透明度，输入文字

在图层面板中将Opacity（不透明度）设置为50%。单击横排文字工具(T)，在空白的空间输入文字。

❶ 颜色：#cdc1c5
❷ 颜色：#eod5d9
❸ 颜色：#a4a4a4

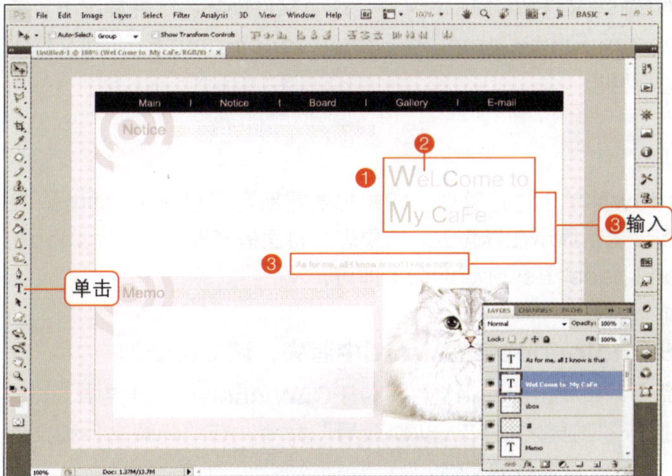

27 应用

利用相同的设计方法更改主图像，应用黑色设计，表现出不同的感觉。

问一问玫瑰

——Photoshop操作问答

到目前为止，Photoshop的讲座是不是都非常有趣？如果逐步跟随本书学习了所有的内容，无论是谁都可以对Photoshop有一个充分的了解。本书主旨并不是完全按照本书的范例操作，而是了解Photoshop的操作原理，能够创作出属于自己的作品。在最后一部分，我们将论坛中经常出现的有关问题进行整理，解答大家的疑问。本部分还有很多掌握后会非常有用的提示，希望读者可以认真学习。如果有在本书中没有解答的疑问，可以加入我们的读者俱乐部（QQ：71690646）留下您的问题。我们会尽全力为大家提供帮助，不仅使我们的会员，更期待可以使所有人都能够自如地应用Photoshop。

Q 为何在Photoshop中无法输入中文

A 在Photoshop中无法输入文字的原因是没有Base文件和CMaps文件，或者文件损坏。这种情况下，需要下载这两个文件，解压缩后保存到C:\Program Files\Common Files\Adobe\Fonts\Reqrd\文件夹中，然后清除已有的Base文件夹和CMaps文件夹。

Q Photoshop中的窗口消失了如何处理

A 以Layers面板为代表的所有面板都在Window菜单中进行管理。如果想要重新显示已隐藏的面板，在Windows菜单中选择相应面板的名称，面板会重新显示在界面上。如果想要将面板整理为Photoshop初始画面状态，在菜单栏中选择Window>Workspace>Essentials命令即可。

Q 在“控制面板>字体”中含有的字体，在Photoshop或者Word中消失，该如何处理

A ① 选择“开始>搜索>所有文件和文件夹”命令，查找ttfcache文件（位于C:\Windows\文件夹中），将其删除。无法查找的时候，在搜索器中执行“工具>文件夹选项>查看”命令，在“隐藏文件和文件夹”中选择“显示所有文件和文件夹”，显示所有隐藏的文件。

② 以安全模式重新启动。重新启动的时候，在出现Windows画面前按F8键。这样，在黑色画面上出现英文，利用移动键选择Safe Mode（安全模式），按Enter键以安全模式启动。再次正常重启，即可显示字体。

③ 以安全模式第二种方法重新启动Windows。这时持续按住Ctrl键，打开设置窗口，选择Safe Mode（安全模式），以安全模式重新启动。再次以Normal Mode（正常模式）重新启动即可。

Q 在Photoshop中使用下载字体的方法

A 选择“我的电脑>C:\windows\fonts”，将下载的字体拖动到文件夹内即可。

Q 关闭按钮及最小化按钮显示为数字或者奇怪的文字，该如何处理

A 重新启动电脑。重启的时候持续按住Ctrl键。弹出设置窗口，选择“Command prompt only”项。输入“del C:\Windows\Fonts\marlett.ttf”字样，重新启动即可。

Q 怎样保存下载的画笔

A 通常来说，下载的画笔都是处于压缩状态，首先解压缩。将其添加到C:\Program Files\Adobe\Photoshop\Presets\Brushes文件夹中即可使用。如果有想要删除的画笔，利用相同的方法从该文件夹中删除即可。

Q 如何将美丽的颜色保存到Photoshop中继续使用

A 首先在前景色中选择要保存的颜色。在色板面板中单击添加新色板按钮，添加选择的颜色即可。

Q Photoshop中字体突然变大或者变小，该如何处理

A 选择“Image>Image Size”命令，将Resolution的数值设置为72，单击“OK”按钮即可。

Q 不论使用什么颜色，都显示为灰色，该如何处理

A 选择“Image>Mode>RGB Color”命令即可。

Q 想要输入文字，但是图像变为红色，该如何处理

A 确认图像文件是否为Index模式。如果是Index模式，选择“Image>Mode>RGB Color”命令即可。

Q 输入文字的时候，文字的行间距过小，文字粘贴到一起，该如何处理

A 在字符面板中将行间距设置为0，按Enter键即可。

Q 图层面板中的缩览图过小，很难看清，该如何处理

A 在图层面板中单击选项按钮，选择“Palette Options”命令，选择Thumbnail Size中最大的尺寸，应用较大的缩览图。

Q 图层过多，无法找到自己需要的图层，该如何处理

A 在操作画面中，在想要查找的图像上单击鼠标右键，会弹出相应图像所在的图层名称。

Q 如何在历史记录面板中增加保存的步骤

A 选择“Edit>Preferences>General”命令，将History States设置为所需的数量，即可增加保存的步骤数量。

Q 下载画笔、样式等Photoshop素材的时候，如何安装到Photoshop中

A 一般来说，Photoshop素材都保存在“C:\Program Files\Adobe\Photoshop\Presets”文件夹中。如果想要管理画笔，打开Presets文件夹中的Brushes文件夹；想要管理样式，打开Styles文件夹即可。在各个文件夹中添加新下载的素材，即可在Photoshop中进行应用。

Q 如何单独保存自己需要的画笔或者图案

A 选择“Edit>Preset Manager”命令，打开对话框后选择要保存的画笔，按住Shift键可以选择多个画笔。选择所有要保存的画笔，单击“Save Set”按钮即可。单击“Preset Type”下拉按钮，除了画笔，可以对样式、图案等分别进行保存。

Q 说明一下Photoshop的错误提示

A 1. Because a default system font could not be obtained

Photoshop占用的内存很大。在进行操作的过程中，Photoshop是占内存最多的程序。出现这一错误的原因是内存不足，确认内存使用率是否是100%，确认硬盘容量，而且Could not initialize photoshop because there is not enough memory(ram)错误也是说明内存不足。由于Photoshop占用内存很大，因此结束运行不需要的程序，只运行Photoshop。最根本的解决方法是购买较大的内存添加到电脑中。

2. Could not complete the move command because the result would be too big
由于照片的容量过大，不能移动。可在开始的设置中，增加内存和缓存的容量。如果内存和图片容量不足，常会出现这一错误。

3. Could not open“文件路径\文件名称” because an unexpected end-of-file was encountered
这一错误信息表示写入文件的时候以意料之外的格式无法写入，无法打开。利用ACDsee等图像浏览软件打开查看，打开后保存为其他名称，然后再利用Photoshop打开即可。

4. Could not complete the paste command
首先需要临时运行Photoshop，开始运行Photoshop的时候按快捷键Alt+Ctrl+Shift。这时会询问是否初始化Photoshop，单击“OK”按钮。同时，按快捷键Alt+Ctrl打开闪存窗口。这个窗口是用于设置Photoshop虚拟内存的窗口。这里有Memory & Image Cache部分，将Physical Memory Usage值设置为70~80，如果这样也不可以的话，设置为100即可。

5. Could not initialize photoshop because the scratch disks are fall
闪存满了以后弹出无法运行Photoshop的窗口。这种情况下，清理电脑中不需要的程序，在“开始>所有程序>辅助程序>系统工具”中整理磁盘，利用清理磁盘碎片程序清理电脑容量。
然后在“我的电脑”图标上单击鼠标右键，选择“属性>性能>虚拟内存”命令，在这里可以设置虚拟内存。Windows XP设置为推荐容量+2MB，Windows 98设置为推荐容量。如果即使这样也解决不了问题，90%是因为病毒，要进行病毒查杀。

Q 如何将画笔显示为透明的颜色

A 在画笔选项栏中将Mode设置为Normal，将Opacity设置为100%，将Flow设置为100%。

Q 裁剪工具过大，该如何处理

A 在裁剪工具选项栏中单击“Clear”按钮，清除Resolution选项的值。

Q 按Enter键出现行间距过大的情况如何处理

A 在字符面板中将行间距选项设置为Auto。

Q 选择画笔工具，但是出现了十字光标，该如何处理

A 在菜单栏中选择“Edit>Preferences>Display & Cursors”命令，在Painting Cursor选项中勾选Brush，在Other Cursors选项中勾选Standard即可。

Q 如何成为网页设计师

A 网页设计师必须要了解Photoshop、Illustrator、asp、jsp、php、html、Flash、JavaScrtipt等基本知识。网页设计师随着互联网市场的扩大，会持续受到欢迎，可以说前途非常光明。说到可以就业的企业，有运营网页的团体或者网页制作专业公司等，也可以申请网页管理者或者信息搜索者的职位。我们经常会遇到“如果想要成为网页设计师，一定要会绘画么？”的疑问，图像属于图片设计，因此与绘图能力的关系并不大。